高职高专大数据技术专业系列教材

大数据技术导论

张寺宁　编著

余明辉　主审

西安电子科技大学出版社

内 容 简 介

本书旨在指导高职院校学生对大数据技术进行入门学习，以任务驱动为导向，系统介绍了大数据技术基础知识及应用案例。全书共分为六大项目，具体包括大数据与大数据时代、大数据处理平台、Hadoop 开发环境的搭建、数据采集与预处理、数据计算与数据存储、数据分析与可视化。

本书提供了配套资源 PPT、教案、课程标准、代码、软件、课后答案等，读者可登录西安电子科技大学出版社官网(www.xduph.com)下载。

本书可作为高职院校大数据技术、软件技术等专业学生的专业基础课教材，也可作为其他计算机相关专业学生的选修课程教材以及大数据技术爱好者的自学参考书。

图书在版编目(CIP)数据

大数据技术导论 / 张寺宁编著. 一西安：西安电子科技大学出版社，2021.3(2023.9 重印)
ISBN 978-7-5606-5978-7

Ⅰ. ①大…　Ⅱ. ①张…　Ⅲ. ①数据处理—高等职业教育—教材　Ⅳ. ①TP274

中国版本图书馆 CIP 数据核字(2021)第 018289 号

策　　划　明政珠
责任编辑　许青青
出版发行　西安电子科技大学出版社(西安市太白南路 2 号)
电　　话　(029)88202421　88201467　　邮　　编　710071
网　　址　www.xduph.com　　电子邮箱　xdupfxb001@163.com
经　　销　新华书店
印刷单位　陕西博文印务有限责任公司
版　　次　2021 年 3 月第 1 版　　2023 年 9 月第 4 次印刷
开　　本　787 毫米×1092 毫米　1/16　印　张　16.5
字　　数　382 千字
印　　数　6001～9000 册
定　　价　45.00 元
ISBN 978-7-5606-5978-7 / TP
XDUP 6280001-4

序

自从 2014 年大数据首次写入政府工作报告，大数据就逐渐成为各级政府关注的热点。2015 年 9 月，国务院印发了《促进大数据发展行动纲要》，系统部署了我国大数据发展工作，至此，大数据成为国家级的发展战略。2017 年 1 月，工信部编制印发了《大数据产业发展规划(2016—2020 年)》。

为对接大数据国家发展战略，教育部批准于 2017 年开办高职大数据技术专业，2017 年全国共有 64 所职业院校获批开办该专业，2020 年全国 619 所高职院校成功申报大数据技术专业，大数据技术专业已经成为高职院校最火爆的新增专业。

为培养满足经济社会发展的大数据人才，加强粤港澳大湾区区域内高职院校的协同育人和资源共享，2018 年 6 月，在广东省人才研究会的支持下，由广州番禺职业技术学院牵头，联合深圳职业技术学院、广东轻工职业技术学院、广东科学技术职业学院、广州市大数据行业协会、佛山市大数据行业协会、香港大数据行业协会、广东职教桥数据科技有限公司、广东泰迪智能科技股份有限公司等 200 余家高职院校、协会和企业，成立了广东省大数据产教联盟，联盟先后开展了大数据产业发展、人才培养模式、课程体系构建、深化产教融合等主题的研讨活动。

课程体系是专业建设的顶层设计，教材开发是专业建设和三教改革的核心内容。为了普及和推广大数据技术，为高职院校人才培养做好服务，西安电子科技大学出版社在广泛调研的基础上，结合自身的出版优势，联合广东省大数据产教联盟策划了“高职高专大数据技术专业系列教材”。

为此，广东省大数据产教联盟和西安电子科技大学出版社于 2019 年 7 月在广东职教桥数据科技有限公司召开了“广东高职大数据技术专业课程体系构建与教材编写研讨会”。来自广州番禺职业技术学院、深圳职业技术学院、深圳信息职业技术学院、广东科学技术职业学院、广东轻工职业技术学院、中山职业技术学院、广东水利电力职业技术学院、佛山职业技术学院、广东职教桥数据科技有限公司、广东泰迪智能科技股份有限公司和西安电子科技大学出版社等单位的 30 余位校企专家参与了研讨。大家围绕大数据技术专业人才培养定位、培养目标、专业基础(平台)课程、专业能力课程、专业拓展(选修)课程及教材编写方案进行了深入研讨，最后形成了如表 1 所示的高职高专大数据技术专业课程体系。在课程体系中，为加强动手能力培养，从第三学期到第五学期，开设了 3 个共 8 周的项目实践；为形成专业特色，第五学期的课程，除 4 周的“大数据项目开发实践”外，其他都是专业拓展课程，各学校根据区域大数据产业发展需求、学生职业发展需要和学校办学条件，开设纵向延伸、横向拓宽及 X 证书的专业拓展选修课程。

表 1　高职高专大数据技术专业课程体系

序号	课程名称	课程类型	建议课时
第一学期			
1	大数据技术导论	专业基础	54
2	Python 编程技术	专业基础	72
3	Excel 数据分析应用	专业基础	54
4	Web 前端开发技术	专业基础	90
第二学期			
5	计算机网络基础	专业基础	54
6	Linux 基础	专业基础	72
7	数据库技术与应用（MySQL 版或 NoSQL 版）	专业基础	72
8	大数据数学基础——基于 Python	专业基础	90
9	Java 编程技术	专业基础	90
第三学期			
10	Hadoop 技术与应用	专业能力	72
11	数据采集与处理技术	专业能力	90
12	数据分析与应用——基于 Python	专业能力	72
13	数据可视化技术(ECharts 版或 D3 版)	专业能力	72
14	网络爬虫项目实践(2 周)	项目实训	56
第四学期			
15	Spark 技术与应用	专业能力	72
16	大数据存储技术——基于 HBase/Hive	专业能力	72
17	大数据平台架构(Ambari，Cloudera)	专业能力	72
18	机器学习技术	专业能力	72
19	数据分析项目实践(2 周)	项目实训	56
第五学期			
20	大数据项目开发实践(4 周)	项目实训	112
21	大数据平台运维(含大数据安全)	专业拓展(选修)	54
22	大数据行业应用案例分析	专业拓展(选修)	54
23	Power BI 数据分析	专业拓展(选修)	54
24	R 语言数据分析与挖掘	专业拓展(选修)	54
25	文本挖掘与语音识别技术——基于 Python	专业拓展(选修)	54
26	人脸与行为识别技术——基于 Python	专业拓展(选修)	54
27	无人系统技术(无人驾驶、无人机)	专业拓展(选修)	54
28	其他专业拓展课程	专业拓展(选修)	
29	X 证书课程	专业拓展(选修)	
第六学期			
29	毕业设计		
30	顶岗实习		

基于此课程体系，与会专家和老师研讨了大数据技术专业相关课程的编写大纲，各主编教师就相关选题进行了写作思路汇报，大家相互讨论，梳理和确定了每一本教材的编写内容与计划，最终形成了该系列教材。

本系列教材由广东省部分高职院校联合大数据与人工智能企业共同策划出版，汇聚了校企多方资源及各位主编和专家的集体智慧。在本系列教材出版之际，特别感谢深圳职业技术学院数字创意与动画学院院长聂哲教授、深圳信息职业技术学院软件学院院长蔡铁教授、广东科学技术职业学院计算机工程技术学院(人工智能学院)院长曾文权教授、广东轻工职业技术学院信息技术学院院长廖永红教授、中山职业技术学院信息工程学院院长赵清艳教授、顺德职业技术学院校长杨小东教授、佛山职业技术学院电子信息学院院长唐建生教授、广东水利电力职业技术学院大数据与人工智能学院院长何小苑教授，他们对本系列教材的出版给予了大力支持，安排学校的大数据专业带头人和骨干教师积极参与教材的开发工作；特别感谢广东省大数据产教联盟秘书长、广东职教桥数据科技有限公司董事长陈劲先生提供交流平台和多方支持；特别感谢广东泰迪智能科技股份有限公司董事长张良均先生为本系列教材提供技术支持和企业应用案例；特别感谢西安电子科技大学出版社副总编辑毛红兵女士为本系列教材提供出版支持；也要感谢广州番禺职业技术学院信息工程学院胡耀民博士、詹增荣博士、陈惠红老师、赖志飞博士等的积极参与。感谢所有为本系列教材出版付出辛勤劳动的各院校的老师、企业界的专家和出版社的编辑！

由于大数据技术发展迅速，教材中的欠妥之处在所难免，敬请专家和使用者批评指正，以便改正完善。

广州番禺职业技术学院

余明辉

2020 年 6 月

(2023 年 9 月改)

前　言

《大数据技术导论》定位为大数据学习的入门教材，主要面向高职大数据应用技术、软件技术等专业的学生，旨在为读者打开大数据技术学习之门，引导读者研习大数据技术的相关知识，为后续大数据专业核心课程的学习打下坚实的基础。

本书采用案例驱动的方式详细介绍了大数据处理的各个环节，包括数据采集、数据预处理、数据存储、数据计算、数据分析和数据可视化等。全书分为六个项目。项目一主要介绍大数据与大数据时代的相关理论知识和行业应用。项目二主要结合互联网公司大数据平台应用案例介绍当前主流的大数据平台架构和大数据处理流程。项目三主要介绍 Hadoop 大数据处理平台的搭建，并运行简单的大数据处理任务。项目四以 Python 爬虫为核心介绍大数据数据采集和数据预处理的相关知识。项目五以 Spark 技术为核心介绍大数据计算的相关知识，同时以 HBase 为核心介绍大数据存储的相关知识。项目六以 PySpark 为核心介绍数据分析的相关知识，以 Python 为核心介绍数据可视化的相关知识。项目一和项目二以理论讲授和案例分析为主，项目三、四、五、六以实操为主。

本书由张寺宁编著，余明辉主审。书中所有案例都经测试验证并运行成功。

由于时间仓促，加之作者水平有限，书中难免存在不足之处，敬请广大读者批评指正。

作　者

2020 年 12 月

目　　录

项目一　大数据与大数据时代

项目概述

当今社会是一个高速发展的社会，信息流通速度很快，数据呈现爆发式增长，人与人之间的交流越来越频繁，数字化、智能化产品层出不穷，人们的生活也越来越方便，这一切都离不开“大数据”。可以说，我们已经生活在一个大数据的时代。通过本项目的学习，读者能够认识大数据和大数据时代，了解大数据和大数据时代的特征，以及大数据时代产生的社会变革。

项目背景(需求)

由于互联网的快捷性、便利性，越来越多的线下服务转变为线上服务，公司可以获取到的数据越来越多。面对互联网上的海量数据，以现有的计算机性能是无法应对并处理的，或者说处理的代价是大多数公司无法承受的。在大数据时代下，我们必须要用大数据相关技术来解决传统方法无法解决的数据处理问题。

思维导图

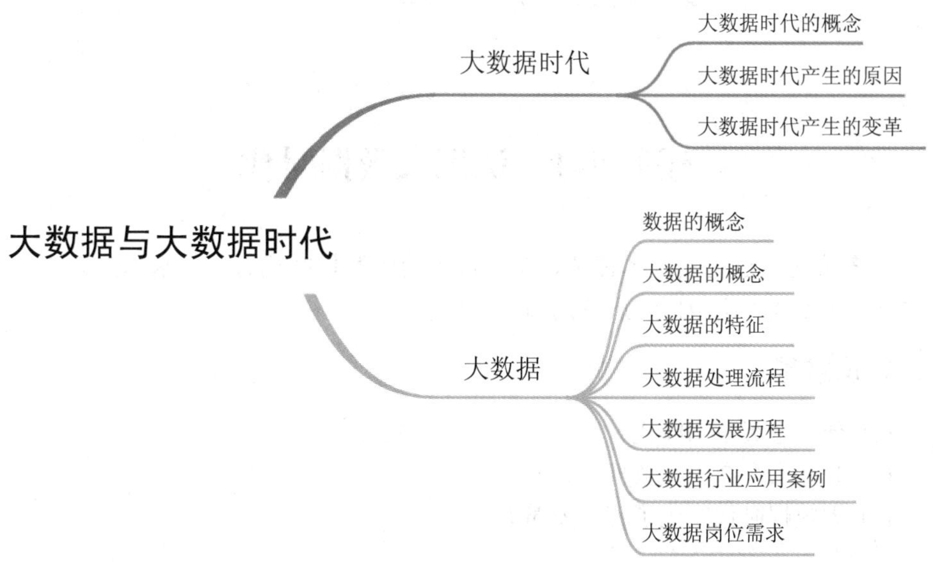

笔记

本项目主要内容

本项目学习的主要内容包括：

(1) 大数据时代的定义；

(2) 大数据时代到来的原因；

(3) 大数据时代产生的变革；

(4) 大数据的定义和特征；

(5) 大数据处理流程；

(6) 大数据产业结构和行业应用；

(7) 大数据岗位需求。

教学大纲

能力目标

◎ 掌握大数据的特征；

◎ 掌握大数据时代到来的原因。

知识目标

◎ 认识大数据时代；

◎ 了解大数据时代产生的变革；

◎ 了解大数据技术发展历程；

◎ 了解大数据行业应用和岗位需求；

◎ 了解大数据、云计算、人工智能和物联网之间的关系。

学习重点

◎ 大数据的定义和特征。

学习难点

◎ 大数据时代产生的变革。

任务 1-1　认识大数据时代

任务描述：通过实施本任务，学生能够对大数据时代有一个基本的认识，对大数据时代到来的原因有初步的了解。

知识准备

(1) 什么是大数据时代？

(2) 为什么会产生大数据时代？

(3) 大数据时代产生了哪些变革？

笔记

任务实施

1.1.1　大数据时代

大数据时代是一个以数据为核心的时代，如图 1-1 所示，BIGDATA 是大数据时代的名片。21 世纪什么最贵？人才！十多年后的今天什么最贵？数据人才！如今，我们每个人都在谈论“数据科学”，哈佛商业评论杂志将“21 世纪最性感的职业”这一光荣称号赋予“数据科学家”这个职业。当今是一个信息大爆炸的年代，我们使用互联网，足不出户便知天下事，动动手指便能网上购物，出行可以网上预约车辆。但是，用户在享受这些服务的同时也贡献了自身的微小的个人数据。在大数据时代，任何微小的数据都可能产生难以预估的价值。当用户在网上下单外卖时，商户能够很轻易地获得用户的个人信息，如家庭或单位地址、个人电话；商户还能根据用户之前的消费习惯进行菜品口味的调整，如加辣或不加辣，偏咸或偏淡；甚至商户还可以根据用户使用的移动支付渠道，了解用户的经济状况。从某种意义上说，大数据时代是一个没有隐私的时代，我们的个人数据时时刻刻被收集着，不过同时我们也享受着数据收集带来的各种便利服务。可以说，大数据时代是一个“我为人人，人人为我”的时代。在这个时代，数据量为指数增长，我们使用的所有智能设备都能完整地把我们方方面面的行为状态以数据形式记录下来。服务提供商的数据量越多，就能够构建越精准的用户画像，从而向用户提供更加便捷的服务。

图 1-1　大数据时代

1.1.2　大数据时代到来的原因

1. 大数据时代到来的外部因素

(1) 存储设备容量不断增加。

在大数据时代，数据采集后，需要大容量的存储设备进行存储。随着信息技

笔记

术的发展，存储设备容量逐渐增加，但是价格不断降低。

在硬盘存储方面，早在 1956 年，世界上第一款硬盘驱动器 RAMAC 350 就问世了。RAMAC 350 的重量极大(总重量达到了一吨)，且体积庞大，但是存储容量仅为 5 MB，而且当时这款硬盘售价超过 5000 美元。而如今，台式机硬盘普遍大小为 3.5 英寸(注：1 英寸=2.54 厘米)，单块硬盘存储容量可达太字节(TB)数量级。同时，硬盘制造技术仍在不断提升，未来磁记录技术(HAMR)可以使硬盘的容量达到 60 TB。

在闪存卡存储方面，1987 年，东芝公司发布了第一款基于 NADA 闪存的存储卡，这款存储卡体积较大但容量仅为 40 MB。而现在，SD 卡(安全数码卡)如指甲般大小且容量已经提升至 128 GB 甚至更大。同时，SD 卡的传输速度也在不断提高。早期和当今存储设备容量对比如图 1-2 所示。

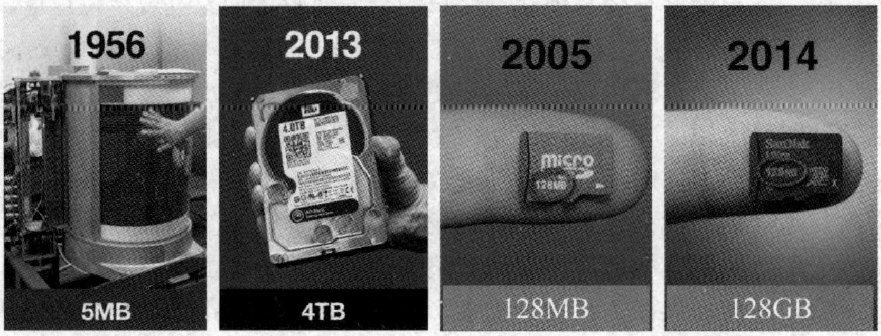

(a) (b)

图 1-2 存储设备容量对比

(2) CPU 处理能力大幅提升。

在大数据时代，数据采集后，需要快速处理并给出反馈，这就要求 CPU 具有高效的数据处理能力。随着信息技术的发展，单个 CPU 晶体管的密度逐渐增加，如图 1-3 所示。CPU 晶体管密度越大，CPU 的处理能力越强。

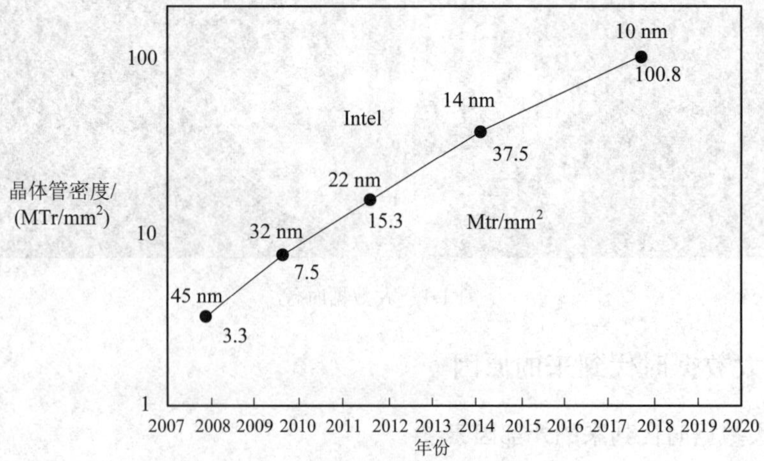

图 1-3 CPU 晶体管密度逐步增加

(3) 网络带宽不断增加。

在大数据时代，采集到的数据需要进行传输，或者放到数据存储介质中保存，或者放到数据处理平台进行处理。由于数据采集、数据存储和数据处理可能并不在同一个地点，地域跨度大，因此，就要求网络的数据传输效率要快。5G 网络的产生在 4G 网络的基础上进一步提高了网络的数据传输效率。3G、4G 和 5G 网络带宽速率的对比如图 1-4 所示。

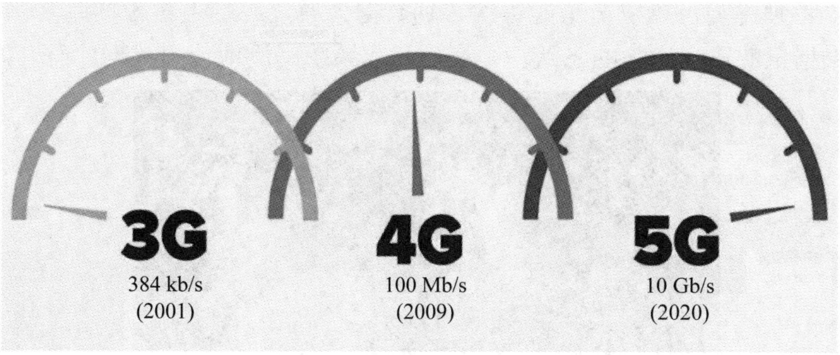

图 1-4　3G、4G 和 5G 网络带宽速率的对比

综合以上三点外部因素，存储设备容量不断增加，CPU 处理能力大幅提升，网络带宽不断增加为大数据时代的到来提供了技术支撑。

2. 大数据时代到来的本质原因

数据产生方式的巨大变化是大数据时代到来的本质原因。从采用数据库作为数据管理的主要方式开始，人类社会的数据产生方式大致经历了三个阶段，如图 1-5 所示。

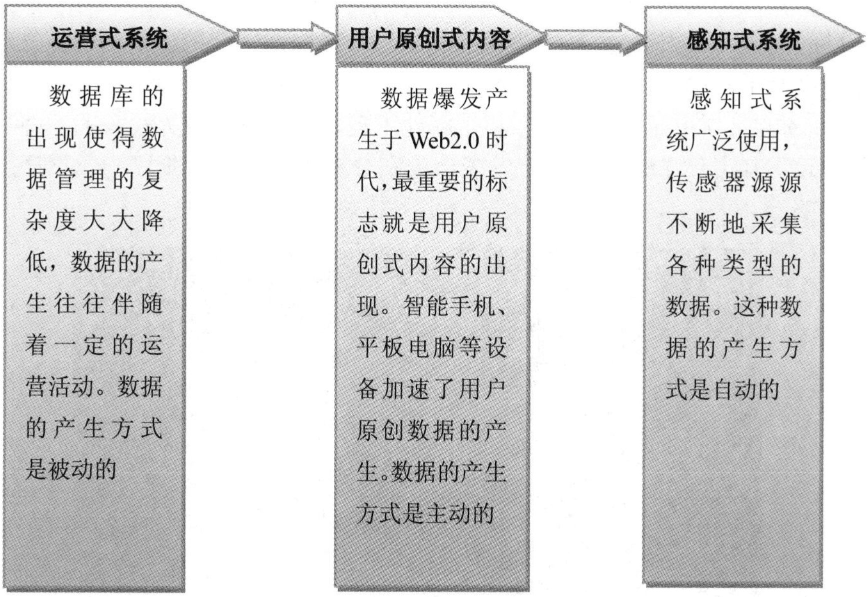

运营式系统
数据库的出现使得数据管理的复杂度大大降低，数据的产生往往伴随着一定的运营活动。数据的产生方式是被动的
用户原创式内容
数据爆发产生于 Web2.0 时代，最重要的标志就是用户原创式内容的出现。智能手机、平板电脑等设备加速了用户原创数据的产生。数据的产生方式是主动的
感知式系统
感知式系统广泛使用，传感器源源不断地采集各种类型的数据。这种数据的产生方式是自动的

图 1-5　数据产生方式

笔记

1) 运营式系统阶段

在运营式系统阶段，数据的产生方式是被动的，数据的产生伴随着一定的运营活动，而且数据被记录在数据库中。例如，商店每售出一件产品就会在数据库中产生一条相应的销售记录。数据库的出现使得数据管理的复杂度大大降低，数据库一般属于运营系统的数据管理子系统，如超市的销售记录系统、银行的交易记录系统、医院病人的医疗记录系统和企业的考勤记录系统等。图 1-6 所示为某单位的刷卡考勤终端，单位员工的每次考勤数据会通过终端上传数据库并保存。人类社会数据量的第一次大的飞跃正是在运营式系统广泛地使用数据库时开始的。

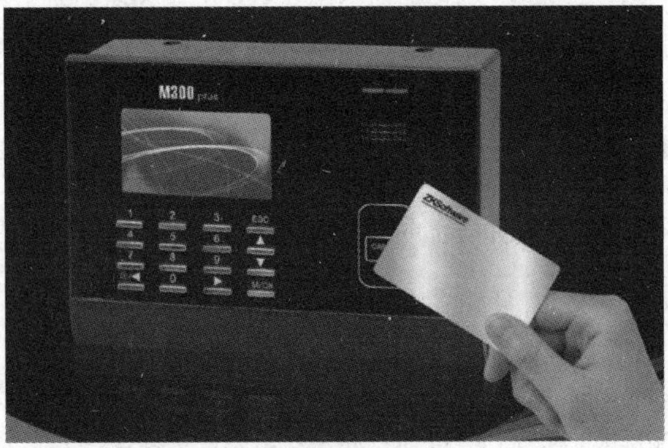

图 1-6 刷卡考勤终端

2) 用户原创式内容阶段

互联网的诞生促使人类社会的数据量出现了第二次大的飞跃，但是真正的数据爆发产生于 Web2.0 时代，而 Web2.0 的最重要标志就是用户原创式内容的出现。用户原创式内容数据近几年呈现爆炸性的增长，主要有以下两个方面的原因：

(1) 以微博、微信、抖音等为代表的新型社交网络平台的出现和快速发展，使得用户拥有更多渠道、更多意愿对外分享自己的信息，从而产生了更多数据。

(2) 如图 1-7 所示，以智能手机、智能手表和平板电脑等为代表的新型移动设备的出现更加方便了人们在网上发表评论和分享生活。这个阶段的数据产生方式是主动的。

图 1-7 智能手机的产生

笔记

3) 感知式系统阶段

感知式系统的广泛使用促使了人类社会数据量的第三次大飞跃，并最终激发了大数据时代的产生。随着科学技术的发展，人们已经有能力制造微小的、带有处理功能的传感器，并开始将这些传感器广泛地运用于社会的各个方面，通过大量的传感器监控整个社会的运转。传感器会源源不断地产生大量新的数据，这种数据的产生方式是自动的，如图 1-8 所示。

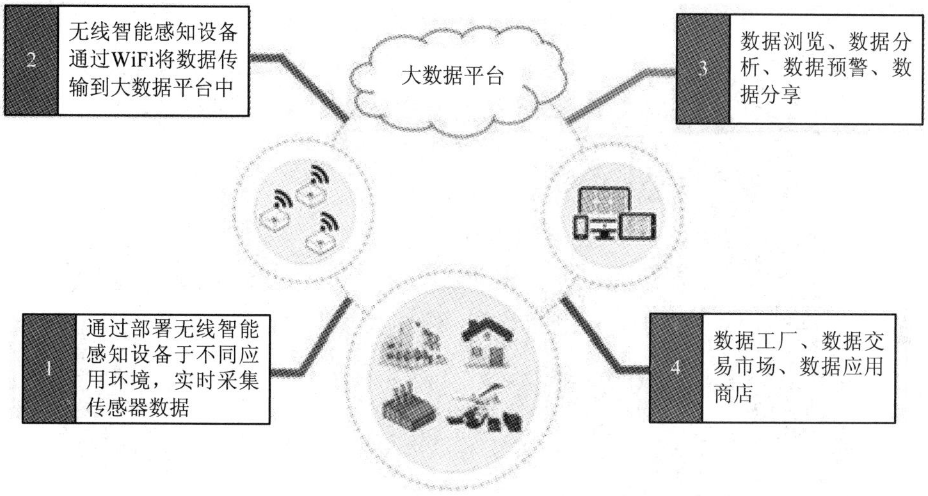

图 1-8　感知式系统阶段数据产生的方式

总的来说，数据产生经历了被动、主动和自动三个阶段。这些被动、主动和自动产生的数据共同构成了大数据的数据来源。但其中，数据自动产生才是大数据时代到来的根本原因。

1.1.3　大数据时代产生的变革

1. 科学研究的变革

“范式”(paradigm)这一概念最初由美国著名科学哲学家托马斯·萨缪尔·库恩(Thomas Samuel Kuhn)于 1962 年在《科学革命的结构》中提出来，书中指出范式是常规科学所赖以运作的理论基础和实践规范，是从事某一科学的科学家群体所共同遵从的世界观和行为方式。范式的基本理论和方法伴随着科学的发展而演变。

到目前为止，人类科学研究活动已历经四种不同范式的演变，如图 1-9 所示。

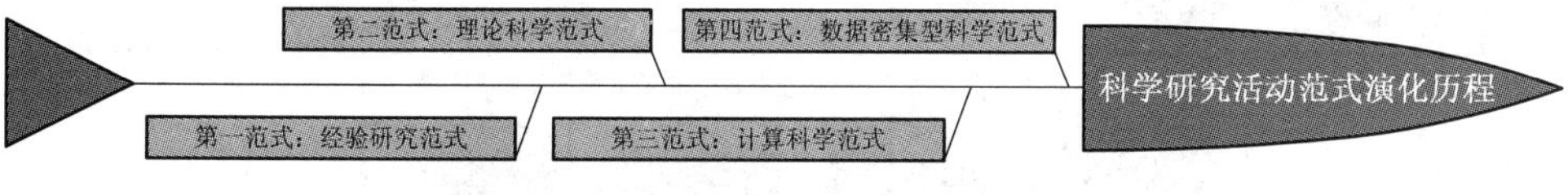

图 1-9　科学研究的范式演变过程

1) 第一范式

第一范式是指原始社会的经验研究范式。经验研究范式的主要特征是实验科学，而实验科学就是对有限的客观自然对象进行观察、总结、提炼，用实验法、

笔记

归纳法找出其中的科学规律。第一范式偏重于经验事实的描述，而较少抽象理论的概括，多用于明确的具体任务。在研究方法上，第一范式以归纳为主，带有较多主观性的观察和实验。一般科学的早期发展阶段都属于经验科学范畴，比如生物、化学领域。第一范式的主要研究模型是科学实验，如图 1-10 所示。一切真理都必须以大量确凿的事实材料为依据，先观察，进而假设，再根据假设进行验证实验。如果实验的结果与假设不符合，则先修正假设，再进行实验。实验科学的典范有很多，例如伽利略提出的物理学定律、哈维的血液循环学说等。

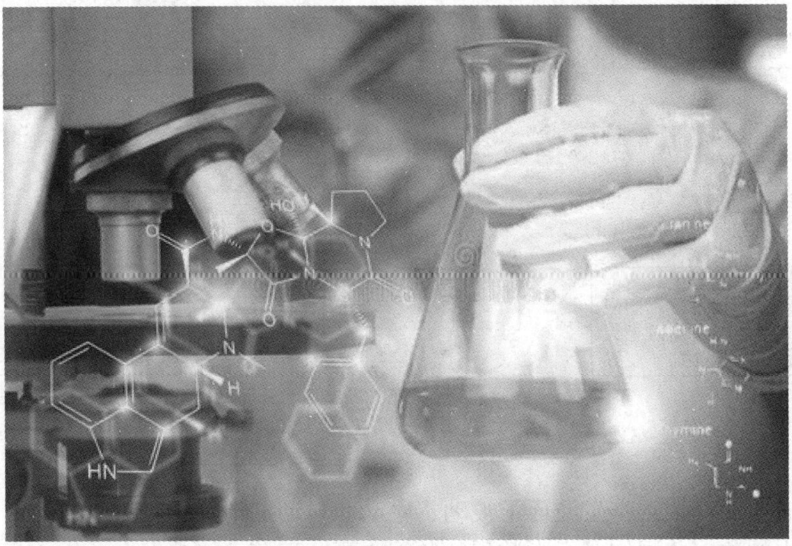

图 1-10　经验研究范式的主要研究模型

2) 第二范式

第二范式是指以模型和归纳为特征的理论科学范式。由于受到当时实验条件的限制，第一范式推崇的科学实验研究难以对自然现象进行更精确的实现，因此，科学家开始尝试简化实验条件，去掉一些复杂的干扰因素，只留下关键因素，然后通过演算进行归纳总结，从而得出结果。理论科学研究偏重理论总结和理性概括，强调抽象化的理论认识，不属于实用性科学的范畴。理论科学的研究方法以演绎法为主。图 1-11 所示为一道图形演绎推理选择题。

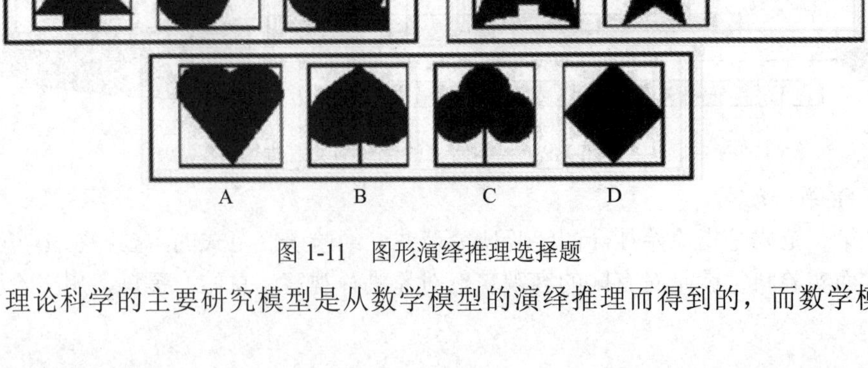

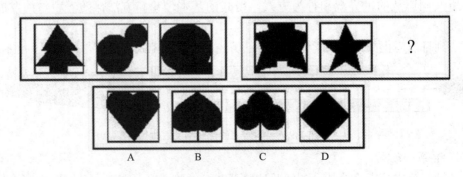

图 1-11　图形演绎推理选择题

理论科学的主要研究模型是从数学模型的演绎推理而得到的，而数学模型

笔记

包含了大量的数学公式，如图 1-12 所示。理论科学的研究过程就是对大量数学公式的推理过程。

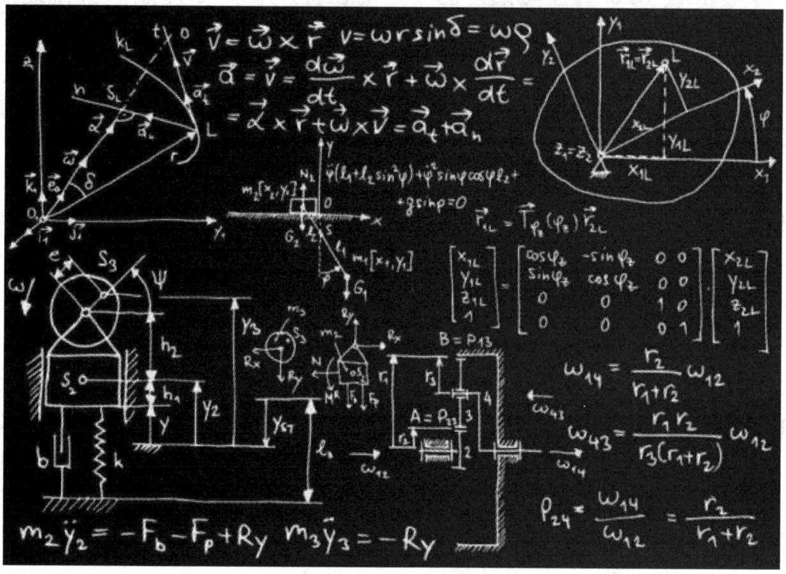

图 1-12 数学模型中的数学公式

第二范式的研究一直持续到 19 世纪末，也产生了很多科学典范，如牛顿三大定律、麦克斯韦方程组、数学中的概率论、物理学中的相对论、计算机科学中的算法信息论等。

3) 第三范式

第三范式是指计算科学阶段的计算科学范式。计算科学是一个综合学科领域，主要利用计算机进行数据建模和定量仿真分析来解决实际的科学问题，如图 1-13 所示。计算科学的主要研究模型是计算机仿真和模拟研究。面对大量的复杂现象，传统的归纳法和演绎法难以满足需求，科学现象越复杂，进行归纳和演绎时，数据计算量就越大。在 20 世纪中期，约翰·冯·诺依曼(John Von Neumann)提出了现代电子计算机架构。现代电子计算机能够使得人们从繁重的计算工作中解脱出来，从而大大提高工作效率。随着利用电子计算机模拟仿真科学实验模式的迅速推广，人类开始借助计算机的高级运算能力对复杂现象进行建模和预测。

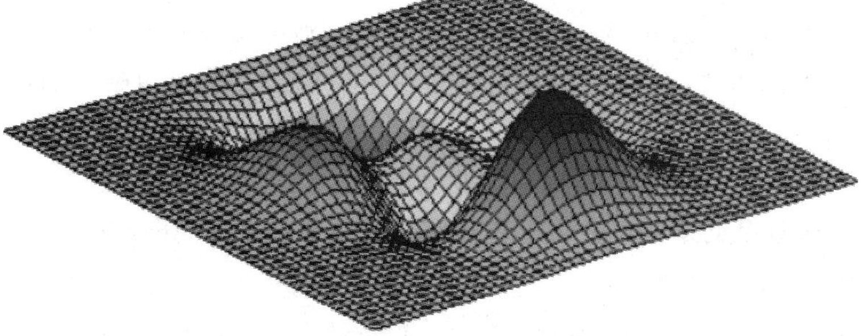

图 1-13 计算科学范式中的数据建模和定量仿真分析

笔记

计算科学的实际应用领域非常广泛，如地震、海啸和其他自然灾害的模拟仿真和预测，复杂网络模型的建模、计算和数学优化等。

然而，近年来随着人类采集数据量的爆炸性增长，传统的计算科学范式已经不能胜任海量数据的计算任务了。例如，各种传感器摄像头每天产生的大量数据、互联网上众多用户每天产生的大量交互数据，这些数据已经突破了第三范式的处理极限。因此，计算科学范式已不再满足当前社会的需求。

4) 第四范式

第四范式是指以数据密集型为特征的数据科学范式。随着数据的爆炸性增长，计算机不仅要做简单的模拟仿真，还要对海量数据进行分析总结，得出科学理论。2007 年，图灵奖获得者詹姆斯·尼古拉·格雷(James Nicholas Gray)在一次演讲中提出了一个独特的科学研究范式，该范式被称为数据密集型科学范式。

如图 1-14 所示，在数据密集型科学范式中，科学研究人员只需要从大量数据中查找和挖掘所需的信息和知识，然后通过计算得出之前未知的理论。这就意味着过去人类科学家从事的工作，在未来完全可以由计算机来代替。数据密集型科学范式的主要研究模型是数据挖掘和机器学习。

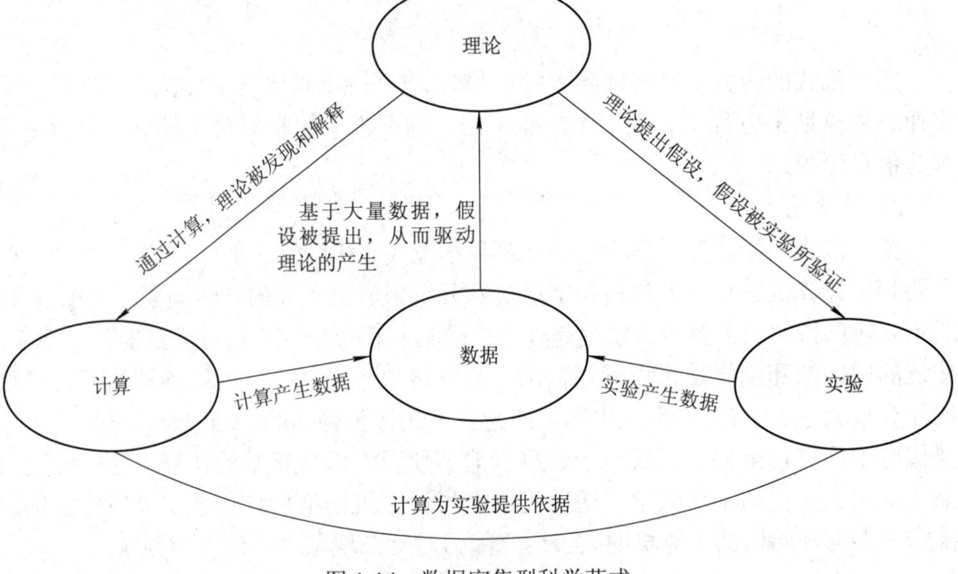

图 1-14　数据密集型科学范式

数据密集型科学范式的典型范例包括绝大多数大数据和人工智能应用场景，尤其是当前火热的新一代人工智能研究。一些在过去认为难以解决的智能问题，因为大数据技术的使用而迎刃而解。同时，大数据技术还会彻底改变未来的商业模式，很多传统的行业都将采用数据驱动的智能技术实现升级换代。大数据和人工智能对未来社会的影响是巨大的，将对整个社会带来强烈的冲击。

2. 思维方式的变革

在大数据时代，人们的思维方式发生了很大转变，主要表现在以下三个方面。

笔记

(1) 全量，而非抽样。

对某事物进行研究时，分析与某事物相关的全量数据，而不是通过抽样分析少量样本数据。过去计算机的存储和计算能力有限，人们只能通过抽样的方式从某个大范围的群体中随机抽取极少数样本来代表整体，数理统计学理论就是基于此发展起来的。随机抽样调查能够在某个范围内对局部数据的特征进行分析，从而以点带面反映整个数据的特征。但是在抽样过程中如何保证抽样的随机性和抽样结果的准确性，是一项具有挑战性的工作。而抽样同时也可能会忽略一些数据之间的细节关联信息，甚至还有可能失去对某些特定子类的进一步研究机会。

例如，某互联网公司要对一部分热门电视剧的收视率进行统计，传统的统计方式是通过抽样获取几万户的收视情况作为样本，进而推算全国的收视情况。由于这些样本分散在全国各省区市，每个地区分配的样本数量仅几百、上千个，且样本户的数量也相对有限，因此收视率统计数据的计算非常困难，而且不准确。在大数据时代，由于互联网的广泛应用，可以很容易地从网络上收集所有观看该电视剧的用户信息。在统计收视率数据时，不需要随机抽样，可以直接利用全量用户数据进行统计，大幅提高了数据统计的准确度。由于能够收集到足够多的用户信息，因此还可利用这些用户信息进行更细粒度的应用，如用户行为习惯分析、用户画像构建、广告精准投放等，这样就拓展了数据的应用场景，提升了数据的价值。

(2) 既追求数据精度，更追求发展趋势。

在大数据时代，我们不仅追求数据的精确性，更关注数据的未来发展趋势。过去，对于数据随机抽样得到的样本属于小数据，对小数据分析要尽可能地减小误差，提高质量。在数据抽样时，因为收集的信息量比较少，细微的偏差会被放大，甚至有可能影响整个结果的准确性，所以我们必须确保数据分析结果的准确性。为了使结果更加准确，我们就必须做很多额外的工作，如优化测量、优化建模等。

而现在由于计算和存储能力增强了，因此可以对整个全量数据进行分析。我们更关注整个数据粗粒度的特性和发展趋势，而不关注具体某个数据的特性。因为在海量数据中，少部分异常数据或不准确数据并不会改变整个数据的发展趋势和规律，影响最终的数据分析结果。

(3) 重相关，轻因果。

在大数据时代，我们不再关注数据之间的因果关系，而关注数据之间的相关关系。我们只要知道“是什么”，而不需要知道“为什么”。我们不必自己去挖掘现象背后的原因，而是要让数据自己展现出来。相关关系的核心是量化两个数据值之间的数理关系。如果一个数据值增加时，另一个数据值也会随之增加，那么可以说这两个数据之间可能存在的相关度很高。例如，在一个特定的地理位置，越多的人通过百度搜索“感冒”之类的单词，该地区就越有可能有流感存在。如图 1-15 所示，一个人生病了，相关的因素有很多。

笔记

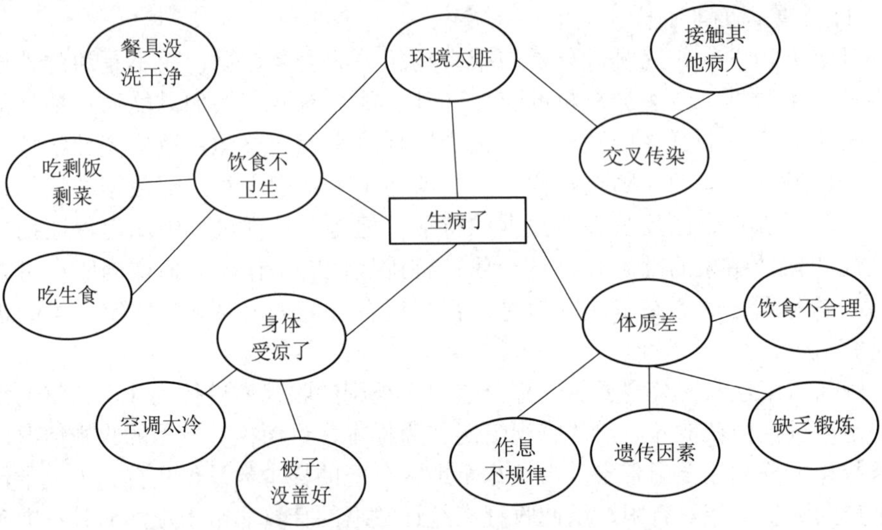

图 1-15　导致生病的相关事物之间的关系

例如，过去在销售领域，要占有市场，我们只能通过市场调研，然后依靠具有丰富专业技能和多年销售经验的人员去进行多渠道的销售，对于客户真实的购物心理我们无从得知。在大数据时代，我们可以通过分析客户的年龄、收入、历史购物记录、关联人员的消费记录等各种数据给客户分类，打标签，从而预测客户的购物倾向，实时向客户推荐其可能会购买的关联物品信息。

再如，对于零售商来说，知道一个顾客是否怀孕是非常重要的。因为怀孕会改变夫妻之间的生活习惯和消费观念。他们会开始光顾以前不会去的商店，渐渐关注一些新的品牌和物品。为了提前得知孕期人群，某公司的分析团队首先查看了签署婴儿礼物登记簿的女性的消费记录，发现妇女会在怀孕大概第三个月的时候买很多乳液。之后的一段时间，她们会买一些营养品。针对这些信息，公司最终找出了 20 多种关联商品，这些关联商品可以对顾客进行“怀孕趋势”评分，甚至能够比较准确地预测预产期，这样零售商就能够在孕期的每个阶段给客户寄送相应的优惠券。

任务 1-2　掌握大数据基本特征和处理流程

任务描述：通过实施本任务，学生能够掌握数据的定义、大数据的定义、大数据的五大基本特征和大数据处理流程。

知识准备

(1) 数据的定义和分类；

(2) 大数据的定义；

(3) 大数据的基本特征；

笔记

(4) 大数据处理流程。

任务实施

1.2.1 数据的定义和分类

数据是指对客观事物的性质、状态以及相互关系等进行记载的物理符号和这些物理符号的组合，这些符号是可识别的、抽象的。数据可以是具有一定意义的文字、字母、数字符号，也可以是图形、图像、视频、音频，还可以是一些抽象标识。例如，0，1，2，…，以及阴、雨、晴等都是数据。

在计算机科学中，数据是指所有能输入到计算机并被计算机程序处理的符号的总称，如数字、字母、符号等。现在计算机存储和处理的数据种类繁多，数据的表达方式也越来越多样化。在计算机中，数据的最小的基本单位是 bit，按照进率 1024(2^{10})来计算。

1.2.2 大数据的定义

顾名思义，大数据指的是海量或巨量的数据。究竟数据量大到多少才算是大数据？根据维基百科的定义，大数据的数据量大小从 TB 级别到 PB 级别(1 PB = 1024 TB，1 TB = 1024 GB)不等。然而，到目前为止，尚未有一个公认的标准来界定“大数据”的大小。换句话说，“大”只是表示数据容量大，但并不具体。

麦肯锡全球研究所把大数据定义为一种规模大到在获取、存储、管理、分析方面大大超出了传统数据库软件工具能力范围的数据集合，具有海量的数据规模、快速的数据流转、多样的数据类型和较低的价值密度四大特征。从这里我们可以得出一个结论：大数据无法用传统的数据处理分析工具来进行处理，必须使用其他方式。

从技术层面看，大数据由于数据量极大，肯定无法用传统的单台计算机进行处理，必须采用分布式架构。在大数据处理分析时，如何对这些含有意义的数据进行专业化处理？如何提高对数据的加工能力？如何通过加工实现数据的增值？这些是大数据处理的重要问题。

1.2.3 大数据的特征

由于网络带宽的不断增长和各种穿戴设备的普及应用，大数据时代的数据量呈井喷式增长。大数据归纳起来有五个特征，俗称 4V + 1O。4V 指的是 Volume(数据量大)、Variety(数据类型繁多)、Velocity(处理速度快)、Value(价值密度低)；1O 指的是 Online(实时在线)。

1. 数据量大

大数据的特征首先就体现为数据量大。在早期，数据的存储单位是 B、KB、MB，一个几百 MB 的数据文件就觉得非常大了，然而随着时间的推移，信息技术的高速发展使得数据开始爆发性增长。数据存储单位从过去的兆字节(MB)到吉字

笔记

节(GB)、太字节(TB)，甚至拍字节(PB)、艾字节(EB)、泽字节(ZB)、尧字节(YB)等级别。当今，各种社交网络(微信、微博、论坛、贴吧等)、移动网络和各种智能服务工具层出不穷。例如，淘宝网会员每天产生约 20 TB 的商品交易数据，脸书用户每天产生超过 300 TB 的日志数据。对于如此巨量的数据，我们迫切需要一个强大的数据处理平台和新的数据处理技术来存储和计算数据。如图 1-16 所示，预计 2020 年全球总数据量为 44 ZB，到 2035 年全球总数据量将近 20 000 ZB。

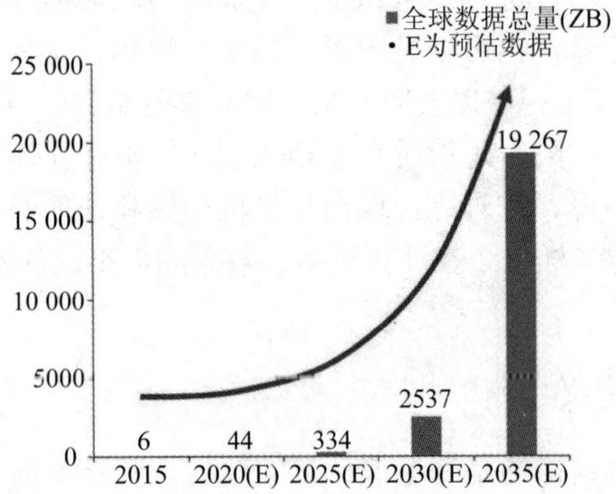

图 1-16　全球总数据量增长及预估趋势

2. 数据类型繁多

大数据形式多种多样，数据来源广，包括文字、图片、视频、音频、邮件、微博、地理位置等，如图 1-17 所示。

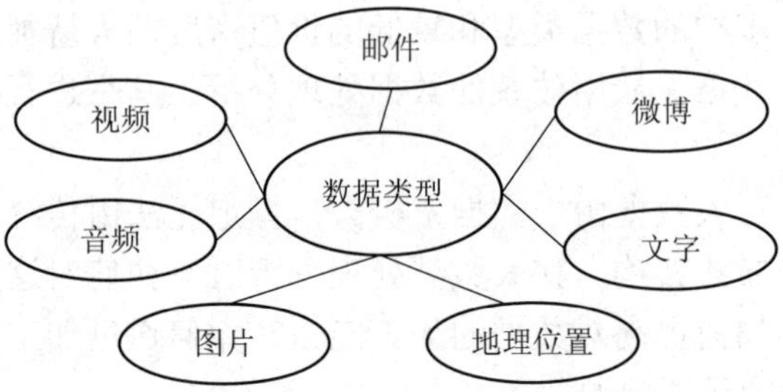

图 1-17　数据类型多种多样

3. 处理速度快

在大数据时代，我们每天都产生大量数据，数据的产生速度非常快，并且通过互联网传输。这些数据需要被快速处理并挖掘价值。若数据价值太小，则丢弃；如果数据具有存储价值，则存储在数据库中。对于一个业务平台而言，一般保存的数据只有过去几天或者一个月之内的，再久远的历史数据就要及时清理。如此快速的数据产生速度，必须要配备快速的数据处理平台。大数据处理平台对处理速度有非常严格的要求，因此服务器中大量的资源都用于处理和计算数据，很多平台都需要做到实时分析。因为数据无时无刻不在产生，谁的处理速度更快，谁占得先机。

笔记

4. 价值密度低

价值密度低也是大数据的核心特征。现实世界所产生的数据量非常大，但是有价值的数据所占比例很小。大数据最大的价值在于通过对大量不相关的各种类型的数据进行挖掘，预测出数据的未来发展趋势，辅助人工决策。目前，数据挖掘主要通过机器学习、人工智能相关算法进行。大数据挖掘类似于沙里淘金，如图 1-18 所示。为了淘到一点金子，你必须要拥有足够多的金沙。

图 1-18　模拟大数据价值密度低

5. 实时在线(Online)

大数据实时分析计算，对实时性一般要求较高，时延要达到秒级甚至毫秒级。实时性是大数据处理区别于传统数据处理最大的特征。例如嘀嘀打车，客户数据和出租司机数据都是实时在线的。如图 1-19 所示的环境监测数据，数据实时的处理才能显示数据的价值，如果收集到的数据要离线处理那意义就减弱了。

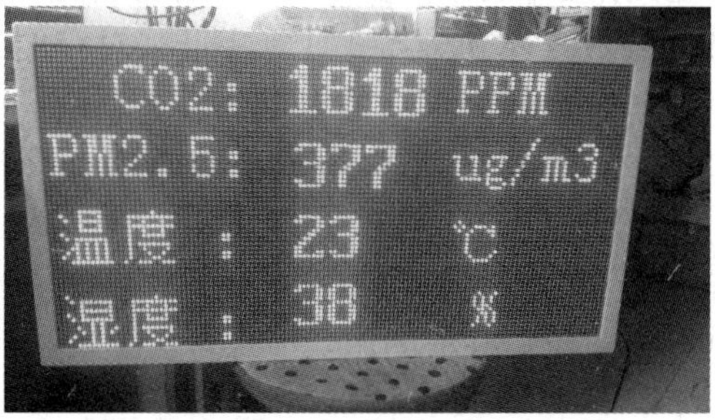

图 1-19　环境监测数据实时在线

1.2.4　大数据处理流程

大数据处理流程分为五步，分别是数据采集、数据预处理、数据存储和数据计算、数据分析、数据可视化，如图 1-20 所示。

(1) 数据采集是大数据处理的第一步。大数据处理首先要针对业务需求收集大量原始数据，数据是基石，没有数据，后续过程就无从谈起了。

(2) 数据预处理是大数据处理的第二步。由于采集到的原始数据有可能不完整或存在脏数据，这些问题可能导致后续数据处理流程中的未知错误。为了提高数据质量，我们需要对原始数据进行数据预处理，例如数据清理、数据集成、数据变换、数据归约等。数据采集和数据预处理的相关知识将在项目四介绍。

笔记

图 1-20　大数据处理流程图

(3) 数据存储和数据计算是大数据处理的第三步。至于数据是先存储还是先计算，要根据具体应用场景而定。如果是批量计算，一般数据先存储，后进行离线批量计算；如果是在线实时计算，一般先进行数据计算，之后根据计算出的结果选择是否存储该数据。数据存储和数据计算后的数据是为后续数据分析和数据可视化服务的。大数据计算需要用到一些特定的计算框架，大数据存储一般存放在分布式文件系统或非关系型数据库中。数据存储和数据计算的相关内容将在项目五介绍。

(4) 数据分析是大数据处理的第四步。数据分析分为两个层面，比较基础的数据分析主要是利用分布式数据库和分布式计算集群来对存储的海量数据进行常规的统计分析和分类汇总等；而较高层次的数据分析会利用一些数据挖掘算法来挖掘数据的隐藏价值和规律。数据分析的相关内容将在项目六介绍。

(5) 数据可视化是大数据处理的最后一步。数据分析的结果往往比较复杂、过于抽象，这时就需要把数据分析结果以图表、动画、仿真模型等方式呈现，使外界易于理解。数据可视化和数据分析的相关内容将在项目六介绍。

任务 1-3　大数据技术的发展历程

任务描述：通过实施本任务，使学生回顾大数据技术的发展历程，了解大数据发展的关键技术。

知识准备

(1) 大数据发展历程有哪些阶段？

(2) 大数据发展的关键技术有哪些？

任务实施

大数据发展历程如图 1-21 所示。

笔记

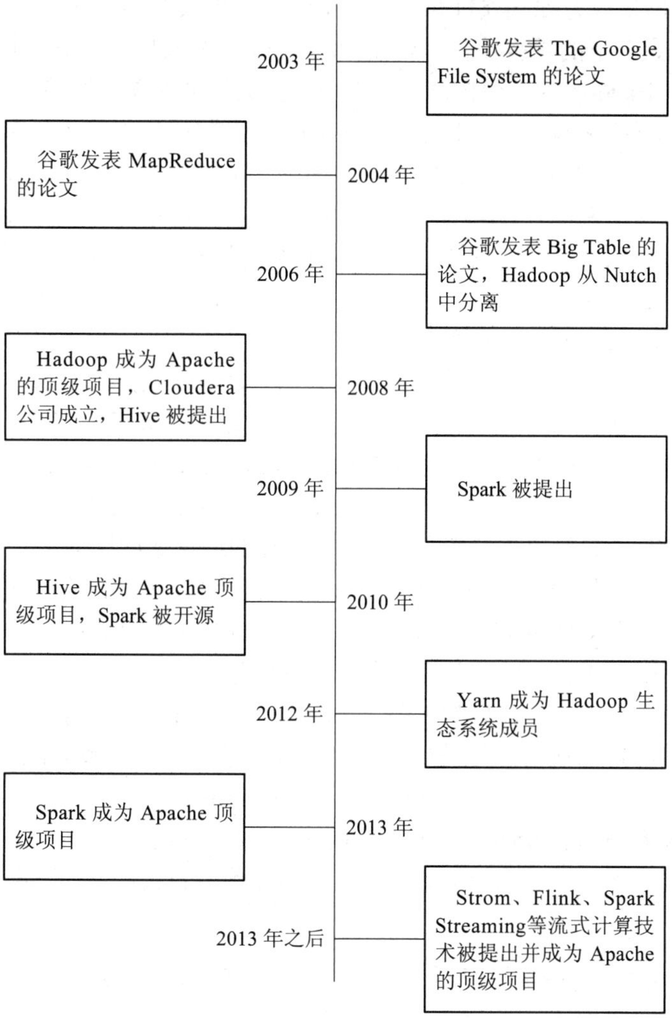

图 1-21　大数据发展历程

在大数据的发展历程中，谷歌公司 Google 起着非常重要的作用。在 2003 年，谷歌发表了谷歌分布式文件系统(Google File System，GFS)的论文。在 2004 年，谷歌又发表了谷歌大数据分布式计算框架 MapReduce 的论文。在 2006 年，谷歌又发表了 Big Table 的论文。这三篇论文是大数据技术发展史上重要的里程碑，史称谷歌大数据的“三驾马车”。谷歌的这三篇论文开启了大数据处理的新模式，在提高单机数据处理性能的同时，设想把数据存储、计算任务分给大量的廉价计算机集群去执行。

在 2004 年 7 月，道格·卡亭(Doug Cutting)和迈克·卡弗雷拉(Mike Cafarella)受 Google 的论文启发，在一个开源网页爬虫项目 Nutch 中实现了类似 GFS 的功能，这也是分布式文件系统(Hadoop Distributed File System，HDFS)的前身。在 2005 年 2 月，迈克·卡弗雷拉又在 Nutch 项目中实现了第一个 MapReduce 版本，至此研发完成了 Hadoop 两大核心技术 HDFS 和 MapReduce。在 2006 年，Hadoop 从

笔记

Nutch 中分离出来成为独立项目并发布了第一个开源版本。在 2008 年，Hadoop 成为 Apache 基金会下的顶级项目。至此，Hadoop 被社会广泛接收，越来越多的企业加入到基于 Hadoop 的大数据产业浪潮中，大数据产业蓬勃发展。

随着大数据相关技术的不断发展，Hadoop 大数据生态系统逐渐形成。由于 MapReduce 编程十分烦琐，在 2008 年，Hive 被提出。Hive 的提出大大简化了 MapReduce 编程，人们只需编写一些简单的 SQL(Structured Query Language)语句就能运行 MapReduce 任务，进行数据分析和数据挖掘。同年，第一个 Hadoop 商业化公司 Cloudera 成立。2010 年，Hive 成为 Apache 基金会下的顶级项目。2012 年，Yarn 成为 Hadoop 生态系统成员。

MapReduce 编程模型的计算是基于磁盘的，计算过程延迟过长。2014 年，由于内存硬件的成本大大降低，一种基于内存的大数据计算模型应运而生，它就是 Spark。Spark 是由加州大学伯克利分校实验室(UC Berkeley AMPLab)在 2009 年开发的，于 2010 年开源，2013 年贡献到 Apache 基金会。Spark 因其计算速度快，一经出现就受到业界的热烈追捧。Spark 在内存的运算速度比 MapReduce 的运算速度快 100 倍，同时 Spark 非常适合用来做迭代计算，因此能够运行数据挖掘相关算法，拓展了大数据技术的应用场景。随着 Spark 的用户数量呈现爆发式增长，Spark 逐渐替代了 MapReduce 成为大数据主流计算模型。

随着社会发展，实时计算的任务大幅增加，而 Spark 和 MapReduce 都只适用于离线批量计算，离线计算无法满足实时计算需求。多个大数据流式计算引擎开始出现，代表技术包括 Strom、Flink、Spark Streaming 等。

大数据技术的蓬勃发展为人工智能技术的应用创新打下了坚实的基础，紧接着基于大数据的机器学习思想应运而生，这也促使了新兴产业的不断涌现。

任务 1-4　大数据产业结构及行业应用

任务描述：通过实施本任务，使学生了解大数据技术行业应用。

知识准备

(1) 我国大数据产业结构分为哪些层面？

(2) 大数据、人工智能、云计算和物联网之间如何深度融合？

(3) 大数据技术应用在哪些行业领域？

任务实施

1.4.1 大数据产业结构

2015 年 8 月，国务院颁布《促进大数据发展行动纲要》，大数据技术发展上升至国家战略层面。2016 年，工信部印发了《大数据产业发展规划(2016—2020 年)》，迎来了我国大数据产业建设的高峰。中国大数据产业规模发展曲线如图 1-22

笔记

所示，据中国大数据产业生态联盟和赛迪顾问共同编制的《2019 中国大数据产业发展白皮书》统计，2018 年，中国大数据产业规模为 4384.5 亿元，同比增长 23.5%。到 2021 年，中国大数据产业规模预计将超过 8000 亿元，发展潜力巨大。京津冀、珠三角和华东沿海地区成为大数据企业的主要集中地。

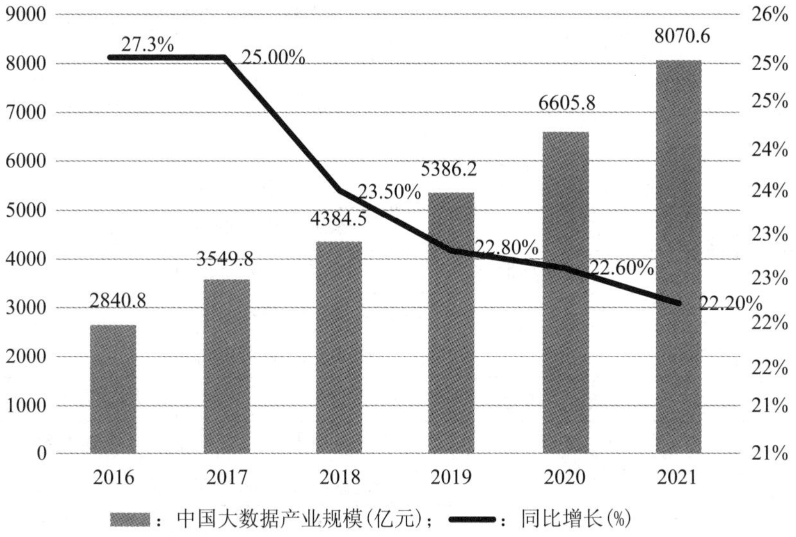

图 1-22　中国大数据产业规模发展曲线

目前，我国已建成贵州、京津冀、珠三角、上海、河南、重庆、沈阳和内蒙古八个大数据综合试验区，建立了 100 多个大数据产业园。大数据综合试验区的成立，对国家大数据开放共享、大数据应用创新、大数据产业集聚等方面起到重要促进作用。大数据产业园成为聚集大数据产业资源的重要载体。伴随人工智能、云计算、物联网、5G 等新一代信息技术的发展，大数据的产业支撑得以强化，行业应用范围加速拓展，产业规模必将进一步实现爆发式增长。2018 年大数据产业园区综合发展实力 TOP10 如表 1-1 所示。

表 1-1　2018 年我国大数据产业园区综合发展实力 TOP10

排名	园区名称	地区	城市
1	中关村大数据产业园	北京	北京
2	贵安综保区电子信息产业园	贵州	贵安新区
3	上海市市北高新技术服务园	上海	上海
4	仙桃国际大数据谷	重庆	重庆
5	盐城市大数据产业园	江苏	盐城
6	东南大数据产业园	福建	福州
7	廊坊开发区大数据产业园	河北	廊坊
8	佛山市南海区大数据产业园	广东	佛山
9	厦门软件园	福建	厦门
10	承德德鸣大数据产业园	河北	承德

笔记

目前，我国大数据产业可分为六个层次，分别为硬件设施、基础服务、数据来源、技术开发、融合应用及产业支撑，具体描述如表 1-2 所示。

表 1-2　大数据产业结构

产业结构		具体内容
硬件设施	数据采集设备	传感器、数据采集设备、I/O 终端、交互设备等
	数据传输设备	交换机、路由器等各种数据通信和传输设备等
	数据计算存储设备	芯片、硬盘、服务器、一体化计算机等
	集成设备	集成安装和调试的硬件设备
基础服务	数据传输网络服务	电信运营及运维服务等
	数据云平台服务	基础设施托管租用服务、平台租用服务、软件租用服务等
	数据系统开发服务	架构设计、个性化订制开发等
数据来源		政府数据、行业数据、企业数据、互联网数据、物联网数据、第三方数据等
技术开发	数据管理	数据库管理、数据集成、元数据管理、数据清洗等
	数据技术研究	基础技术研究：数据计算和存储、基础算法研究等； 应用技术研究：图像处理、语音识别、空间地理、社交舆情等
	数据安全	数据监管、数据加密、数据认证等
融合应用		工业、农业、政府、医疗、交通、金融、互联网、电信、环保等行业应用和解决方案
产业支撑		数据评估中心、数据交易中心、科研机构、孵化机构、行业联盟等

现阶段我国大数据产业细分为硬件、软件、服务以及安全四个领域，如图 1-23 所示。

图 1-23　中国大数据产业细分领域

笔记

1. 大数据硬件

大数据硬件是指用于数据的产生、采集、存储、计算处理、应用等的一系列与大数据产业环节相关的硬件设备，包括传感器、数据传输设备、数据计算与存储设备、数据安全设备等。据数据存储公司希捷预计，到 2025 年，中国产生的数据总量将首次超过美国产生的数据总量，达到 48.6 ZB。数据总量的快速增长将持续推动数据存储、数据处理等硬件市场需求。据中国电子信息产业发展研究院赛迪顾问编写的《2019-2021 年大数据市场预测与展望数据》统计，2019 年，中国大数据硬件市场规模为 2541.7 亿元，同比增长 13.2%，预计到 2021 年年底，中国大数据硬件市场规模将达到 3150.3 亿元。2016—2021 年中国大数据硬件市场规模发展曲线如图 1-24 所示。

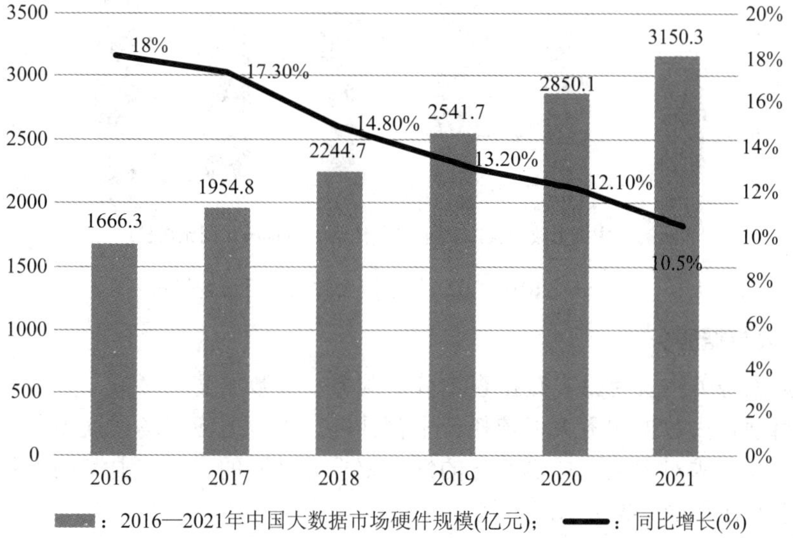

图 1-24　2016—2021 年中国大数据硬件市场规模发展曲线

2. 大数据软件

大数据软件是指用于实现数据采集、数据计算、数据存储、数据分析挖掘和数据可视化展示等一系列的各类软件。大数据软件分类如图 1-25 所示。

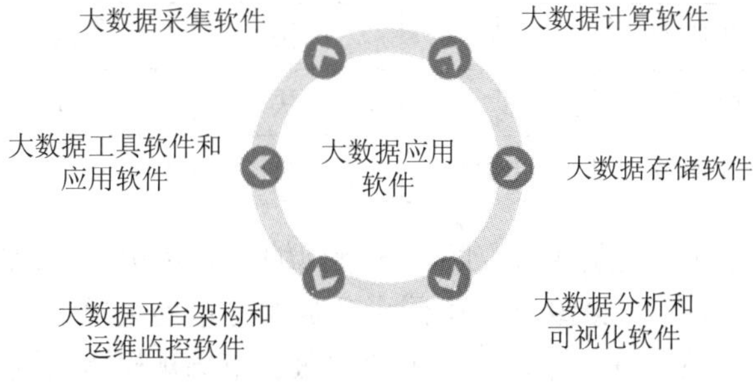

图 1-25　大数据软件的主要分类

笔记

据中国电子信息产业发展研究院赛迪顾问编写的《2019—2021 年大数据市场预测与展望数据》统计，2019 年，中国大数据软件市场规模约为 1062.7 亿元，同比增长 29.2%， 预计到 2021 年，大数据软件市场规模将达到 1731.9 亿元。中国大数据软件市场规模发展曲线如图 1-26 所示。

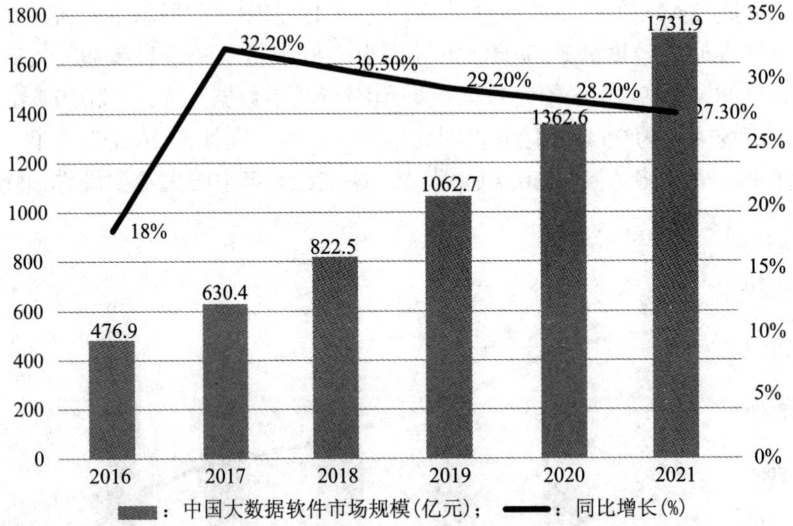

图 1-26 2016—2021 年中国大数据软件市场规模

3. 大数据服务

大数据服务主要包括大数据查询分析服务、大数据交易服务、大数据安全服务等。目前，大数据服务大多依托云平台开展。大数据应用场景众多，各应用场景结合自身需求对大数据提供服务的性能要求是不同的。一些典型的大数据服务应用性能对比如表 1-3 所示。

表 1-3 典型的大数据服务应用性能对比

所在领域	应用实例	用户开发度	响应时间	可靠性	准确度
科学计算	航天数据计算	小	低	适中	非常高
金融	股票交易系统	大	非常快	非常高	非常高
社交网络	Facebook	非常大	快	高	高
移动数据	手机应用	非常大	快	高	高
物联网	传感器	大	快	高	高
多媒体	视频服务	非常大	快	高	中等

据中国电子信息产业发展研究院赛迪顾问编写的《2019—2021 年大数据市场预测与展望数据》统计，2019 年，中国大数据服务市场规模约为 1781.8 亿元，同比增长 35.3%，预计到 2021 年，中国大数据服务市场规模将达到 3188.3 亿元，同比增长 33.20%。2016—2021 年中国大数据服务市场规模发展曲线如图 1-27 所示。

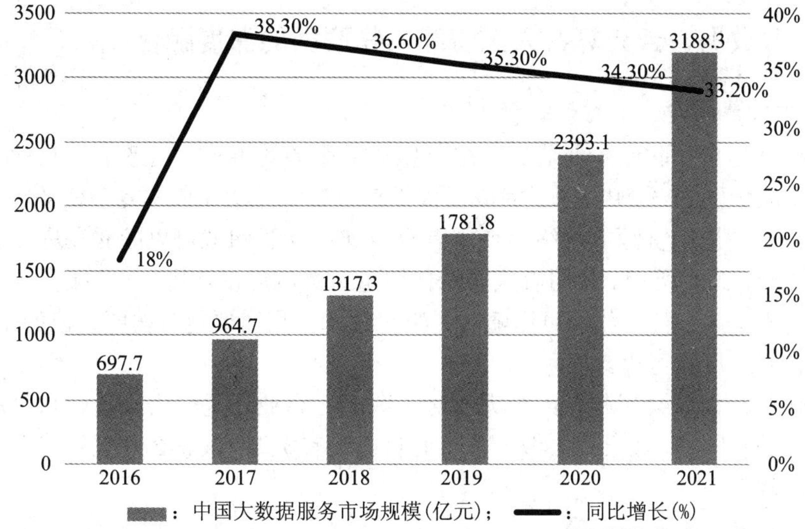

图 1-27　2016—2021 年中国大数据服务市场规模发展曲线

4．大数据安全

大数据安全是指用以搭建大数据平台所需的安全产品和服务，以及对大数据全生命周期的安全防护等。大数据安全主要包括大数据平台安全、大数据安全防护和大数据隐私保护等。大数据安全涉及的具体的数据安全防护技术有数据资产梳理(对敏感数据、数据库等进行梳理)、数据库加密(对核心数据进行存储和加密)、数据库安全运维(防止运维人员恶意和高危操作)、数据脱敏(敏感数据匿名化)、数据库漏扫(数据安全脆弱性检测)等。据中国电子信息产业发展研究院赛迪顾问数据统计，2019 年我国大数据安全行业市场规模约为 38.3 亿元，同比增长 30.50%，预计到 2021 年，中国大数据服务市场规模将达到 69.7 亿元，将同比增长 44.50%。中国大数据安全行业市场发展曲线如图 1-28 所示。

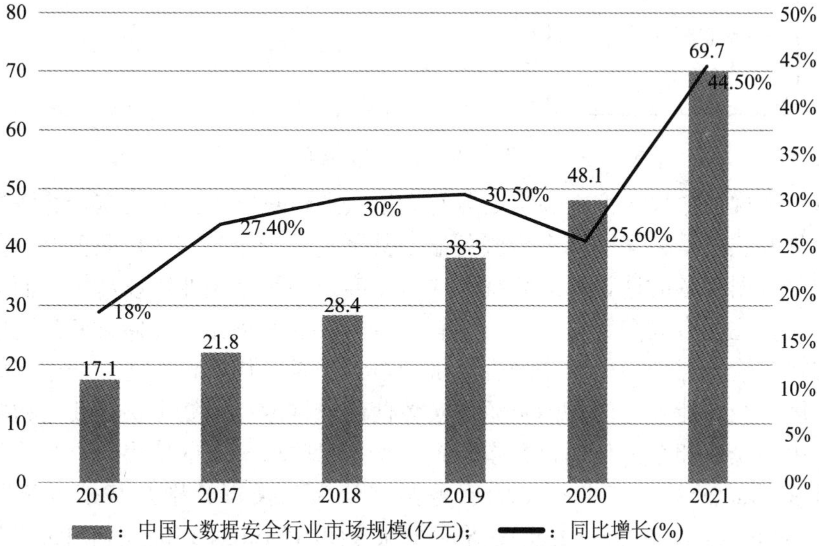

图 1-28　2016—2021 年大数据安全行业市场规模发展曲线

笔记

1.4.2 大数据、云计算、人工智能、物联网的深度融合

1. 云计算简介

云计算是指互联网企业通过网络，以提供服务的方式，为政府、行业和个人提供非常廉价的IT资源，用以完成仅依靠自身资源无法完成的复杂任务。云计算本质就是一种提供资源的网络，使用者只要连上互联网就可以随时获取“云”端的各种资源，为其所用。使用者只要按使用量付费就可以使用“云”端资源。“云”就好比自来水厂一样，我们可以随时无限量用水，只需要定时按照自己的用水量，付费给自来水厂就可以。

为什么云计算会兴起？因为无论对于政府、企业还是个人来说，自身所拥有的资源都是有限的，如果要去做一件事而自己没有资源，该怎么办呢？请看图1-29所示的案例。

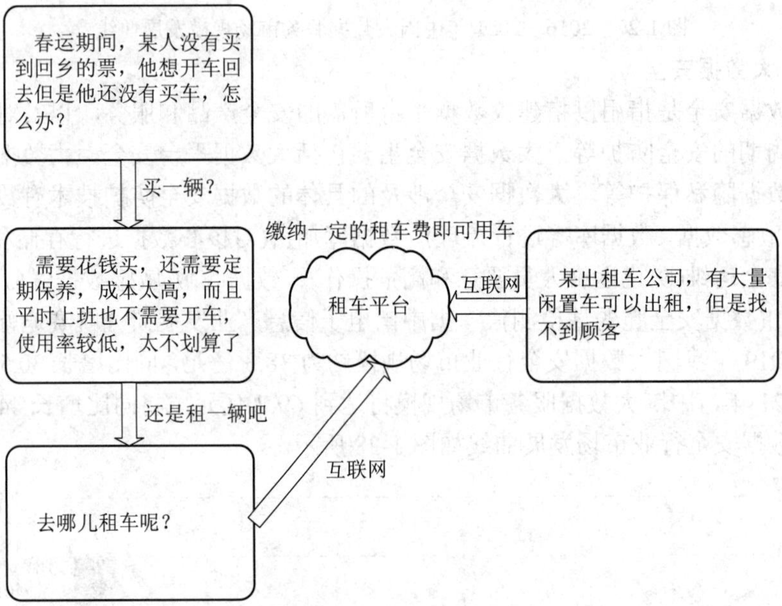

图1-29 云计算案例

以此类推，如果一家中小型企业有大量数据运算需求，而没有计算资源怎么办？一种办法就是公司购置多台服务器，甚至建立一个具有多台服务器的数据中心。但是数据中心的建设和运营维护成本太高，中小型企业难以承担。而大型互联网企业往往建有大型数据中心，拥有大量闲置的服务器和存储设备，这些资源又无法提供给外界使用，无法产生经济效益。于是人们就设想建立一个网络，让大型互联网企业能够把闲置的资源像实体商品一样放在网络上供需要资源的政府部门、中小企业和个人使用，并按照资源使用量收取一定的费用，于是云计算便应运而生了。云计算产业提供的服务类型分为三类，分别是基础设施即服务(Infrastructure as a Service，IaaS)、平台即服务(Platform as a Service，PaaS)和软件即服务(Software as a Service，SaaS)。

笔记

2. 人工智能简介

人工智能是利用数字计算机或数字计算机控制的人工制造产品来模拟、延伸和扩展人的智能，感知环境，获取并使用知识以获得最佳结果的理论、方法、技术及应用系统。人工智能是一门前沿综合性学科，它融合了计算机科学、统计学、脑神经学和社会科学等多个前沿学科。目前，人工智能主要被用来代替人类实现识别、认知、分析、决策等多种功能，归纳起来总结为四个字，即听、说、写、看。例如，当我们说一句话时，机器能够识别成文字，并写出我们所表达的意思，进行分析并和我们对话等。工厂生产线利用计算机视觉技术，通过摄像头采集产品数据，经过智能分析判断，自动分拣合格产品和不合格产品。人工智能的出现使得人们可以从低级的、机械的、固定式的社会生产中解放出来，去从事更加高端的社会生产活动。

3. 物联网简介

物联网是通过射频识别、红外感应器、全球定位系统、激光扫描器等信息传感设备，按约定的协议，把任何物品与互联网相连接，进行信息交换和通信，以实现对物品的智能化识别、定位、跟踪、监控和管理的一种信息网络。通过物联网，人、机、物能够实现任何时间、任何地点的互联互通。物联网的基础就是各种传感器，传感器能够收集人、机、物的实时状态数据并通过互联网上传到相应的数据中心，供后续使用。

当前，大数据和人工智能、云计算和物联网正在进行“四位一体”式的深度融合。四者既相互独立，又相辅相成。四者的关系如图 1-30 所示。

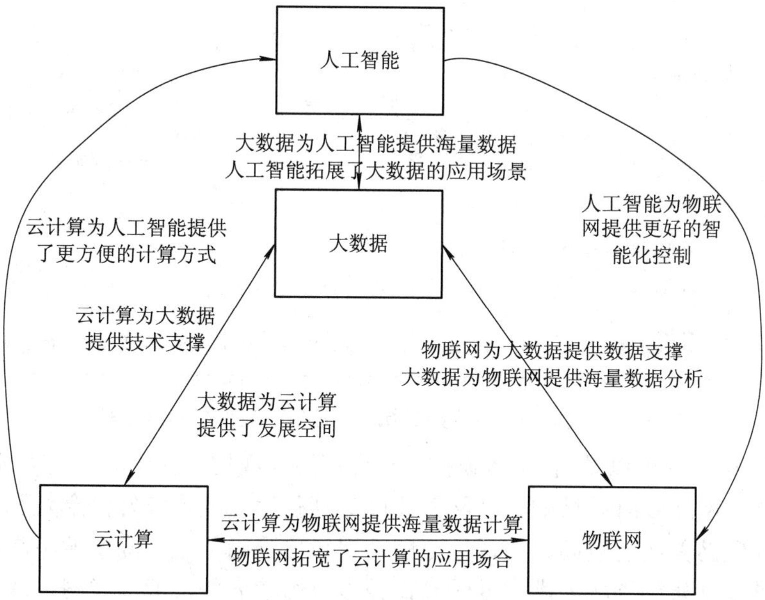

图 1-30　大数据、人工智能、云计算和物联网“四位一体”式的关系

云计算和物联网是大数据的下层，企业和个人通过云计算来处理海量数据，

笔记

物联网又为大数据提供海量数据支撑。人工智能则是大数据的上层应用。大数据的发展与应用，离不开云计算强有力的技术支持。云计算的发展和大数据的积累，是人工智能快速发展的基础和实现实质性突破的关键。大数据和人工智能的进步也将拓展云计算应用的深度和广度。

近年来，数据、网络、计算能力都以指数级的速度发展，有力推动了人工智能产业的快速发展，人工智能的应用场景日趋丰富，除了传统应用场景之外还新增了语音识别、图像识别、自然语言理解、用户画像等前沿领域。人工智能的实现，需要大数据作为依据支持人工智能对行为的智能判断，云计算运用大数据技术计算出结果并保存在“云”上，为人工智能提供强大的支撑。当前非常热门的深度学习技术正是在大数据和云计算日趋成熟的背景下才取得了快速发展，深度学习的训练就是基于海量数据样本的训练，而海量数据样本的训练则需要利用大数据和云计算做底层支撑。而人工智能突飞猛进的发展也使得大数据、云计算和物联网的应用更加智能化。

1.4.3 大数据技术在各行业领域的应用案例

近年来，大数据技术在金融、交通、政府、公安、医疗和互联网等领域得到了积极探索和广泛应用，极大地提升了信息处理效率，降低了社会运营成本。图 1-31 所示为大数据在各应用领域的互联网关注度与满意度对比。

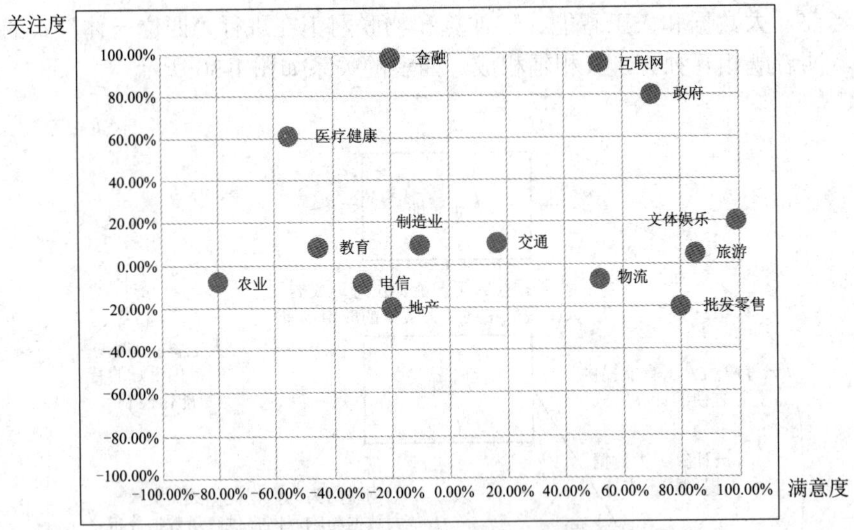

图 1-31　大数据在各应用领域的互联网关注度与满意度对比

从图 1-31 中可以看出，大数据技术已经应用在我们社会生活的绝大部分行业。其中，互联网和政府领域的互联网关注度最高且满意度也较好；金融及医疗健康领域的互联网关注度较高，但运用范围及用户体验尚不足，满意度不高；旅游、物流、批发零售等领域的满意度较高，技术应用较成熟，但互联网关注度较少，可以加大宣传力度；制造业、农业、电信、地产和教育领域的互联网关注度较低，技术应用也还不成熟，未来发展潜力巨大。

下面简单介绍大数据在各个行业的具体应用。

1．互联网金融领域的大数据应用

互联网金融是指借助互联网技术、移动通信技术实现资金融通、支付和信息中介等业务的新兴金融模式。大数据技术在互联网金融领域的应用如图 1-32 所示。

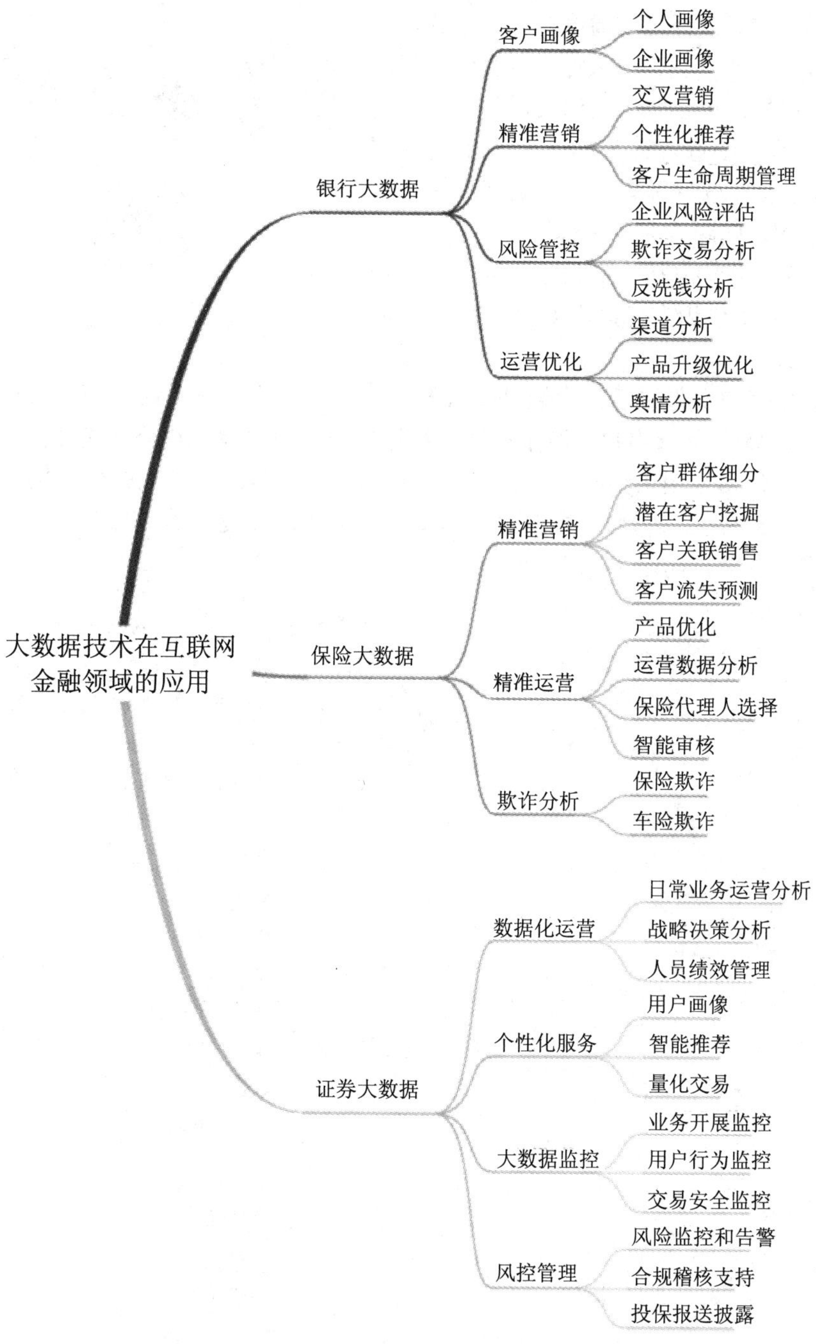

图 1-32 大数据技术在互联网金融领域的应用

笔记

下面以银行征信案例说明大数据技术的具体应用。银行征信主要面向两类客户：一类是没有信贷记录的客户，另一类是有丰富信贷记录的客户。针对这两类客户，银行要根据各种信息来评估客户的信贷风险等级。如果客户的风险等级太高，则银行将不提供信贷业务给客户。对于有信贷记录的客户，银行可以通过客户以往的信贷和还款记录来评估。那么对于没有信贷记录的客户，如何评估客户的信贷风险呢？用传统方法是无法进行评估的。如果不进行评估，银行的信贷风险就大大提升了。有了大数据技术，问题就迎刃而解了。

首先，我们利用大数据技术对客户身份进行识别。身份识别可以用如图 1-33 所示的四种方式。

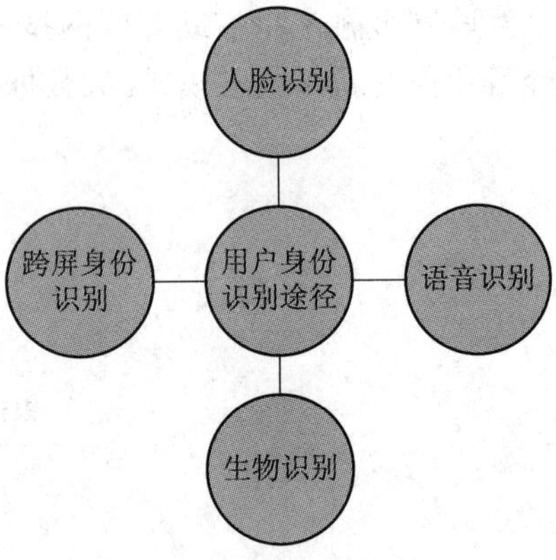

图 1-33　客户身份识别方式

识别客户身份以后，我们可以从各个渠道(如各种业务系统、第三方软件、互联网平台等)收集该用户的海量信息，将这些个人信息保存在分布式文件系统或数据库中。然后采用大数据处理技术对保存的客户数据进行数据处理，提取有用的信息并归纳分类。例如，根据用户的属性信息和兴趣爱好等信息对用户打标签，构建用户画像，如图 1-34 所示。

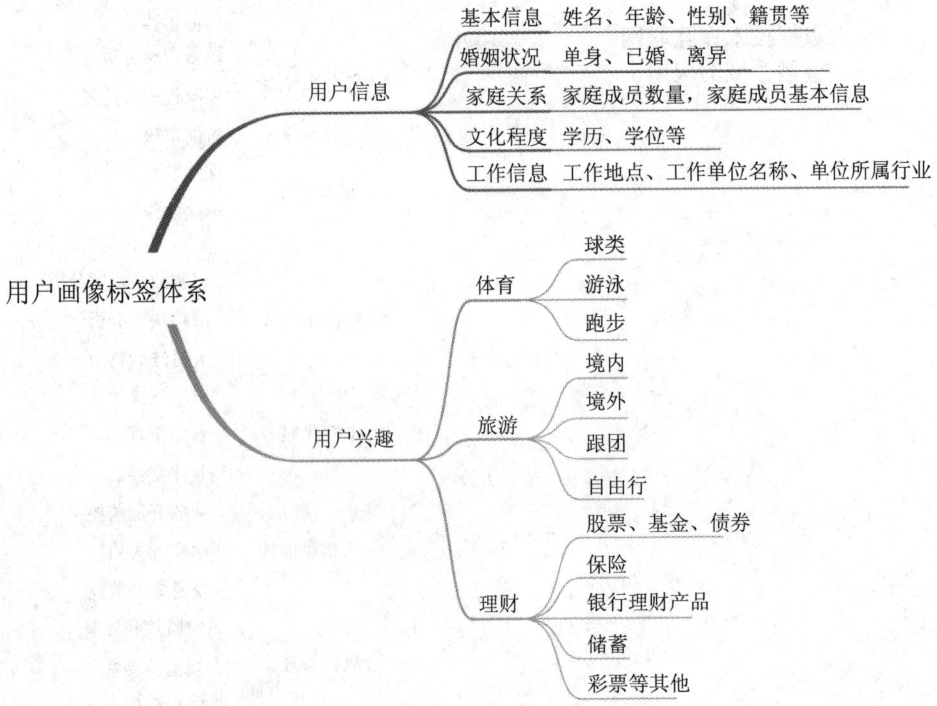

图 1-34　用户画像标签体系

之后我们把客户的用户画像数据输入相应的机器学习模型中，在几秒钟到几分钟内就可以完成对该客户的信用评分，如客户的还款意愿、还款能力等。这样评估的准确度相对较高，能够有效地降低银行的信贷风险，节省了人力成本和时间成本。图 1-35 所示为某公司的客户信用评分结果。

350～550属于较差
550～600属于一般
600～650属于良好
650～700属于优秀

- 信用历史(35%)
  - 信用卡还款历史
  - 微贷还款记录
  - 水电媒缴费
  - 罚单
- 行为偏好(25%)
  - 账户活跃度
  - 消费层次
  - 缴费层次
  - 消费偏好
- 履约能力(20%)
  - 支付账户余额
  - 余额宝余额
  - 车产信息
  - 房产信息
- 身份特征(15%)
  - 公安实名认证
  - 身份信息
  - 信息稳定性
- 人脉关系(5%)
  - 关系圈
  - 朋友圈信用水平
  - 社交影响力

图 1-35　某公司的客户信用评分结果

据美国个人消费信用评估公司 FICO 统计，在美国大约 15%的人是没有信用评分的，大量的人群远低于平均分 678 分。运用大数据进行征信评分的价值潜力巨大。美国传统信用风险评估体系和大数据信用风险评估体系的对比如表 1-4 所示。

表 1-4　美国传统信用风险评估体系与大数据信用风险评估体系的对比

比较项目	传统信用风险评估体系	大数据信用风险评估体系
代表企业	FICO	ZestFinance
服务人群	有丰富信贷记录者(85%)	较少或无信贷记录者(15%)
数据类型	结构化数据	结构化数据+非结构化数据
数据来源	信贷数据	信贷数据、网络数据、社交数据
理论基础	逻辑回归	机器学习
变量特征	还款记录、金额、贷款类别	传统数据、IP 地址、邮箱、填表习惯等网络行为
变量个数	15～30 个	多达几千到一万个

美国 FICO 对人群的评分情况如图 1-36 所示。从图 1-36 中可以看出，信用评分特别低和特别高的人的占比都较少，大多数人的信用评分为中等，评分整体呈

笔记 现正态分布。同时，评分越高的人违约率越小。

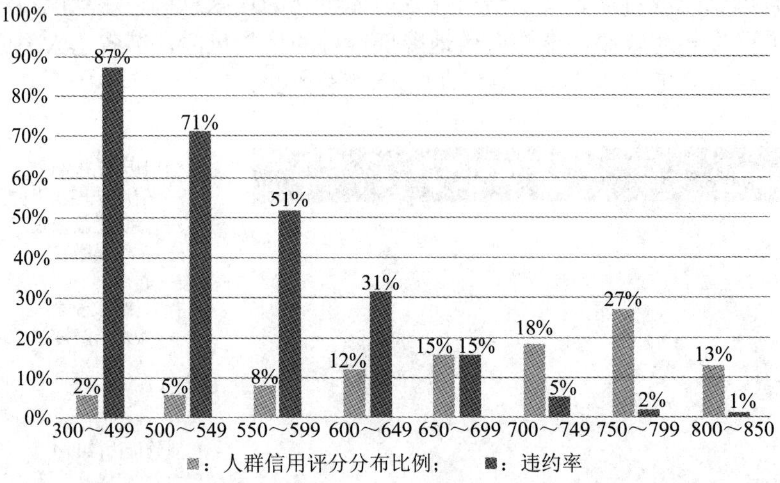

图 1-36 美国 FICO 对人群的信用评分情况

2. 交通领域的大数据应用

交通行业的数据量是巨大的。按来源不同，交通行业的数据可分为如下五个方面。

(1) 公交/地铁一卡通数据。

交通局通过对公交/地铁一卡通数据实时分析，一方面可以控制公交车和地铁的发车班次和时间，减少空车率，疏导客流，缓解城市道路压力；另一方面也可以进行线路优化。

(2) GPS 定位数据。

现在所有运输车辆都与 GPS 卫星连接，通过 GPS 定位数据，交通部门可以实时监控车辆的运行路线。

(3) 车联网数据。

车联网数据的应用包括百度的 CarNet、苹果的 CarPlay、微软的 Windows in the Car 等。目前商家所推崇的车联网和可穿戴设备一样，都是将物联网与手机 App 相结合。

(4) 路网监控数据。

通过对路网监控数据分析可以了解各公路的车流量状况，预警交通事故，抓拍违章驾驶和超载等现象。

(5) 电子地图导航数据。

通过对电子地图导航数据分析可以预测用户出行轨迹，预测不同城市之间的人口迁移情况，预测某个城市内群体出行的态势，指导交通部门优化配置交通资源。

据麦肯锡全球研究院 2013 年公布的数据，利用大数据技术对现有的交通基础设施进一步强化管理和维护，每年就可以节省将近 4000 亿美元，经济效益巨大。

下面介绍交通行业大数据应用的三个案例。

笔记

(1) 广东省高速公路大数据监控分析平台。

该项目的目标是对政府和营运管理单位关心的主要指标数据进行分析和展示，让管理者及时、直观地了解高速公路的运营管理情况。这个项目利用了省级联网收费运营管理平台和省级监控平台上的高速公路收费数据和监控数据。整个分析平台的架构如图 1-37 所示。

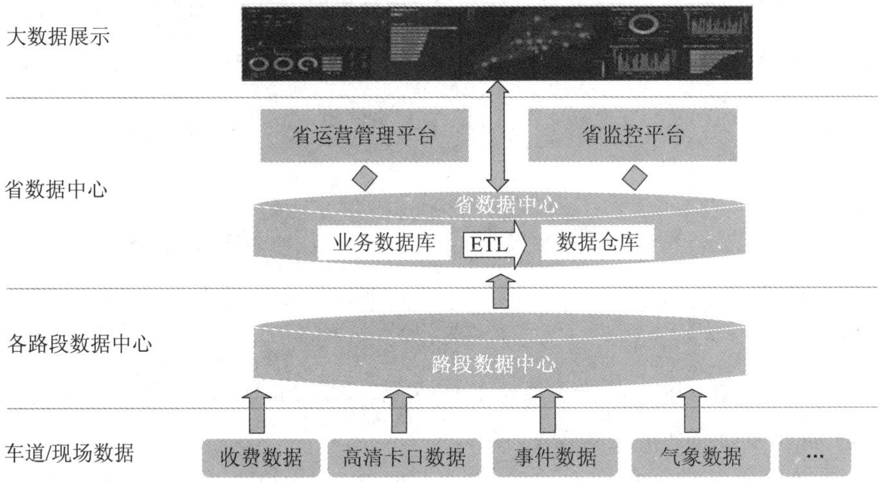

图 1-37　广东省高速公路大数据监控分析平台的架构

该系统对全省交通事件、交通事故的一些关键指标做了数据统计分析，如图 1-38 所示，具体包括最近 30 天交通事件类型组成、最近 30 天交通事件/交通事故变化趋势及环比、最近 90 天发生交通事故排行前十的区间。

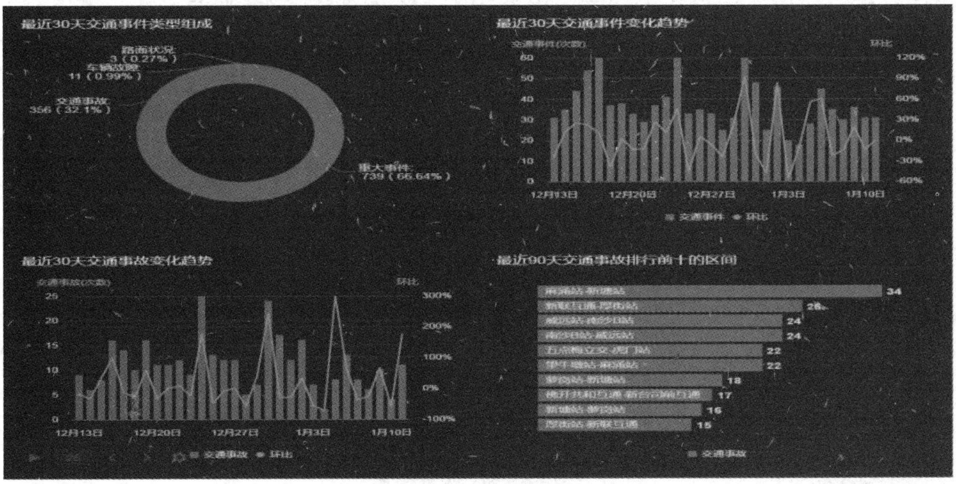

图 1-38　广东省高速公路大数据监控分析平台展示

(2) 广东省高速公路货运情况大数据分析系统。

广东高速公路实现了全计重收费和全国 ETC 联网，该项目通过采集高速公路出口的货车载重量数据，将采集到的数据输入构建的预测高速公路运输景气指数

笔记

(ETBI)模型中，来预测广东省的经济景气情况。该分析系统的架构如图 1-39 所示。

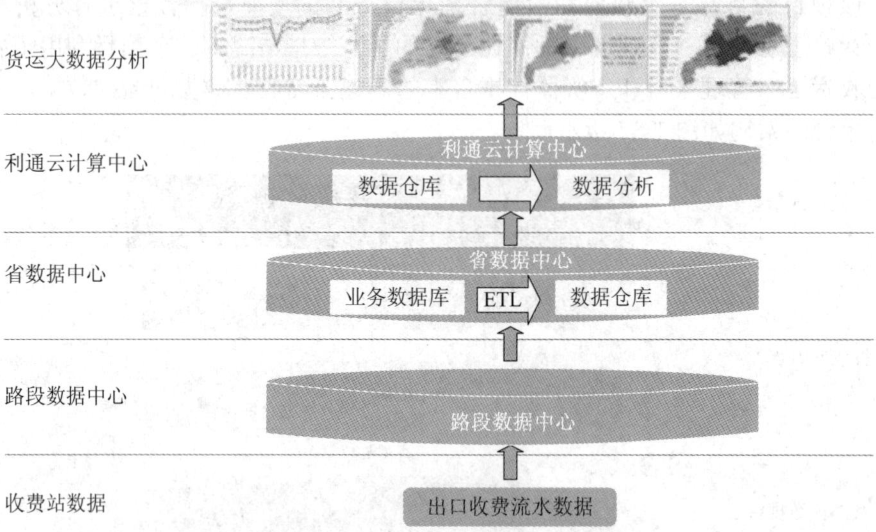

图 1-39　广东省高速公路货运情况大数据分析系统的架构

(3) 福州市公安智能交通控制系统。

该系统可采集整合市区 3170 个地磁、752 个视频线圈、78 台微波、4335 辆公交车、6553 出租车和浮动车 GPS 等的多源异构数据，具有每秒分析 1 万条数据，单日不间断计算 8.6 亿条数据的处理计算能力，能实时研判市区道路“拥堵延时指数”和信号灯路口“交通强度”等拥堵程度的量化评价指标，对市区交通管理态势进行“智慧研判”。该系统具有总体态势、实时路况、路况预测、数据质量、统计分析及交通报告等六大功能。该系统的主界面如图 1-40 所示。

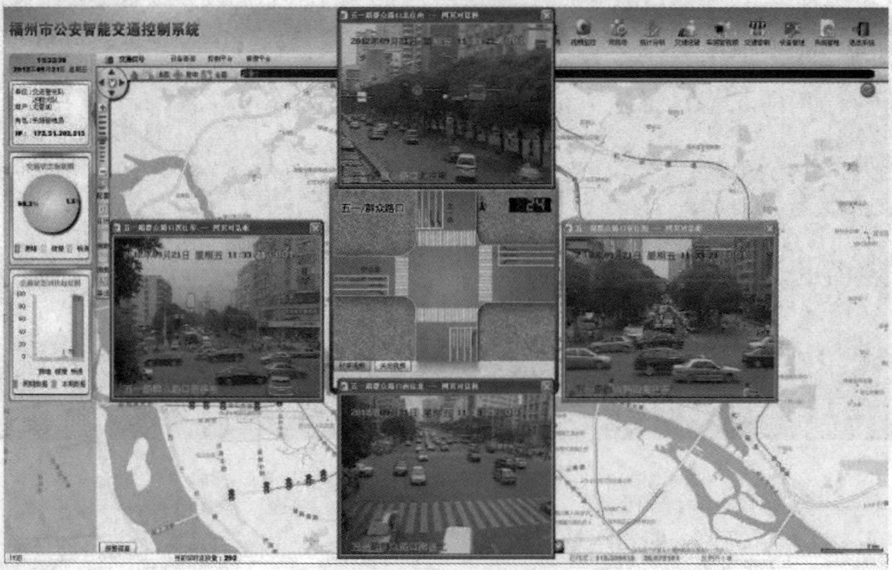

图 1-40　福州市公安智能交通控制系统

3. 疫情防控下教育领域的大数据应用

2020 年新冠肺炎疫情席卷全球，要控制疫情的发展态势，必须做到严格管控人员流动，避免人员高度聚集，严密监控患者的流动轨迹，尽早排查感染者和密切接触者，做到早发现、早报告、早隔离、早治疗。学校作为人员高度聚集的场所，疫情防控任务非常艰巨。同年，教育部下发了关于教育系统疫情防控工作的指导性文件《坚决防止疫情向校园蔓延　确保师生生命安全》，文件要求采取“人盯人”措施，精准了解防控重点地区的教职员工、学生在校内各院系、各年级、各班级分布情况，精准掌握疫情防控重点地区的每个教职员工、学生返校前 14 天的身体健康状况，精准安排疫情防控重点地区的教职员工、学生，分院系、分年级、分班级、分省份、分期、分批有序返校，做到一日一报、一生一档。但是如何进行如此大量的数据采集和汇总分析处理，是一个大难题。如果采用传统的人工方式，数据采集任务繁重，执行效率低，可能出错遗漏率较高，数据汇总分析的深度和广度都难以保障，容易遗漏、隐藏关联信息。

锐捷网络推出了教育局学生安全防疫大数据分析决策系统，该系统增加了快速信息采集核验功能模块和疫情大数据分析决策模块，实现了免汇总、免校验的信息采集和基于身份的遗漏信息快速识别功能，减轻了人工汇总和检查的烦琐工作量，让疫情防控更高效。同时，通过对上报数据分级、分区域、多维度的数据呈现和数据分析，让教育系统的疫情防控更精准。锐捷网络针对现有疫情信息采集和汇总的难点，构建了学生家长–班主任–学校负责人–教育局分管负责人的“四位一体”网格化决策系统。

教育局学生安全防疫大数据分析决策系统的主界面如图 1-41 所示。该系统的功能如图 1-42 所示。

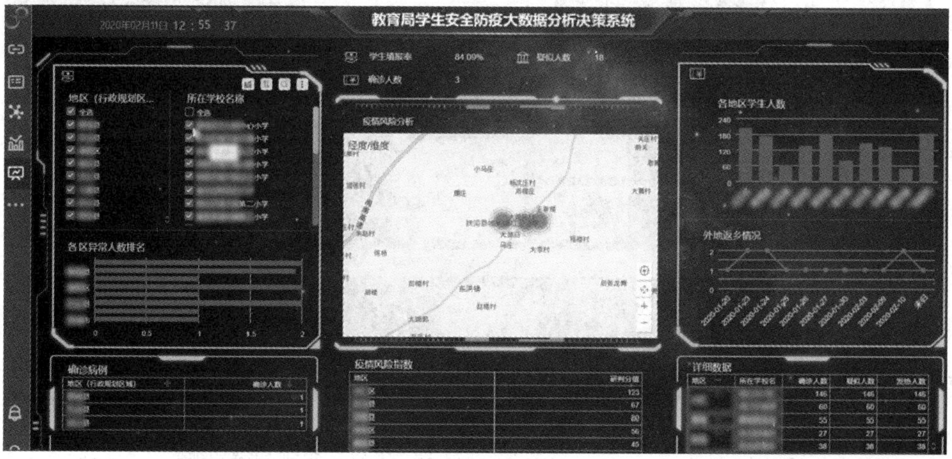

图 1-41　教育局学生安全防疫大数据分析决策系统的主界面

该系统能全面实现对疫情数据采集、核查、汇总分析的信息化、智能化处理。该系统的操作流程如图 1-43 所示。首先由教育局设计数据采集问卷，问卷可以以多种方式(微信、链接、公众号等)下发到各个学校负责人，学校负责人再转发给各个班级的班主任，班主任转发给各班级家长填写问卷，家长通过不同方式填写问

笔记

卷，操作简单便捷，填写完信息后直接上报学校，学校负责人可以统一点击链接查看各个班级学生的信息上报情况，对本校信息进行初步汇总统计分析，可以从班级、日期等多个不同维度进行数据查看。同时，该系统提供基于身份数据的核验功能，能够快速找出异常信息的人员。学校负责人统一汇总完毕后，直接把信息提交教育局分管负责人，教育局分管负责人可以通过可视化报表形式查看学生数据信息，并利用锐捷疫情决策大数据平台进行疫情风险分析并辅助开学决策。

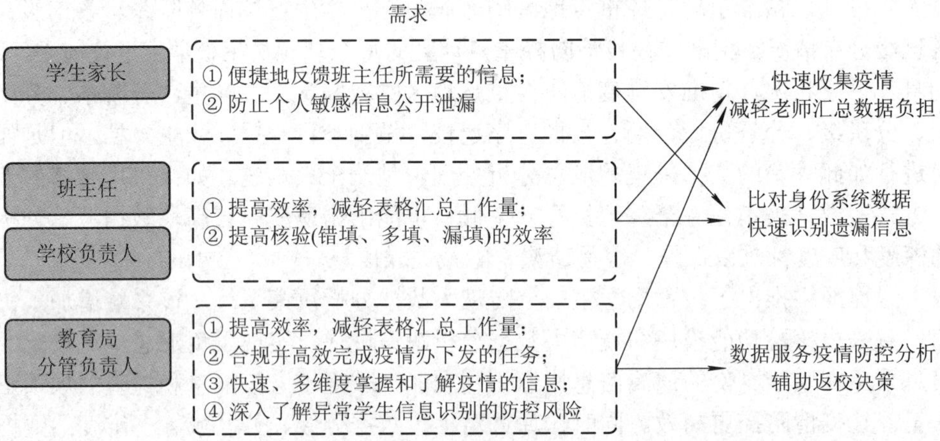

图 1-42　教育局学生安全防疫大数据分析决策系统的功能

图 1-43　教育局学生安全防疫大数据分析决策系统的操作流程

这样从总体上实现了各区、各校、各班多级数据的报表呈现，减少了报表的数量，降低了数据分析的复杂度。在分析数据时，除了支持大部分常见的数据分析功能外，还支持数据钻取、数据笔刷、数据缩放等探索式分析。对重要数据指标(学校填报率、疑似人数、确诊人数、各区异常人数排名等)，由热力图动态呈现相关信息。该系统能够根据发烧人数、接触重点疫区人数、疑似人数、确诊人数、学生家长 GPS 打卡位置数据分析等对各地区做疫情风险分析和疫情风险等级预判，为教育局分管负责人提供上层辅助决策。

4. 工业制造领域的大数据应用

在“中国制造 2025”的战略指引下，海尔公司自主创新，打造了具有自主知识产权的工业互联网平台——卡奥斯云平台(COSMOPlat)。该平台是大数据、物联网与人工智能技术深度融合的产物。该平台通过物联网技术，实现人、机、物的互联协作，包括设备、人员、流程、工厂数据的接入和监测分析，能满足不同企业信息化部署、改造、智能升级需求，并实现大规模订制的高精度与高效率。COSMOPlat 可通过实时采集设备资产数据，对资产在线实时监测和管理，并根据资产模型和运行大数据，优化资产效率。例如，可采集设备的实时数据，结合设备机理进行分析和建模，实现预测性维护，提升效率，降低成本。

海尔智能化互联工厂以 COSMOPlat 为核心，采用智能化、数字化、柔性化的设计理念，通过与 COSMOPlat 的无缝连接，不仅实现了冰箱、洗衣机等产品从个性化订制、远程下单到智能制造的全过程，同时也实现了智能产品和智能制造全流程的无缝连接。海尔智能化互联工厂包含用户订制、模块智能拣配、柔性装配、模块装配、智能检测、订制交付等多个智能单元。用户可以应用在线交互设计平台，自主定义所需产品，平台整合需求，当达到一定需求规模后，形成用户订单，同时引进一流资源开展线上虚拟设计，订单可直达工厂与模块商，驱动全流程并联，自动匹配所需模块部件，通过工厂 AGV 与空中积放链等智能物流系统实现模块快速配送和按需配料，并追溯全流程制造过程中的海量信息数据，促进了产品更新迭代和用户体验的提升。例如，COSMOPlat 通过搜集微博、微信、搜索引擎及其他途径的用户需求，发现用户对所有品牌空调的各类需求问题，通过数据分析挖掘分析出用户的主要问题为空调异音问题。而异音有千万种，COSMOPlat 依托大数据和人工智能技术自主学习辨别异音和自动管控，提升辨别的精准度。聚焦噪声问题后，可追溯生产过程，通过生产过程中的大数据，分析出导致异音的原因包括空调风扇安装不良，电机安装不良或者骨架模块有毛刺等问题，进而总结出改善异音的关键措施，提前预防，改善用户体验。

COSMOPlat 极大地提升了海尔公司产品生产效率和产品不入库率，使得企业具备大规模订制生产的能力，给用户提供了最佳的使用体验。

5. 互联网传媒领域的大数据应用

作为国内较大的网络视频分享平台之一，爱奇艺每天处理上万小时的新增视频，产生千亿条的用户日志。海量信息内容蕴含着很大的价值，但是也对网络视频的处理提出了更大的挑战。

(1) 面对海量的内容，视频平台需优化生产和审核流程，提高内容生产效率，为用户提供更加便捷、流畅的内容服务。

(2) 用户面对大量信息，容易陷入选择困难且选择成本太高，平台需要挑选和推荐用户最感兴趣的优质内容。

(3) 广告投放过于粗犷，营销成本过高，需要实施精准的广告投放和精细化的

笔记 商业运营。

为此，爱奇艺推出了全新的智能网络视频云服务平台。该平台是大数据、云计算与人工智能技术深度融合在互联网传媒领域的重要应用。该平台具有功能完备的智能网络视频云服务系统，可自动对视频进行智能识别处理，大幅度提高生产效率，并通过智能算法对用户行为进行大数据分析，产生用户画像，提供精准的个性化搜索和浏览推荐。该系统支持商业合作伙伴进行精准营销和广告投放，通过“闪植”和“随视购”技术，创新性地打通了电商系统和视频平台，实现了“视频内物品所见即所买”的精准投放。

爱奇艺智能网络视频云服务平台架构如图 1-44 所示，包括基础层、感知层、认知层、平台层和应用层。基础层提供 AI 服务所需的算力、数据和基本算法，极大地降低了对本地硬件设备和软件系统的要求，减少了运维成本，降低了风险。感知层模拟人的听觉、视觉，实现语音识别、图片识别、视频分析以及 AR/ VR 配准渲染等功能。认知层模拟大脑的语义理解功能，实现自然语言处理、知识图谱的记忆推理和用户画像分析等功能，构成爱奇艺大脑。平台层通过开放服务接口，为应用层的视频创作、视频生产、内容分发、社交互动、商业变现等上层应用赋能。应用层中最主要的应用系统为智能视频生产系统、智能内容分发系统和智能商业变现系统。

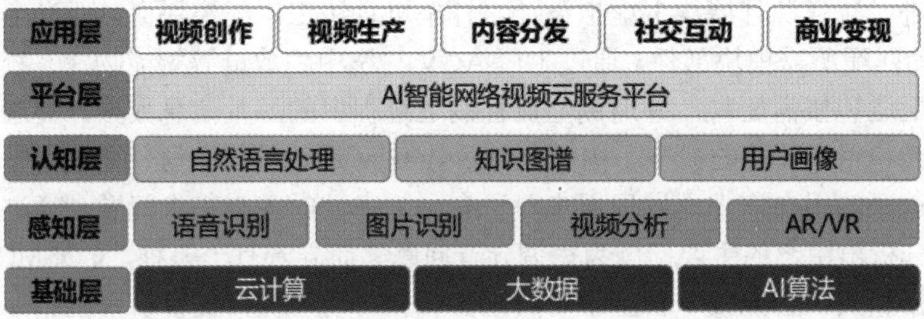

图 1-44 爱奇艺智能网络视频云服务平台架构

智能视频生产系统依托自主研发基于卷积神经网络(Convolutional Neural Networks，CNN)的深度学习技术进行高精度图像识别、情感识别、物品识别和场景识别。

智能内容分发系统是在大数据分析和人工智能技术的基础上，通过研究视频内容和用户的兴趣偏好，进行个性化推荐，通过社交网络宣发和热点发掘，给用户提供高质量的个性化内容，解决信息过载问题，更好地服务用户的需求。

智能商业变现系统利用人工智能技术充分挖掘视频内容的价值，包括植入广告、随视购广告、智能票房预测系统等。该系统通过大数据分析，对用户浏览、点击、购买等行为进行统计和监测，可以进行用户群体定位和商品的流行性预测，更好地指导商家生产用户需要的流行商品，及时调整广告的投放策略，促进电商交易。

6. 机器翻译领域的大数据应用

互联网大数据给机器翻译研究带来了新的机遇和挑战，使得海量翻译知识的自动获取和实时更新成为可能。百度公司利用人工智能和大数据技术使百度机器翻译在海量翻译知识获取、翻译模型、多语种翻译技术等方面取得了重大突破，解决了传统方法研发成本高、周期长、质量低的难题，实时准确地响应互联网海量且复杂的翻译请求。百度机器翻译的四项核心技术如图 1-45 所示。

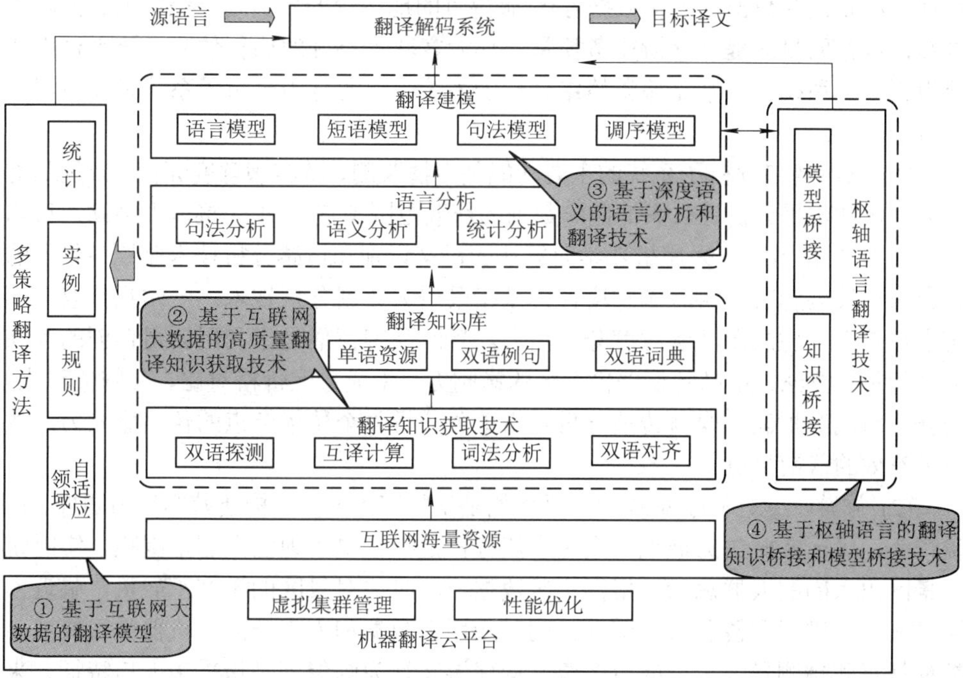

图 1-45 百度机器翻译的核心技术

(1) 基于互联网大数据的翻译模型。

在此模型的指导下，提出了自适应训练和多策略解码算法，突破了多领域、多文体的翻译瓶颈，实现了翻译云平台与算法的充分优化与融合，实时响应每天来自全球过亿次复杂多样的翻译请求。

(2) 基于互联网大数据的高质量翻译知识获取技术。

百度机器翻译突破了传统翻译知识获取规模小、成本高的瓶颈，制定了语言内容处理领域的国际标准。

(3) 基于深度语义的语言分析和翻译技术。

百度机器翻译突破了机器翻译中公认的消歧和调序世界难题，在国际上首次提出了基于树到串的句法统计翻译模型，有效利用源语言句法信息解决短语泛化和长距离翻译调序问题。

(4) 基于枢轴语言的翻译知识桥接和模型桥接技术。

百度机器翻译突破了机器翻译语种覆盖度受限的瓶颈，使得资源稀缺的小语种翻译成为可能，并实现了多语种翻译的快速部署。

目前，百度机器翻译应用于国家多个重要部门和百度、华为、金山等超过 7000 个企业，在翻译质量、翻译语种方向、响应时间三个指标上达到国际领先水平。

笔记

我们常用的百度翻译就是直接运用了百度机器翻译的相关技术。

7．旅游领域的大数据应用

大数据和人工智能技术在旅游领域的应用也非常广泛。海鳗数据技术有限公司旗下有一款海鳗云旅游大数据分析平台，该平台基于全量外部数据(互联网内容数据、App 位置数据、消费数据等)对旅游目的地运营的各类场景提供大数据解决方案，以帮助景区提升旅游服务质量，使游客获得更好的旅行体验。该平台主要分为三个子系统，分别是旅游情绪分析子系统、旅游行为分析子系统和涉旅消费分析子系统。

(1) 旅游情绪分析子系统的主要功能是舆情监测、游客满意度评价、景区品牌评估、媒体传播分析等。舆情监测数据的获取范围覆盖全网 95%以上网站，日均过滤数据 1 亿多条，采用机器学习算法的语义识别和情感分析技术监控各景区的社会舆情发展趋势。游客满意度评价是指采用大数据分析技术，一站式获取全部游客评价，并生成游客满意度分析报告。景区品牌评估是指利用公司自创的互联网品牌量化算法，用品牌值评价景区的影响力，生成景区价格对比、品牌值对比、美誉度对比等报表。媒体传播分析是指单独分析每个传播节点的传播影响力，找出最有效的营销渠道。

(2) 旅游行为分析子系统的主要功能是景区客流分析、构建游客行为画像、迁徙行为、景区实时热力展现。景区客流分析是指在电子地图上划定围栏，实时统计景区出入园的人群总量，根据实时数据，随时比对景区的游客承载量，临近人流量阈值时进行预警和人员疏导，同时应用大数据和人工智能、机器学习算法，精准计算和预测景区未来的游客量。构建游客行为画像则是指采用人口特征、来源地、消费水平等 30 余项旅游行业专用维度对游客进行全方位画像，辅助管理者完成产品设计、营销投放、服务提升等重要决策。迁徙行为是指对游客出入域的情况进行实时回溯和延展追踪，主要分析游客来源地、去向目的地、来源地热度、去向地热度、游客平均游览时长和停留天数以及相关的交通方式，优化景区游客旅游线路，确定景区营销方案，帮助景区留住游客，具有重要的应用意义。景区实时热力展现是指根据游客手机等移动端位置信息，利用大数据计算方法，精准记录每一时刻在指定区域的人流密度情况，并按不同时刻进行展示，以便了解各个区域的游客分布，为区域安全监管、客流疏导、营销规划、商业评估提供重要的决策依据。

(3) 涉旅消费分析子系统的主要功能为区域总体分析、客群总体分析、消费排行等。区域总体分析是指基于银联消费数据，结合海鳗云独有的消费预测算法，快速进行旅游消费趋势统计和消费群体洞察，探究消费发展规律，为旅游运营规划提供数据支持。客群总体分析是指基于旅游消费数据及游客综合画像，全面解读游客消费特征(人数、收入、购物偏好、消费自由度等)，分析旅游消费发展趋势，为旅游产业供给侧改革提供策略指导，为政策效果量化提供数据支持，为游客引流提供精准营销服务。消费排行是指利用大数据手段，从全量数据角度分析旅游目的地内游客的消费习惯，找出热门的旅游产品、旅游商户。

笔记

任务 1-5　了解大数据行业的岗位需求

任务描述：通过实施本任务，使学生了解社会对大数据技术行业人才的岗位需求和薪资水平，同时了解高职院校大数据专业学生的就业前景。

知识准备

(1) 在当今社会有哪些大数据相关的岗位需求？

(2) 大数据专业的高职院校学生未来的就业岗位有哪些？

任务实施

1.5.1　大数据行业的岗位需求

大数据相关技术是近年来最火爆的技术之一，各行各业的发展都离不开大数据技术。2017—2018 年，市场对数据人才的需求呈现上升趋势。清华大学数据科学研究院对 2018 年各大招聘网站 65 000 余条数据行业的招聘信息进行汇总统计，发现数据行业人才需求仍然很旺盛，2018 年数据行业职位数量较 2017 年上涨了 15.4%，如图 1-46 所示。

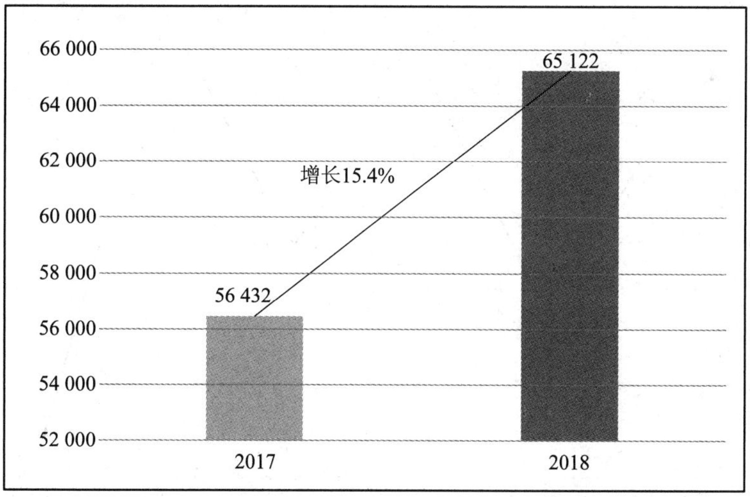

图 1-46　2017—2018 年数据行业职业数量变化

据统计，大城市中北京、上海、深圳、广州、成都、杭州成为数据人才需求的集中地，这 6 个城市总的人才需求量约占全国需求的 95%，如图 1-47 所示。其中，北京的数据人才需求量最多，占比高达 35%。其次是上海和深圳，需求量占比均为 18%。据大数据产业生态联盟联合赛迪顾问共同出版的《2019 中国大数据产业发展白皮书》显示，截止到 2018 年底，全国大数据核心人才约 200 万人，核心人才缺口达 60 万人。预计到 2025 年，全国大数据核心人才缺口将达到 230 万人。

笔记

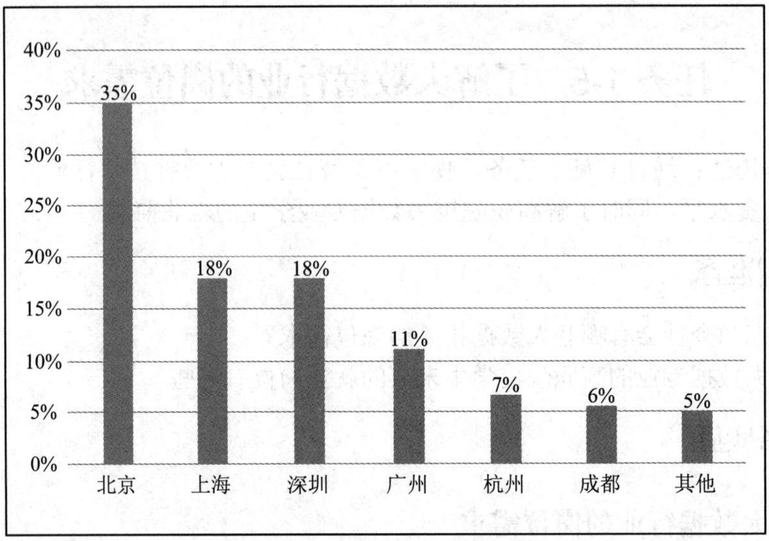

图 1-47　2017—2018 数据人才需求分布

领英《2016 年中国互联网最热职位人才库报告》指出，在互联网最热门职位人才需求与供给中，运营供给人才最充足，数据分析师供给最紧缺，如图 1-48 所示。图中，人才供给指数大于 1，表示岗位人才供过于求，小于 1 表示岗位人才供不应求。

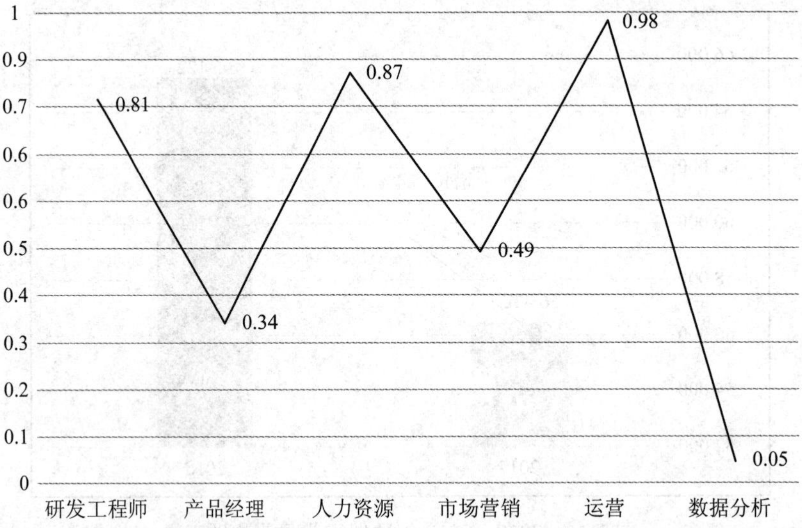

图 1-48　互联网最热门职位人才供给指数

目前，大数据岗位需求主要包含数据采集、数据处理、大数据开发、数据可视化、数据分析、数据营销、平台运维、算法开发、机器学习等。大数据相关岗位的薪酬较其他常规行业岗位高很多。据职友集统计，2019 年北京地区大数据开发人员平均薪资达到每月 25 000 元，数据分析师平均薪资达到每月 20 000 元，数据挖掘工程师平均薪资达到每月 27 300 元。

笔记

1.5.2 高职院校学生在大数据行业的就业定位

高职教育一直以培养技能型人才为主，高职学生往往具有较强的动手实践能力。但是相对于本科生来说，高职学生在知识理论结构上有所欠缺，所以在选择就业方向的时候要注重与自身的知识结构和学习能力相匹配的岗位。

目前，大数据行业从业人员中 80%的学历为本科和大专学历，对于学历要求为硕士或博士的岗位极少，只占 1.6%，主要为算法、数据、机器学习等岗位。因此，大数据行业对高职学生的需求量还是非常大的。

以下大数据行业中与高职院校学生匹配的就业岗位。

1. Python 爬虫工程师

Python 爬虫工程师是利用 Python 对 C/S、B/S 软件进行数据爬取、数据采集的一类岗位。下面以某招聘网站的公司岗位需求为例，介绍 Python 爬虫工程师的工作职责和技能要求。

工作职责：

(1) 负责开发、维护分布式网络爬虫系统，进行多平台信息的抓取和分析；

(2) 负责网页信息抽取、数据清洗等研发和优化工作。

技能要求：

(1) 熟悉 Linux 平台开发，熟悉 Python 编程；

(2) 掌握网络爬虫的开发原理，熟悉互联网各种类型数据的交互模式，了解处理登录网站、动态网页等各种情况下的数据采集方法；

(3) 熟悉各种图形验证码破解、语音验证码破解、谷歌 ReCaptcha 验证等反爬技术；

(4) 精通 HTML 语言，熟悉开源工具，熟悉基于正则表达式、XPath 等的信息抽取技术；

(5) 熟悉至少一种关系型数据库(如 MySQL 等)，熟悉 NoSQL(如 MongoDB)等技术者优先；

(6) 做过电商平台数据爬取工程师优先。

2. ETL 工程师

ETL 是 Extract、Transform、Load(即抽取、转化、加载)的缩写。ETL 原本作为构建数据仓库的一个环节，负责将分布的、异构数据源中的数据(如关系数据、平面数据文件等)抽取到临时中间层后进行清洗、转换、集成，最后加载到数据仓库或数据集市中，成为联机分析处理、数据挖掘的基础。下面以某招聘网站的公司岗位需求为例，介绍 ETL 工程师的工作职责和技能要求。

工作职责：

(1) 配合数据仓库架构师完成数据仓库/数据集市的 ETL 设计开发；

(2) 参与数据仓库/数据集市的数据模型设计；

(3) 负责设计、开发、优化 ETL 任务调度系统；

(4) 负责设计、开发、优化 BI (Business Intelligence，商业智能)数据质量管理系统。

笔记

技能要求：

(1) 精通关系型数据库理论，熟练掌握一种或多种主流数据库系统，如 SQL Server、MySQL；

(2) 熟悉主流 ETL 开发工具，如 Kettle、SSIS、Informatica 等，精通 Kettle 开发经验者优先考虑；

(3) 熟悉数据仓库方法论，熟悉 ETL 架构搭建，有搭建 BI 平台经验者优先；

(4) 拥有 Linux 平台经验，熟悉 Shell、Python 语言；

(5) 精通 SQL 语句，对 SQL 查询优化技术有丰富的经验，熟悉 MySQL 开发。

3. 数据可视化工程师

目前大数据的可视化方式主要以网页呈现为主，数据可视化工程师岗位的工作职责和技能要求类似于 Java Web 前端工程师。

4. 大数据开发工程师

大数据开发工程师主要包含三个方向，即数据仓库开发、实时计算开发、大数据平台开发(运维)。如果想从事大数据开发工作，作为高职学生，就业岗位应该偏向大数据平台开发(运维)这一块。下面以某招聘网站的公司岗位需求为例，介绍一下大数据平台开发(运维)工程师的工作职责和技能要求。

工作职责：

(1) 负责大数据平台的搭建；

(2) 负责基于 Hive 或者 Spark 技术的大数据平台项目的需求分析、设计及开发；

(3) 负责大数据平台数据清洗、转换、建模的开发工作；

(4) 负责开源大数据平台与产品和相关技术的追踪及研究。

技能要求：

(1) 了解 Hadoop2.0 以上版本体系架构、各个模块功能，了解 Hadoop 生态圈、大数据的基本处理思路和常用算法，技术基础扎实，熟悉 Linux 开发环境；

(2) 了解 HDFS、MR、Yarn、Spark、Storm、Sqoop、Zookeeper 等开源项目，从事过分布式相关系统的设计、开发、调优工作；

(3) 熟悉 Linux，熟练掌握 Shell、Java、Python 等编程语言；

(4) 拥有 Spark Streaming 开发经验更优；

(5) 拥有 Docker 实践经验更佳。

能力拓展

大数据与人工智能的关系是怎样的？

小　结

本章对大数据时代产生变革、大数据发展历程、大数据特征、大数据行业应用、大数据岗位需求等方面做了介绍，使学生对大数据的相关概念有一个初步的认识。

笔记

课 后 习 题

1．大数据的特性是什么？
2．大数据时代到来的原因有哪些？
3．一般情况下，大数据处理流程分为哪几个阶段？
4．谷歌公司在大数据的发展中起了重要作用，谷歌“三驾马车”指的是什么？
5．请结合自己的专业谈谈如何利用大数据技术解决具体问题。

笔记

项目二 大数据处理平台

项目概述

本项目首先介绍了大数据处理平台与传统数据处理平台架构的区别，随后介绍了最早的大数据生态系统 Hadoop 的发展、关键技术以及相关组件，接着介绍了主流的大数据处理平台的架构和大数据处理流程，最后列举了两个大数据平台架构案例并进行了分析。

项目背景(需求)

本书后续章节的案例实操均建立在 Hadoop 大数据开发环境上，因此我们需要了解大数据处理平台架构和 Hadoop 生态系统组件，以便在后续的项目三中进行 Hadoop 单机伪分布式开发环境的搭建。

项目演示(体验)

Hadoop 大数据生态系统架构图如图 2-1 所示。

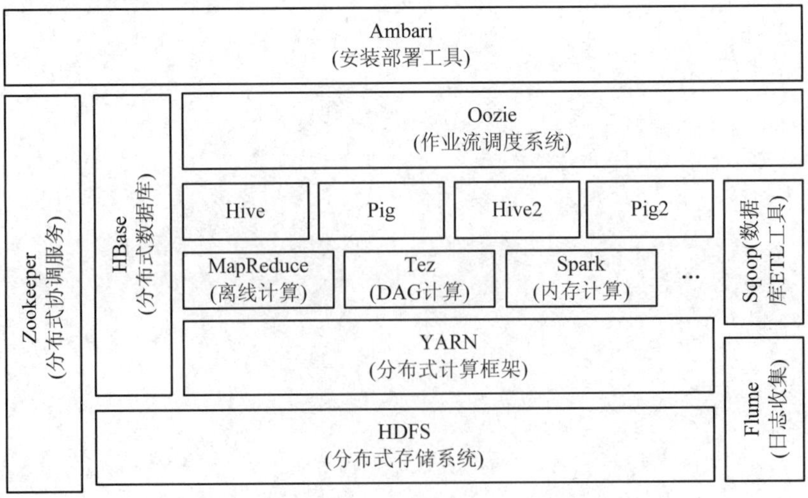

图 2-1 Hadoop 大数据生态系统架构图

笔记

思维导图

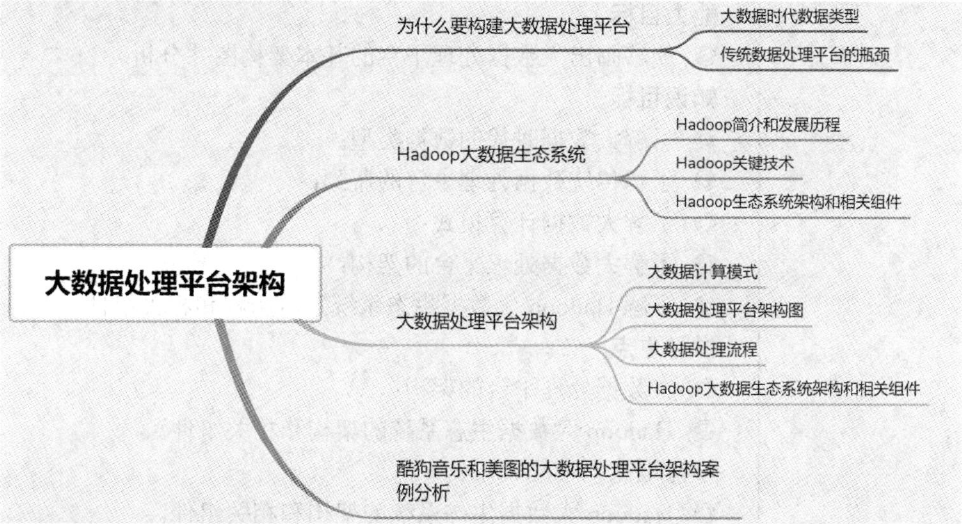

思政聚焦

运用大数据技术，能够发现新知识、创造新价值、提升新能力。大数据具有的强大张力，给我们的生产生活和思维方式带来革命性的改变。但大数据技术同样也带来了一些问题。问题主要包括以下三个方面：

(1) 隐私泄露问题；

(2) 信息安全问题；

(3) 数据鸿沟问题。

要解决上述问题，应做到如下工作：

(1) 加强技术创新和技术控制，推动技术进步。解决隐私保护和信息安全问题。

(2) 建立健全监管机制。逐步完善数据信息分类保护的法律规范，强化个人隐私保护，加强行业自律，注重对从业人员伦理准则和道德责任的教育培训，规范大数据技术应用的标准、流程和方法。

(3) 培育开放共享理念。应适时调整传统隐私观念和隐私领域的认知，培育开放共享的大数据时代精神，使人们的价值理念更契合大数据技术发展的文化环境，实现更加有效的隐私保护。

本项目主要内容

本项目学习内容包括：

(1) 传统数据处理平台的瓶颈，构建大数据处理平台的原因。

(2) Hadoop 的简介和发展，Hadoop 的关键技术和相关组件。

(3) 大数据计算模式，大数据处理平台架构以及大数据处理流程。

(4) 列举酷狗音乐和美图大数据处理平台架构分析案例。

笔记

教学大纲

能力目标

◎ 能够画出大数据处理平台的基本架构图并分析。

知识目标

◎ 了解大数据时代的数据类型；

◎ 了解传统数据处理平台的瓶颈；

◎ 了解大数据计算模式；

◎ 了解大数据处理平台的架构；

◎ 了解 Hadoop 大数据生态系统发展历程和相关组件。

学习重点

◎ 大数据处理平台的架构；

◎ Hadoop 大数据生态系统的架构和相关组件。

学习难点

◎ Hadoop 大数据生态系统的架构和相关组件。

任务 2-1 构建大数据处理平台的原因

任务描述：通过实施本任务，学生能够了解传统数据处理平台的瓶颈，以及我们为何要构建大数据处理平台。

知识准备

(1) 大数据时代数据类型。

(2) 传统数据处理平台遇到的瓶颈。

(3) 大数据处理平台的优势。

任务实施

2.1.1 大数据时代的数据类型

我们知道传统的数据存储大多使用关系数据库来存储，比如 MySQL，Oracle，SQLServer 等。为何要使用关系数据库呢？因为传统的数据大多是结构化数据。

结构化的数据是指数据具有统一固定的结构，其数据结构一般表现为二维表的形式，该类数据存储一般使用关系型数据库。关系型数据库存储数据以行为单位，如图 2-2 所示。图中，一行数据表示一个实体的信息(例如第一行是张三的个人信息)，每个实体包含一个或多个属性(例如图中 name、age、

ID	name	age	sex
1	张三	12	女
2	李四	13	男

图 2-2 结构化数据

笔记

sex)，每个属性用一列表示。每一行数据的属性是相同的，即结构统一。结构化数据最常见的表示包括数字、符号等。结构化的数据在关系数据库的存储具有规律性，方便我们对数据进行增加、删除、修改和查询等操作。

而在大数据时代，数据产生方式增多，数据的结构形式也增多，结构化数据只占其中一小部分，剩余大部分数据为非结构化和半结构化。非结构化数据，顾名思义，就是没有固定结构的数据。常见的非结构化数据有文本、图形、图片、视频、语音等，如图 2-3 所示。非结构化数据由于没有固定结构，所以我们不能利用传统的关系数据库来存储，而必须存储在特定的非结构化数据库(NoSQL 数据库)里面，比如 MongoDB、Redis、HBase 等。非结构化数据一般进行整体存储，在数据库中以二进制数据格式保存。由于数据结构不固定，非结构化数据库的字段长度是可变的，并且每个字段可以由可重复或不可重复的子字段构成，非结构化数据库不仅可以用来存储非结构化数据，也可以用来存储结构化数据。

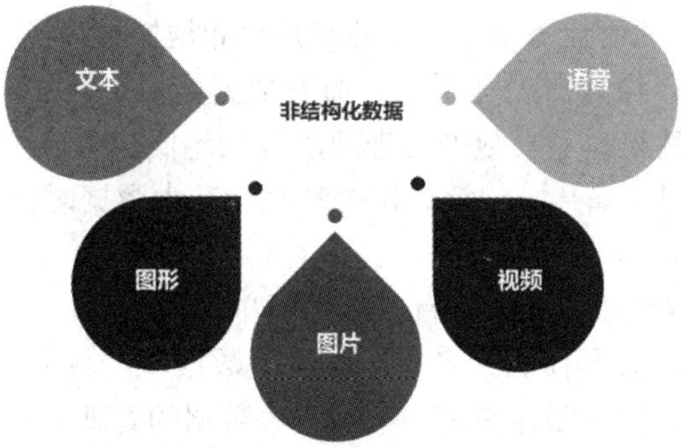

图 2-3　非结构化数据类型

半结构化数据是一类特殊的结构化数据。它也具有特定的结构，但是这种特定结构不适合用关系数据库来保存，因为半结构化数据允许实体具有不同的属性，而关系数据库中的实体却必须具有相同属性。常见的半结构化数据有 XML、HTML、JSON 格式的文档。图 2-4 所示列举一个 XML 文档中不同实体具有的不同的属性。文档中保存有两条人员信息，第一条人员信息有 name、age、gender 三个属性。而第二条人员信息和第一条人员信息结构不一样，除了具有 name 属性外还具有 height 和 local 属性，这两条属性是第一条人员信息所没有的。

```
<person>
    <name>A</name>
    <age>13</age>
    <gender>female</gender>
</person>
<person>
    <name>B</name>
    <height>13</height>
    <local>Guangzhou</local>
</person>
```

图 2-4　半结构化数据中允许实体具有不同的属性

笔记

2.1.2 传统数据处理平台遇到的问题

传统数据处理平台多用于处理数据量较小的结构化数据，对于大量非结构化和半结构化数据的处理，传统数据处理平台是否能够胜任？

案例 1：某公司电信公司业务部门需要每 10 分钟获取一次呼叫服务中心的工作情况，并进行分析和记录，呼叫服务中心的数据量非常大，但是原有数据处理平台的效率跟不上。

案例 2：某公司需要进行某月的业务数据分析。由于业务系统过多，同时各业务系统数据类型不同，数据类型涉及结构化数据、非结构化数据和半结构化数据。各业务系统也没有实现数据共享。需要数据分析人员从多个系统中提取数据，再进行人为数据整合，把非结构化数据和半结构化数据转变为结构化数据才能利用原有数据处理平台进行数据分析，工作效率极低。如果数据量较大或数据结构较为复杂，人为数据整合根本无法进行，且出错几率很大。

案例 3：某公司随着业务发展，业务网点分布地域性很广，所有业务网点的数据都需要汇总到总公司数据处理平台。原有数据处理平台需要处理的数据量越来越大，历史数据也越来越多，数据处理速度越来越低。

综上 3 个案例可以看出，传统数据处理平台在大数据时代已经面临严重挑战。主要表现在以下方面：

问题 1：由于传统数据处理平台多部署于单机环境下，用于处理结构化数据。计算数据量也较小，数据存储大多采用关系型数据库。数据计算效率依赖于单机的性能，数据处理速度方面存在瓶颈，对于大数据的处理无法达到实时性要求。

问题 2：传统的数据处理方法以计算为主，所有数据必须汇总到一台机器进行计算，计算完毕后再返回，这种处理方式增加了数据传输时间。随着数据量的增加，处理速度会越来越慢。

问题 3：传统数据处理平台可处理的数据类型单一，多用于处理结构化数据，对于非结构化数据和半结构化数据无能为力。

对于问题 1，我们考虑可以对单台机器进行扩容，解燃眉之急。比如增加 CPU 核数、内存、磁盘容量等。但是，当处理数据量增加到一定的程度，单台机器即使再扩容也会产生性能的瓶颈。CPU 核数、内存、磁盘容量也不可能无限制的增加，这时我们该怎么办？

对于问题 2，为了减少数据传输时间，我们可以考虑每个业务网点部署一台机器，把现有的业务处理平台搭建在各个业务网点，进行数据的本地化处理。但是随着数据量的增加，我们仍然会陷入单机性能瓶颈问题。同时，各个业务网点数据处理平台之间如何实现数据交互和共享又是一个新问题。

对于问题 3，我们可以在现有数据处理平台上新增部分功能模块，使之能够处理非结构化数据和半结构化数据，但是仍然会陷入问题 1 和问题 2。尤其是对海量的视频和图像处理，单机处理的压力非常大。

综上所述，传统的数据处理平台已经不适用于大数据时代了，我们需要一个全新的大数据处理平台对海量结构化数据和非结构化数据进行快速处理。

笔记

2.1.3　大数据处理平台

大数据处理平台的产生就是为了解决传统数据处理平台遇到的问题。大数据处理平台具有以下特点。

1. 分布式数据计算

传统数据计算采用单机模式无法处理海量数据，那么我们就采用“分而治之”的思想。比如学生上课，人数太多，一个教室坐不下，那么我们就分两个教室坐。在计算数据时，数据量太大，一台机器计算不了，那么我们就把一个大的数据集分割成许多小数据集，并保存在不同的机器上，然后把整个大的数据计算任务分成很多小任务再分给多台机器同时计算。这样多台机器组成一个计算集群，就称为分布式计算集群，如图 2-5 所示。在现实中，我们可以利用多台一般配置的机器组建一个计算集群，这个集群的计算性能会高于单个高配置的机器。分布式数据计算的核心思想不再是“以计算为主”，而是“以数据为主”，即每台机器只执行与本地数据有关的计算任务，避免了数据计算时大量的 I/O 传输(Input/Output 传输)。集群中所有的任务分配都与数据分配有关，最大限度地减少不必要的数据传输时间。

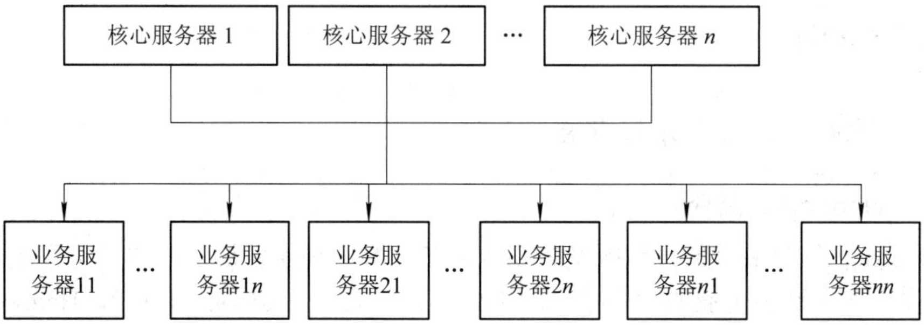

图 2-5　分布式计算集群

2. 动态扩展性

传统数据计算采用单机模式其扩展性非常有限。即使我们利用 100 台高性能机器组建数据计算集群，随着数据量的逐渐增加，平台最终还是会达到一个数据计算的饱和状态。如何继续提升该平台的数据计算性能呢？我们需要继续向该计算集群中增加新的机器，扩展整个集群的机器数量，以达到提升集群数据计算性能的目的。这就要求集群要具有动态扩展性，当集群数据计算效率不满足时，我们能够不断地往集群里面新增机器并使之能够融入集群管理，提升集群数据计算规模和计算并发性。

3. 容错性

集群中多台机器共同计算数据，当出现某一台机器计算出错、掉电或突然损坏时怎么办呢？数据是否会丢失？整个数据处理过程会不会前功尽弃，需要从头再来？因此，需要计算集群具有容错性，如果某台机器出错，集群要有自动恢复能力，在不中断整个集群计算任务的前提下，使之重新计算这部分出错的数据。

同样的，如果出现某台机器突然掉电或损坏，则集群能够在不中断整个集群计算任务的前提下，自动将该机器的计算数据和计算任务分配给其他机器。

4. I/O 传输速度快

分布式数据计算的数据量很大，涉及集群中多台机器的数据传输和任务分配，那么高速的 I/O 传输就是集群快速计算的根本保障。

任务 2-2　最早的大数据生态系统——Hadoop

任务描述：通过实施本任务，学生能够了解 Hadoop 的生态系统基本架构、组件、运行原理以及应用场景。

知识准备

(1) Hadoop 的简介和发展。
(2) Hadoop 的设计思想和特点。
(3) Hadoop 的生态系统基本架构和组件。
(4) HDFS 和 MapReduce 概念、运行原理以及应用场景。

任务实施

2.2.1　Hadoop 的简介和发展

1. Hadoop 的简介

Hadoop 作为最早的大数据生态系统，在大数据技术发展历程中具有举足轻重的地位。现在许多企业的大数据处理平台也都能看到 Hadoop 的身影。Hadoop 是 Apache 基金会下的一款开源的大规模数据处理软件平台，采用 Java 语言进行开发，用于对海量数据(TB 级以上)进行高效的存储、管理和分析。Hadoop 生态系统是以分布式文件系统 HDFS 和 MapReduce 为核心技术，同时融合一些支持 Hadoop 的其他通用工具，共同组成的一个分布式计算系统。其中，HDFS 用于海量数据存储，MapReduce 用于海量数据计算。HDFS 具有高容错性和高伸缩性等优点，因此可以把 Hadoop 部署在价格低廉的硬件上，同时运用 MapReduce 可以让软件开发人员不用关注分布式程序底层的实现细节，通过直接调用 API 的方式进行分布式程序开发。Hadoop 首次把分布式数据计算和存储的思想从理论变为现实。

图 2-6　Hadoop 图标

Hadoop 是一个虚构的名字，是 Hadoop 之父道格·卡亭以儿子的玩具象命名的。所以，Hadoop 的 Logo 是一个黄色的小象，如图 2-6 所示。道格·卡亭这样解析 Hadoop 的由来：“这个名字是我的孩子给一个棕黄色的大象玩具命名的。我的命名标准就是简短，容易发音和拼写，没有太多的意义，并

笔记

且不会被用于别处。小孩子恰恰是这方面的高手。”

2. Hadoop 的发展

谈到 Hadoop 的发展史，就不得不说到 Google 公司。Google 公司基于自身多年的搜索引擎业务，构建了第一个分布式文件系统，即 GFS(Google File System)，同时发布了基于 GFS 之上的并行计算框架 MapReduce，开创了海量数据快速分析和处理方面的先河。在 2002—2004 年间，Google 向世界发布了三大论文，Hadoop 正是起源于 Google 的这三大论文，即 GFS(Google 的分布式文件系统 Google File System)、MapReduce(Google 的 MapReduce 开源分布式并行计算框架)、BigTable(大型的分布式数据库)。后来，GFS 演变成现在的 HDFS；Google MapReduce 演变成现在的 Hadoop MapReduce；BigTable 演变成现在的 HBase(可扩展的分布式数据库)。Hadoop 的发展历程如图 2-7 所示。

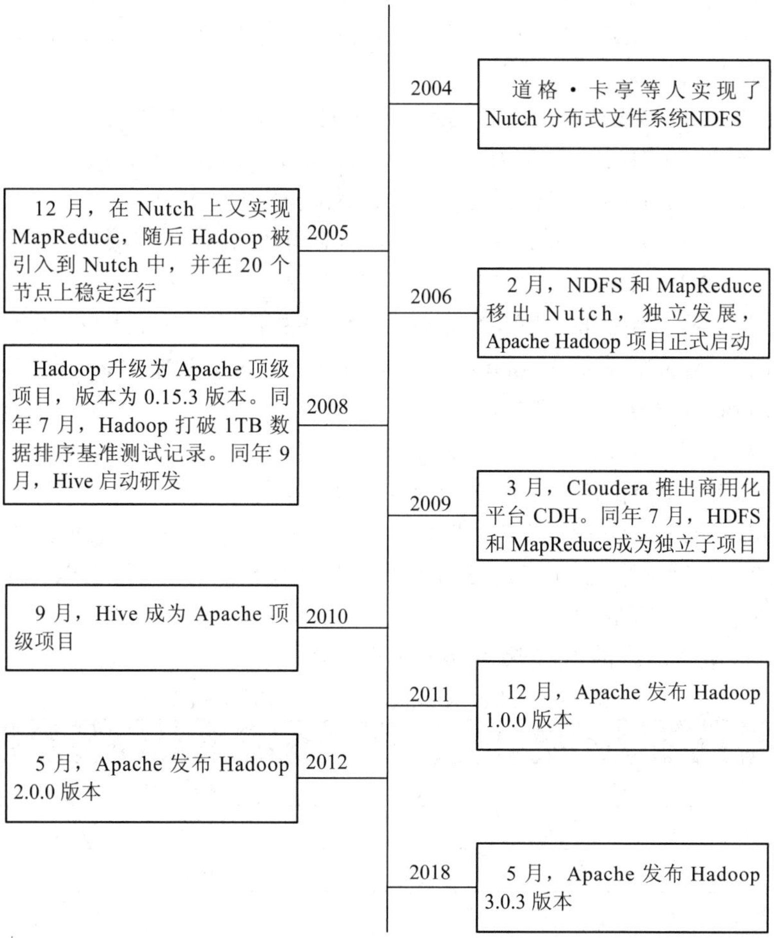

图 2-7　Hadoop 发展历程

下面简单介绍 Hadoop 演进时的一些重要事件。

2004 年，Doug Cutting 和 Mike Cafarella 基于 GFS 实现了 Nutch 分布式文件系统 NDFS。

笔记

2005 年 12 月，在 Nutch 之上又上实现 MapReduce，随后 Hadoop 被完全引入到 Nutch 中，并在 20 个节点上稳定运行。

2006 年 2 月，NDFS 和 MapReduce 移出 Nutch，合并命名为 Hadoop。其中，NDFS 重命名为 HDFS。Apache Hadoop 项目正式启动。

2006 年 4 月，Hadoop 实现标准排序(每个节点 10 GB)在 188 个节点上运行 47.9 小时。

2007 年 4 月，Hadoop 排序算法的集群节点逐步增加达到 1000 个节点。

2008 年 1 月，Hadoop 升级为 Apache 顶级项目，Hadoop 版本为 0.15.3 版本。

2008 年 7 月，Hadoop 用 209 秒完成 1 TB 数据的排序，打破纪录。

2008 年 9 月，Hive 成为 Hadoop 的子项目。

2009 年 3 月，Cloudera 推出商用化平台 CDH(Cloudera's Distribution Including Apache Hadoop)

2009 年 5 月，Hadoop 效率得到进一步提升，对 1 TB 的数据进行排序只花了 62 秒，再次打破纪录。

2009 年 7 月，MapReduce 和 HDFS 成为 Hadoop 项目的独立子项目。

2010 年 5 月，HBase 脱离 Hadoop 项目，成为 Apache 顶级项目。

2010 年 9 月，Hive 脱离 Hadoop，成为 Apache 顶级项目。

2011 年 1 月，ZooKeeper 脱离 Hadoop，成为 Apache 顶级项目。

2011 年 12 月，Apache 发布 Hadoop 1.0.0 版本。

2012 年 5 月，Apache 发布 Hadoop 2.x 系列的第一个 alpha 版本 Hadoop 2.0.0 版本。随后，Apache 发布 Hadoop 2.x 系列的第一个 beta 版本 Hadoop 2.1.0 版本，确立了 Hadoop 未来的整体架构。

2018 年 5 月，Apache 发布 Hadoop 3.0.3 版本。

2018 年 8 月，Apache 发布 Hadoop 3.1.1 版本。

目前市面上 Hadoop 存在 3 个版本，分别是 1.x(由 0.20.x 发行版系列的延续)、2.x(由 0.23.x 发行版系列的延续)、3.x(该版本基于 JDK1.8，不支持 JDK1.7)，Hadoop 的高版本不一定兼容低版本。

Hadoop 版本对应的 JDK 版本如表 2-1 所示。

表 2-1 Hadoop 版本对应的 JDK 版本

Hadoop 版本(Version)	JDK 版本
Version 2.6 及以下	JDK1.6
Version 2.7 至 Version 3.0.0	JDK1.7
Version 3.0.0 及以上	JDK1.8

2.2.2 Hadoop 的设计思想和特点

Hadoop 的设计思想如下：

(1) 大幅度降低高性能计算成本。

用户可以通过家庭或者工作中普通的 PC 机组成大数据服务集群，集群节点数量根据机器性能可高达数千个。不必花费高昂的代价去购买集群服务器用于环境搭建，使高性能计算实现成本降低，适用面更广泛。

(2) 具有良好的稳定性和可靠性。

针对集群中单个或多个服务器节点失效问题，Hadoop 自动维护数据的多份复本，一旦在任务失败后能够重新部署计算任务，从而保障了服务器集群的稳定性和可靠性。

(3) 大幅度提高数据计算和存储效率。

Hadoop 采用并行数据处理机制，把海量数据分割成多个小型的数据块，并通过数据分发机制，把数据分发给集群上面的其他节点进行处理，减少了系统对于海量数据存储和处理的时间。

(4) 以计算为中心。

秉承机柜内数据传输速度大于机柜间传输速度的思想(即移动计算比移动数据更高效)，对于海量数据采用“一次写，多次读”的方式，使文件不会被频繁写入和修改，保证了集群各个节点的数据处理的高效性。

基于以上四点设计思想，Hadoop 具有以下特点。

(1) 高扩展性。

Hadoop 是一个可扩展的存储平台，通过数据的存储分发机制，使得整个集群具备处理海量数据的能力，再通过集成 HBase，Hive 等通用工具解决了传统关系数据库不能处理大量数据的问题。同时集群的节点数量可以扩展，使用户可以通过扩展节点数量来达到处理 PB、TB 级别数据的能力。

(2) 低成本。

用户可以通过普通的 PC 机组成服务器集群来处理海量数据，集群节点可扩展至数千个，节省了集群搭建的硬件开支；同时 Hadoop 是一款开源的框架，项目的软件成本也大大降低，因此企业用户可以通过低投入的集群搭建实现公司日常海量数据的高速存储和处理。

(3) 高灵活性。

Hadoop 能够轻松访问数据源，处理不同种类的数据，从海量数据中提取出有价值的数据，在企业中应用十分广泛。

(4) 高效性。

传统的数据处理方式，对于海量数据的处理是一个漫长的过程；Hadoop 通过数据分发和存储机制，对数据进行并行处理，能够在几分钟的时间内有效地处理 TB 级别的数据，极大地增强了数据处理的效率。

(5) 高容错性。

当数据被发送到一个节点时，该数据也同时备份成多个副本同步发送到集群中其他节点。如果当前节点发生故障或者数据损坏，Hadoop 能够立刻将失败的任务重新分配给其他节点，保证了集群的稳定性和健壮性。

2.2.3 Hadoop 的两大基础组件

Hadoop 的两大基础组件为分布式文件系统 HDFS 和 MapReduce 计算框架。

笔记 Hadoop 的运行原理就是通过 HDFS 把海量数据或文件分割成许多小的数据块，并把这些数据块分发到集群中相应的节点机器上，然后通过 MapReduce 计算框架进行数据批量处理，处理完毕后再将处理结果汇总输出。

1. 分布式文件系统 HDFS

HDFS 架构采用主从(Master/Slave，M/S)架构，一个 HDFS 集群由一个主节点(NameNode)和若干个从节点(DataNode)组成。其中，NameNode 作为主服务器，管理文件系统的命名空间和客户端对文件的访问操作。DataNode 管理存储的具体数据。HDFS 中的数据以文件形式保存。当要存储一个大的数据文件时，数据文件首先被分成若干个数据块，随后若干个数据块被分别存放在不同的 DataNode 上，具体哪个数据块分配到哪个节点存储由 NameNode 统一负责。同时 NameNode 还负责执行文件系统的打开、关闭、重命名文件或目录等操作。DataNode 在 NameNode 的统一调度下，负责处理客户端具体数据文件的读写。在实际运用中，NameNode 和 DataNode 通常部署在普通的 PC 机上，一台 PC 机运行 NameNode 实例，其他 PC 机运行 DataNode 实例。NameNode 只作元数据管理者，不进行用户数据读写，用户数据读写全部通过 DataNode 完成。Hadoop 的发展经历过 Hadoop 1.x、Hadoop 2.x 和 Hadoop 3.x 三个阶段。Hadoop 1.x 版本的 HDFS 架构如图 2-8 所示。

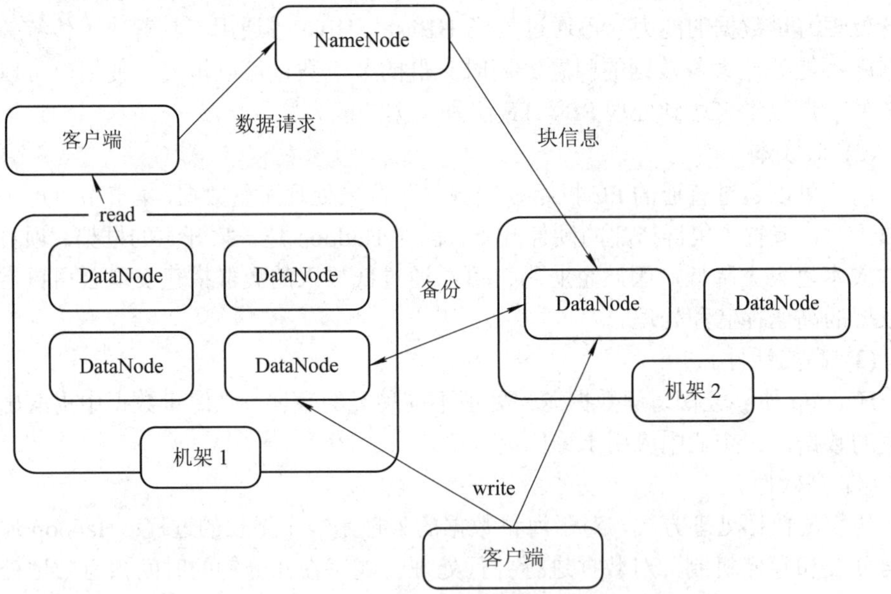

图 2-8 HDFS 架构图

从图 2-8 中可以看出，Hadoop 1.x 采用单 NameNode 节点进行统一调度。给集群带来了隐患，如果 NameNode 故障，整个集群就无法正常工作。所以 Hadoop 2.x 在 1.x 的基础上做了一些改进，形成了 HDFS2 架构。在 HDFS2 架构中，引入了 HDFS 联邦机制。整个集群可以设置 2 个 NameNode。每个 NameNode 用一个唯一的命名空间来标识，每个 DataNode 要向集群中的两个 NameNode 同时注册。属于同一个命名空间下的 DataNode 上存储的数据块共同组成一组数据块池，数据块池中的所有数据块在每个 NameNode 命名空间下都有唯一的标识。如果某个 NameNode 故障，DataNode 可以向另一个 NameNode 提供数据读写服务，不会影响集群的正常运行，这样增加了集群的稳定性和健壮性。在 Hadoop 3.x 版本中，NameNode 的数量被扩展为多个。HDFS2 架构如图 2-9 所示。

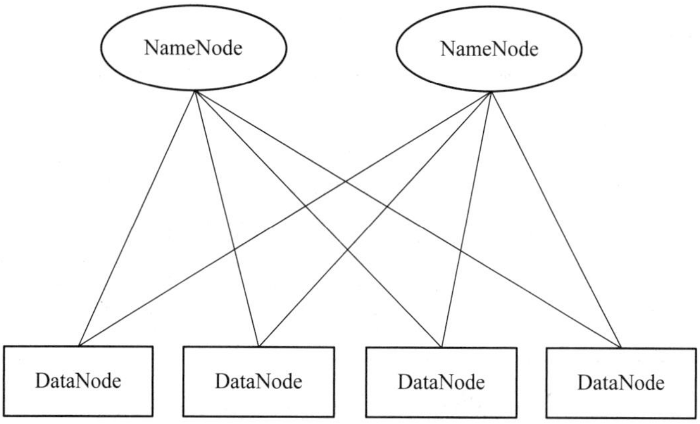

图 2-9　HDFS2 架构图

2. MapReduce

MapReduce 是 Hadoop 里面的一个分布式并行计算框架，用以进行大规模数据的离线批量计算。在 Hadoop 体系中，MapReduce 计算框架是构建在 HDFS 之上的，如图 2-10 所示。MapReduce 运行任务采用“分而治之”的思想，即把一个大的任务拆解成许多个小任务并行处理。MapReduce 任务处理分为 Map 和 Reduce 两个阶段。其中，Map 阶段对数据集上的独立元素进行指定操作，生成键值对形式的中间结果。Reduce 阶段则对中间结果中相同“键”的所有“值”进行规约，以得到最终结果。MapReduce 这样的功能划分很适合执行分布式并行数据处理任务。

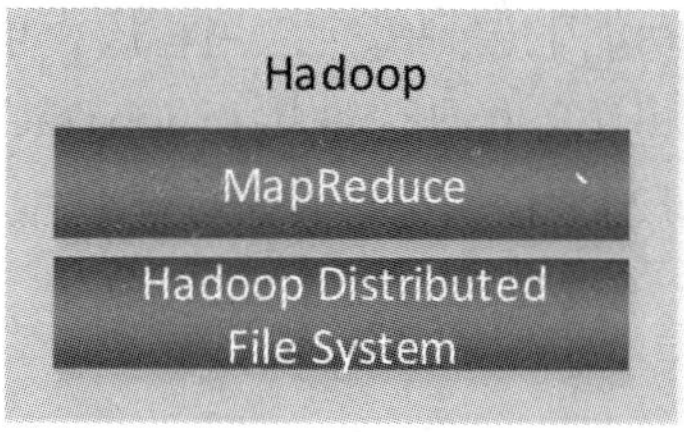

图 2-10　Hadoop 基础架构

MapReduce 整个架构主要由三部分组成，即编程模型、数据处理引擎和运行环境。由于 Hadoop 有 1.x、2.x 和 3.x 三个版本。其中，Hadoop2.x 和 3.x 版本中 MapReduce 整体架构差别不大。因此，这里只比较 Hadoop 的 1.x 和 2.x 所对应的 MapReduce 架构，分别是 MRv1 和 MRv2 版本。两个版本 MapReduce 编程模型都是一样的，只是运行环境不同。在 Hadoop1.x 版本中 MapReduce 的运行环境采用 M/S 主从架构，该架构主要由客户端(Client)、作业跟踪进程(JobTracker)、任务跟踪进程(TaskTracker)和任务(Task)组成。MRv1 架构体系结构如图 2-11 所示。在图 2-11 中，任务由 Client 发起并提交给主节点的 JobTracker，JobTracker 对所有作业的 Task 进行管理，JobTracker 通过定时心跳机制实时获取从节点的 Task 执行情况，如果有从节点 Task 执行完毕并提交，JobTracker 就会接收提交的作业并更新配置信息，同时分配新的 Task 给从节点。

笔记

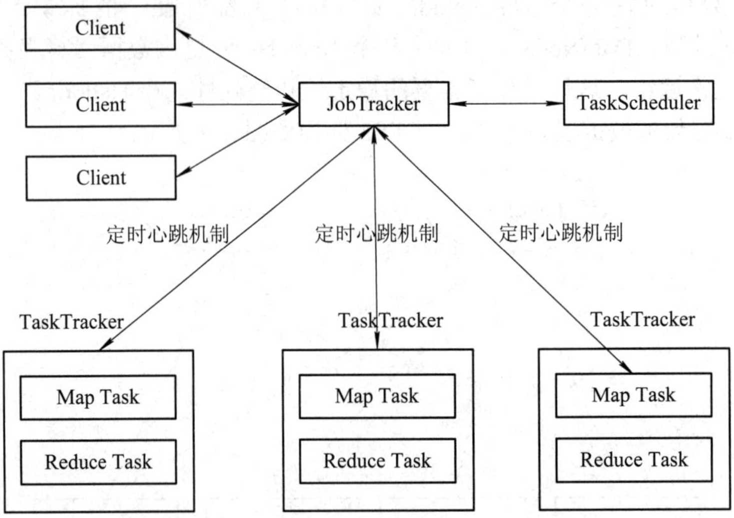

图 2-11 MRv1 版本 MapReduce 体系结构图

MRv1 架构存在一个问题，即一个 JobTracker 要管理所有的 Task，这样可能会造成负载过重的问题。MRv2 版本对此做了改进，在 MRv2 版本中，MapReduce 框架舍弃了 JobTracker 和 TaskTracker，引入了一个新的资源管理平台 Yarn。在 Yarn 架构下，资源管理和作业控制被拆成两部分，资源管理器(ResourceManager)和应用程序管理器(ApplicationMaster)。ResourceManager 负责资源分配，ApplicationMaster 进行单一任务管理和向 ResourceManager 申请资源，这样把任务管理功能下放到每个应用程序，由其自主管理，避免了 MRv1 中所有 Task 的资源调度和任务管理全部压在 JobTracker 上导致其负载过重的情况。MRv2 体系结构如图 2-12 所示。

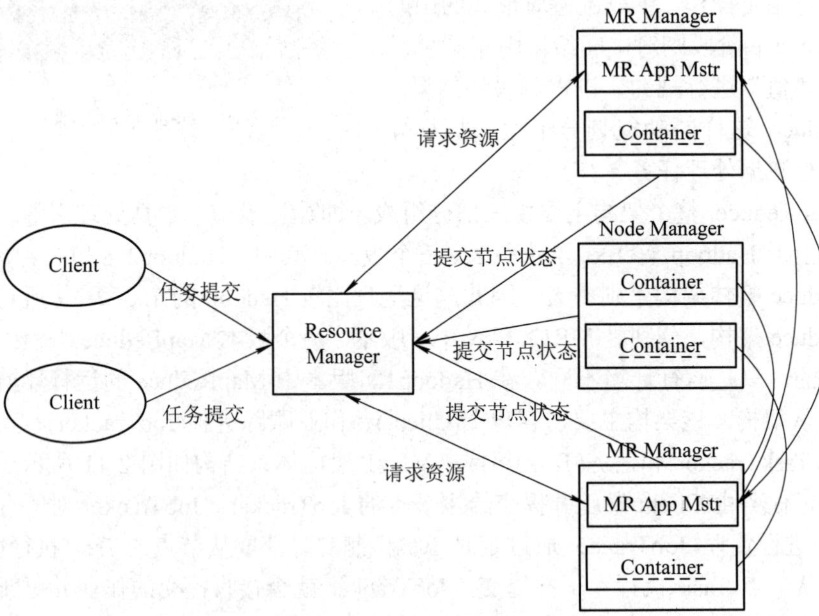

图 2-12 MRv2 版本 MapReduce 体系结构图

笔记

3. Hadoop1.x 和 Hadoop2.x 的区别

总的来说，Hadoop1.x 和 Hadoop2.x 的区别体现在两个方面。

1) 整体框架方面

Hadoop1.x 是由 HDFS 和 MapReduce 组成的，HDFS 是由一个 NameNode 和多个 DataNode 组成。MapReduce 由一个 JobTracker 和多个 TaskTracker 组成，架构都是主从架构。而 Hadoop2.x 在 Hadoop1.x 的基础上又优化了以下内容。

(1) 引入 HDFS 联邦机制解决了 Hadoop1.x 的单点故障问题。

由于架构设计原因 Hadoop1.x 的 NameNode 只有一个主节点，一旦出现问题将导致整个集群瘫痪不能使用，对此 Hadoop2.x 引入了 HDFS 联邦机制，它让两个 NameNode 分管不同的目录进而实现访问隔离和横向扩展，两个 NameNode 分为激活(Active)和后备(Standby)状态，当 Active 状态的 NameNode 出现了问题，可以配置自动切换成 Standby 状态的另一个 NameNode。

(2) 将 JobTracker 中的资源管理和作业控制分开。

Hadoop2.x 引入了资源管理框架 Yarn，资源管理和作业控制分别由 ResourceManager 和 ApplicationMaster 实现，从而使 MapReduce 在扩展性和多框架支持等方面的不足得到了很大提升。

(3) Yarn 在资源管理方面的通用性。

Yarn 作为 Hadoop2.x 中的资源管理系统，它是一个通用的资源管理模块，我们不仅仅可以在 Yarn 上运行 MapReduce，也可以运行其他大数据计算框架，例如 Tez、Spark、Storm、Flink 等。

2) 计算框架方面

MapReduce 的基本编程模型是将问题抽象成 Map 和 Reduce 两个阶段，其中 Map 阶段将输入的数据解析成 key-value 形式的键值对，迭代调用 map()函数处理后，再以 key-value 的形式输出到本地目录；Reduce 阶段将 key 相同的 value 进行规约处理，并将最终结果写到 HDFS 上。MapReduce 的数据处理引擎由 Map Task 和 Reduce Task 组成，分别负责 Map 阶段和 Reduce 阶段的逻辑处理；MRv2 具有与 MRv1 相同的编程模型和数据处理引擎，唯一不同的是运行环境。MRv2 引入了全新的资源管理框架 Yarn 进行资源管理，它的运行环境不再只由 JobTracker 和 TaskTracker 等服务组成，而是由资源管理系统 Yarn 和作业控制进程 ApplicationMaster 组成，其中 Yarn 负责资源管理的调度，而 ApplicationMaster 类似于 JobTracker 负责作业管理。

2.2.4 Hadoop 生态系统的架构和其他组件

目前，Hadoop 已经发展成为包含多个项目的集合系统，形成了一个以 Hadoop 为中心的生态系统，为用户提供了更加丰富的高层级服务。Hadoop MRv1 版本生态系统如图 2-13 所示。

从图 2-13 可以看出，MRv1 版本 Hadoop 生态系统主要分为四个层面。

笔记

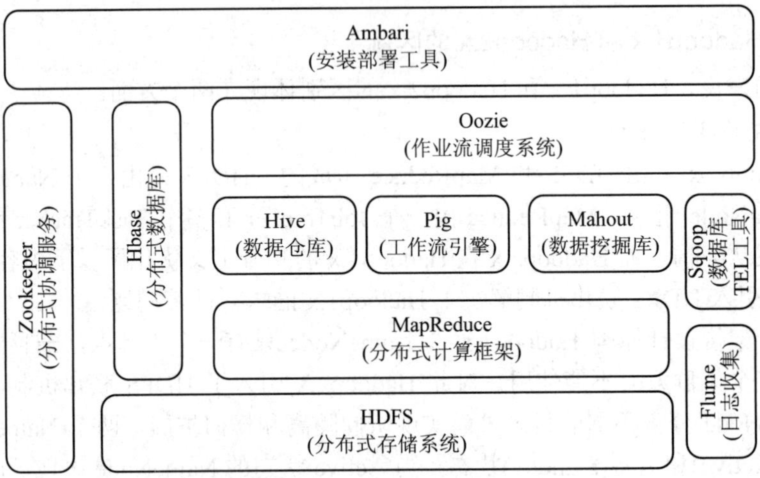

图 2-13　Hadoop MRv1 版本生态系统

1．底层

底层结构包括 HDFS，MapReduce 和 Zookeeper。其中，HDFS 是 Hadoop 分布式文件存储系统。MapReduce 是 Hadoop 的分布式并行运算框架。Zookeeper 是一种基于 HDFS 和 HBase 的开源的分布式协调服务组件，由 Facebook 贡献给 Apache 基金会。Zookeeper 对 Hadoop 集群提供分布式锁服务，用于解决多个进程同步控制问题，防止“脏数据”，保证分布式任务执行的一致性。

2．数据收集处理转换层

数据收集处理转换层结构包括 HBase、Hive、Pig、Mahout、Sqoop 和 Flume。

1) HBase

HBase(分布式数据库)是一个针对结构化数据的可伸缩、高可靠、高性能、分布式和面向列的动态模式数据库。和传统关系数据库不同，HBase 采用了 BigTable 的数据模型，即增强的稀疏排序映射表(Key/Value)。在 HBase 中，数据的键由行关键字、列关键字和时间戳构成。HBase 提供了对大规模数据的随机、实时读写访问，同时 HBase 中保存的数据也可以使用 MapReduce 来处理。

2) Hive

Hive 是一种基于平面文件而构建的分布式数据仓库，主要用于数据展示。Hive 提供了基于 SQL 的数据库查询语言，简化了 MapReduce 编程难度。利用 Hive 后，用户只需写 SQL 语句，而不需要再编写复杂的 MapReduce 程序就能运行 MapReduce 任务。

3) Pig

Pig 是一种基于大数据集的批量数据处理平台，提供数据流处理的语言和运行环境，Pig 提供一种专用的语言 Pig Latin。Pig 主要用于数据准备阶段，提供数据加载、合并、过滤排序等数据操作功能。

4) Sqoop

Sqoop 是一个数据接口，主要用来对 HDFS 和传统关系数据库中的数据进行数

笔记

据传输并在此过程中，对数据进行清洗。

5) Flume

Flume 是一种分布式海量日志采集和传输的系统。用于收集和简单处理日志数据。它将数据从产生、传输、处理并最终写入目标路径的过程抽象为一条数据流。在数据流中，数据源是数据发送方，Flume 支持收集各种不同协议数据源的数据。收集完数据后，Flume 对数据进行简单处理，例如过滤、格式转换等。随后，Flume 数据流将处理好的数据发往各种数据库。总的来说，Flume 是一个可扩展、适合复杂环境的海量日志收集工具。

3．数据挖掘层

数据挖掘层主要是利用数据挖掘组件 Mahout 执行数据挖掘任务。Mahout 是 Apache 旗下的一个开源算法库，主要用来做数据挖掘和机器学习。Mahout 中包含许多已实现的算法，例如分类、回归、聚类、协同过滤等。传统的 Mahout 提供的是 Java 的 API(应用程序接口)，然后用户应用后编译成 MapReduce 的工作任务，并运行在 MapReduce 的框架上，计算效率低。现在，Spark 的出现基本替代了 MapReduce，Mahout 也已经停止接受新的 MapReduce 算法了，转向支持 Spark。

4．监控和运维层

监控和运维层主要是利用监控和运维组件对整个集群资源进行调度和任务运行监控。在 MRv1 中一般使用 Ambari 来对集群进行监控。Ambari 是一款 Hadoop 集群监控工具，提供对 Hadoop 集群的部署，配置，升级和监控的服务。

Hadoop MRv2 版本生态系统如图 2-14 所示。从图中可以看出，Hadoop MRv2 版本生态系统在 MRv1 的基础上，引入了 Yarn 框架进行集群的资源管理调度。因为 MapReduce 本质上是一个大数据批处理平台。随着社会的发展，批处理框架也越来越多，例如 Spark、Flink 等。同时，因为数据在线实时处理需求大幅增加，而 MRv1 不擅长处理实时数据，并且还有一些机器学习类的任务也不太适合用 MRv1 执行。所以，Storm、Flink 和 Spark Streaming 等实时计算框架应运而生，MRv2 版本中 Yarn 框架的引入正好为这些实时计算框架提供了运行环境。

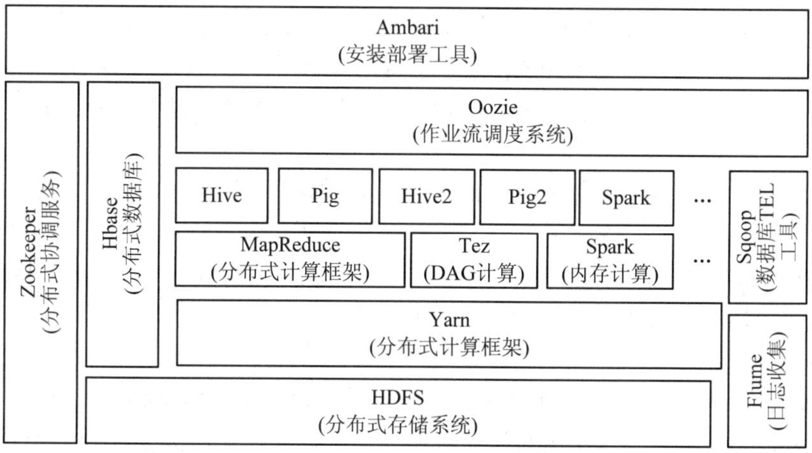

图 2-14　Hadoop MRv2 版本生态系统

笔记

5. MRv2 版本中引入的三种计算框架

下面介绍 MRv2 版本中引入的三种计算框架。

1) Storm

Storm 是 Twitter 开源的一个大数据分布式实时计算系统，Storm 用于处理实时流式数据。Storm 的集群表面上和 Hadoop 的集群非常相像，不过在 Hadoop 上运行的是 MapReduce 的 Job，而在 Storm 上运行的是 Topology(拓扑)。它们的区别是 MapReduce 的 Job 最终会结束，而 Storm 的 Topology 会永远运行(除非杀掉)。在 Storm 的集群里面有两种节点，分别是控制节点(Master Node)和工作节点(Worker Node)。控制节点上面运行一个后台程序 Nimbus(类似 Hadoop 里面的 JobTracker)。Nimbus 负责在集群里面分布代码，分配工作给机器，并且监控状态。每一个工作节点上面运行一个叫作 Supervisor 的节点(类似 TaskTracker)。Supervisor 会监听分配给它的那台机器的工作，根据需要启动/关闭工作进程。每一个工作进程执行一个 Topology 的一个子集。一个 Topology 是由运行在很多机器上的多个工作进程 Worker 组成。Storm 系统是非常稳定，因为 Nimbus 和 Supervisor 之间的所有协调工作都是通过一个 Zookeeper 集群来完成。并且 Nimbus 进程和 Supervisor 都是快速失败(fail-fast)和无状态的，因为所有的状态都存在于 Zookeeper 或者本地磁盘上。当进程出现异常时，用户可以随时直接用 kill-9 命令来杀死进程，然后重启，系统仍然可以继续正常运行。

2) Spark

Spark 是一种基于内存计算的大数据分布式并行计算框架，是当今最火爆的大数据处理技术之一。Spark 遵循的原则就是一个软件栈解决所有大数据应用场景需求。Spark 可以用于传统批处理、交互式查询(Spark SQL)、实时流处理(Spark Streaming)、机器学习(Spark MLlib)和图计算(Spark GraphX)。

Spark 基于内存的计算和 DAG 有向无环图的任务优化机制，使其比 MapReduce 计算速度要快 100 倍以上。目前，在很多应用场景中，Spark 已经替代了大部分 MapReduce 计算框架，并且能够完美兼容大部分 Hadoop 生态系统组件。例如，在数据存储方面，Spark 既可以用 Hadoop 生态系统的 HDFS 文件系统存储数据，也可以用 MySQL、HBase、Cassandra 等组件。在资源管理方面，Spark 既可以用 Mesos 进行资源管理，也可以由 Hadoop 生态系统的 Yarn 代替。在交互查询方面，Spark 既可以用自身的 Spark SQL 进行交互查询，还可以直接兼容 Hadoop 生态系统的 Hive。

Spark 的原生编程语言是 Scala，使我们能够用尽可能少的代码量实现相同的功能。同时 Spark 也支持利用 Java、Python 和 R 语言开发应用程序。Spark 还支持超过 80 种高级算法，使用户可以快速构建不同应用。Spark 具有的 Spark-shell 解释器工具可以为编程人员提供交互式编程界面。

3) Tez

Tez 是 Apache 旗下支持 DAG 作业的开源计算框架，Spark 中的 DAG 也来源于此。Tez 可以将多个有依赖的作业转换为一个作业，从而大幅提升 DAG 作业的性能。在 MapReduce 中，我们需要编写 Mapper 和 Reducer 类来执行 Map 和 Reduce

任务，各个任务之间相互独立，因而任务执行无法有效衔接，影响计算效率。而在 Tez 中，Map 任务和 Reduce 任务被进一步拆分，一个任务被拆分成 Input、Processor、Sort、Merge、Output 五个阶段。这五个阶段可以任意灵活组合，将多个任务组合成一个任务，从而增加任务之间的衔接度，减少任务的数量，提高计算效率。Tez 使用起来也十分方便，因为它只有一个客户端应用程序。使用者不需要在自己的集群上部署任何内容，只需要将相关的 Tez 类库上传到 HDFS 上，然后使用 Tez 客户端提交这些类库即可。

任务 2-3　大数据处理平台架构

任务描述：通过实施本任务，学生能够了解大数据计算模式、基本架构和当今主流的五种大数据处理平台经典架构。

📖 知识准备

(1) 了解数据计算模式。

(2) 大数据处理平台的基本架构。

(3) 主流五种大数据处理平台经典架构。

📖 任务实施

2.3.1　大数据计算模式

数据计算模式决定了大数据处理平台的架构。如果数据计算模式不同，则大数据处理平台的架构也不同。这里我们先介绍一下大数据的四种计算模式。这四种计算模式来源于不同的实际业务需求。

场景 1：某公司领导需要汇总公司数据库三年的销售数据，从中获取信息并辅助他制定公司未来发展战略决策。数据总量大约 800 GB，要求 3 天内汇总出结果。

场景 2：某电商公司需要根据用户在购物网站上的实时点击的商品类型，进行实现智能推荐，用户实时点击数据量峰值为 10 GB/s，这就要求数据处理和智能推荐系统必须在数秒之内给出结果。

场景 3：某公司拥有数万下属门店，总部数据分析人员要查找公司 3 年内销售额最高的门店。数据量为 50 GB，要求查询响应时间不能超过 2 分钟。

场景 4：一个推销员要去若干个城市推销商品，该推销员从第一个城市出发，经过所有城市后，再回到出发地。应如何选择行进路线，以使总的行程最短。

以上四种是我们社会生活中非常常见的场景，针对这 4 种场景的大数据处理，我们分别有对应的四种不同的计算模式。

场景 1 是大规模数据的批量计算，实时性要求不高。可以采用大数据批处理计算模式。

场景 2 是大规模数据的实时计算，实时性要求非常高。可以采用大数据流计

笔记

算模式。

场景 3 是大规模数据的交互查询，实时性要求比较高。可以采用大数据查询分析计算模式。

场景 4 是大规模数据的关系结构计算，在很多组合方案中，寻求组合最优解，可以采用大数据图计算模式。

我们总结了大数据的四种计算模式以及各自的代表技术，如表 2-2 所示。

表 2-2 大数据的 4 种计算模式

计算模式	应用场景	实时性	代表技术
批处理计算模式	大规模数据的离线批量处理	不高	MapReduce、Spark、Flink 等
流计算模式	流数据的在线实时计算	高	Storm、Flink、Spark-Streaming、S4 等
交互查询分析模式	大规模数据的交互查询分析	较高	Hive、Impala 等
图计算	大规模图结构数据的处理	不高	Pregel、Giraph、GraphX 等

2.3.2 大数据处理平台的基本架构及数据处理流程

各个公司大数据处理平台的架构不同，但是总体上类似，其架构结合自身的业务需求又有自身特点。这里先介绍一下通用的大数据处理平台架构，大数据处理平台基本的架构如图 2-15 所示。

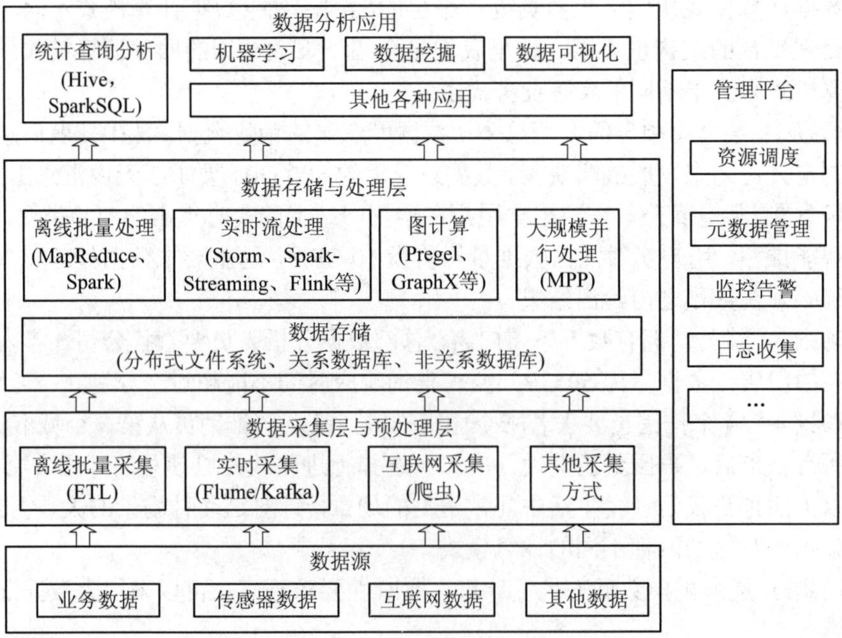

图 2-15 大数据处理平台基本架构

笔记

从图 2-15 中我们可以看出，大数据处理平台大体可以分为数据采集与预处理层、数据存储与数据处理、数据分析与应用三个层面。

1. 数据采集与预处理层

数据采集与预处理层主要功能为从不同数据源采集初始数据，并对数据进行初步预处理，即数据的抽取、转换、加载(Extract-Transform-Load，ETL)。因为采集到的原始数据可能会存在一些错误数据、空缺数据或异常数据等。我们必须进行数据的预处理，把数据清洗一遍，把错误数据、空缺数据、异常数据过滤掉，保证采集数据的质量。数据采集方式可以分为离线批量采集，实时在线采集，以及利用爬虫进行互联网采集等。由于早期业务需求单一，多为批量数据离线处理，故采集方式主要为离线批量数据采集。采集数据经过 ETL 处理后，进入数据存储与处理层进行离线批处理并存储。随着社会的发展，新的业务需求不断出现，比如实时推荐、实时预警、实时报表等，数据实时采集需求逐渐增多。实时采集主要通过 Flume 或 Kafka 来完成。采集过程中数据通过 Kafka 集群并进行实时 ETL 处理，然后进入数据存储与处理层进行流处理并存储。对于互联网数据的采集，网络爬虫逐渐成为主要方式，各个企业，甚至个人都可以通过编写网络爬虫程序来进行网页的解析并获取大量的网上信息，比如舆情、评论、社交等信息。

2. 数据存储与处理层

数据存储与处理层主要功能为对数据采集与预处理层的传输的数据进行数据计算并存储。由于各个企业的实际业务需求和数据计算模式的不同，在这一层结构差异较大。图 2-15 中，数据处理有四种计算模式，分别是离线批量计算、实时流计算、图计算以及大规模并行计算。通常，这四种计算模式并不都被用到，一般以离线批量计算和实时流计算为主。离线批量计算是大数据最早期的计算模式，用于对历史数据的统计分析。随着实时业务处理需求的增多，实时流计算占比越来越大。

数据储存方面，如果数据为结构化数据，则可以使用传统的关系数据库来存储，比如 MySQL。如果数据为非结构化或半结构化数据，则要使用分布式文件系统和非关系型数据库来存储，比如 Hbase、Redis、MongoDB 等。

3. 数据分析应用层

数据分析应用层主要功能为根据业务需求对数据存储与处理层的数据提供交互查询分析、数据挖掘、机器学习、数据可视化等服务。

2.3.3　主流大数据处理平台的架构

1. 传统大数据架构

传统商务智能(Business Intelligence，BI)经过长期发展已经形成了一套较为成熟和稳定的系统，但是随着大数据时代的到来，传统 BI 系统面临遇到诸多挑战。例如传统 BI 系统处理数据量较少，且多为结构化数据，而当前大数据时代则面临大规模的结构化数据及文件、图片、视频等非结构化数据。因此，我们对传统 BI 系统进行升级改造，引入大数据处理技术搭建架构，称之为传统大数据架构，如图 2-16 所示。

笔记

传统大数据架构与传统 BI 相比，在数据分析方面没有任何变化，但是增加了系统的结构化和非结构化数据的处理能力，提升了系统性能。由于传统 BI 业务数据多为离线批处理，对实时性要求不高。所以传统大数据架构也以批处理为主，不具备实时性，一般采用 MapReduce、Spark 等技术进行批处理。这种架构主要应用在以 BI 为主的业务需求上，不过仅用于数据处理性能遇到瓶颈问题时的系统改造上。

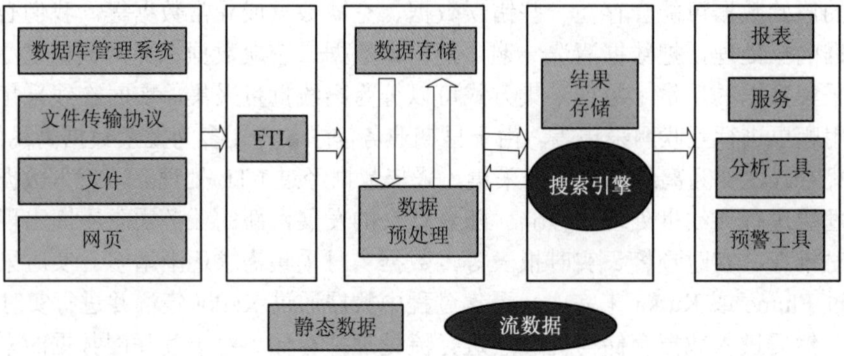

图 2-16　传统大数据架构

2．流式架构

随着大数据时代的发展和传感器的广泛应用，出现了越来越多的实时处理数据需求，比如实时监控预警、实时路径规划、实时在线报表等。传统大数据架构为批量数据处理，无法满足实时性的需求。这时就需要搭建能够对数据进行实时处理，时延小的系统架构，即流式架构。流式架构，顾名思义就是整个架构只具备对数据的实时流计算功能，而不具备对数据的批量处理功能。如图 2-17 所示在流式架构中，数据全程以流的形式处理，没有 ETL 过程。经过流处理加工后的数据，被直接推送显示出来。流式架构仅以窗口的形式进行存储，本身不支持历史数据的重演和统计分析，不过我们可以根据实际需求，在数据直接实时推送时，把符合我们预设条件的有价值的数据存入数据库中，以便后续数据分析和应用。流式架构数据处理一般采用流计算框架，比如 Spark Streaming、Storm、Flink 等。流式架构多用于实时预警、实时监控等工作，用于对数据处理实时性要求比较高，同时又不需要支持历史数据统计分析和重演的系统。

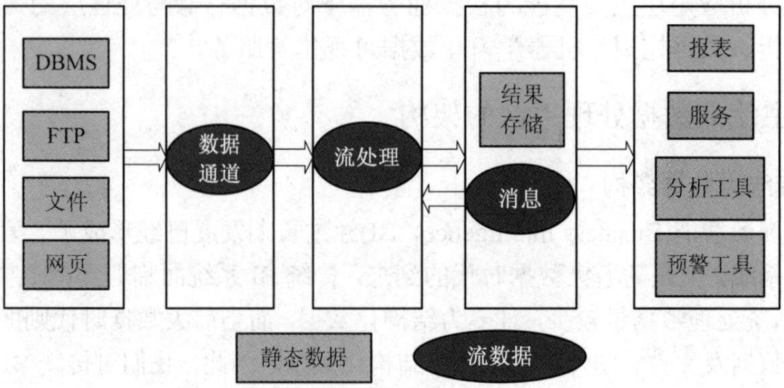

图 2-17　流式架构

笔记

3. Lambda 架构

搭建一个既需要对数据实时处理，同时又需要支持对历史数据统计分析和重演的大数据处理系统，我们可以考虑把传统大数据架构和流式架构结合起来搭建一个新的大数据处理系统。这个系统所采用的架构为 Lambda 架构，如图 2-18 所示。Lambda 架构或者其变种是现今企业使用最多的主流大数据架构。Lambda 架构主要运用于同时需要实时流处理和离线批量处理的场景。为了保证同时进行数据的实时处理和批量处理，Lambda 架构的数据通道分为两条：实时流和离线数据流。实时流依照流式架构处理，进行实时在线流计算，以增量计算为主。而离线数据流则主要进行数据批量处理，以全量计算为主，保障数据一致性。

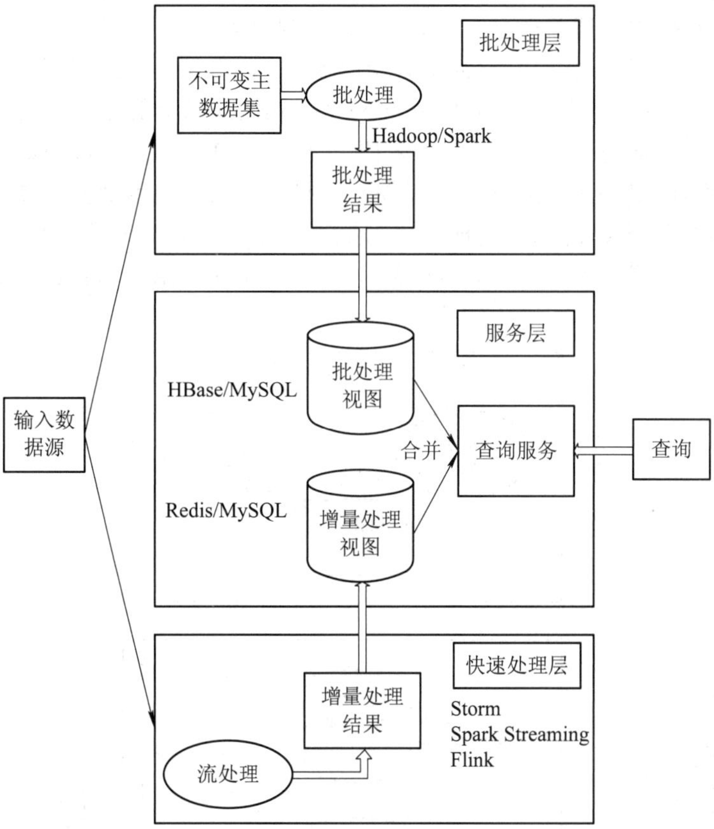

图 2-18　Lamdba 架构

Lambda 架构主要分为三层，分别是批处理层(batch layer)、快速处理层(speed layer)和服务层(serving layer)。

批处理层主要进行数据的全量处理。由于全量数据量很大，因此批处理计算很耗时，所以我们针对预定的查询结果进行预先批处理计算，并生成各种批处理视图。如果数据为结构化数据，其可以保存在关系数据库中，比如 MySQL；如果数据为非结构化数据，其可以保存在非关系数据库中，比如 HBase，这样在检索和查询全量数据时，可以提高效率。

快速处理层主要进行增量数据的实时计算。所谓增量数据是指批处理层两次调度执行期间新增的数据。当新数据进入快速处理层时，快速处理层会实时处理

笔记

接收到的新数据，并将结果不断更新到实时处理视图。由于快速处理层对实时性要求很高，因此实时处理视图一般存放在高性能的内存数据库中，比如 Redis。实际使用中，我们可以根据自己的实际需求对快速处理层做出改动。比如机器学习时，我们用批处理层训练机器学习模型，将模型结果保存到数据库中，然后用快速处理层从数据库中定期更新模型，并利用模型实现实时预测。

服务层用于将批处理层和快速处理层各自计算所得结果合并起来，为用户实时提供全量数据集的查询服务。

4．Kappa 架构

为什么会出现 Kappa 架构？Lambda 架构运用非常广泛，也能解决大多数业务场景的实时和批量处理需求。但是 Lambda 架构也有其自身不足。Lambda 查询结果来自批处理层和快速处理层。而批处理层多用 MapReduce、Spark 等批处理技术，而快速处理层多用 Flink、Spark Streaming 和 Storm 等流计算技术。这就要求系统开发两种完全不同的代码，这非常不方便。因此，在 Lambda 架构的基础上又提出了 Kappa 架构。Kappa 架构的变革就是，在批处理层既使用批处理技术，又使用快速处理层的流计算技术。这样一来，批处理层和快速处理层使用了相同的流处理逻辑，实现了框架统一化，从而简化了系统开发工作。Kappa 架构如图 2-19 所示。

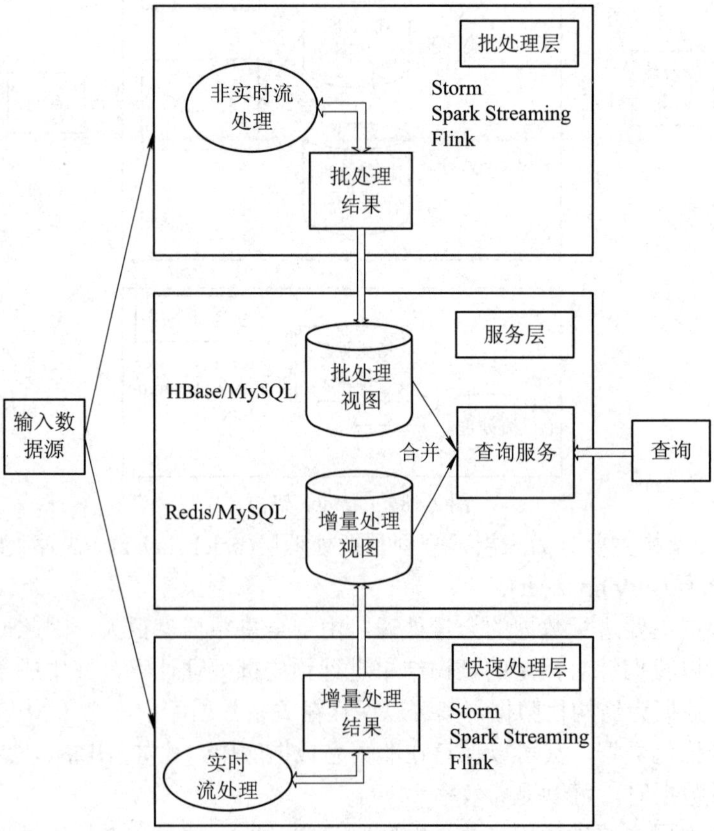

图 2-19 Kappa 架构

笔记

Kappa 架构以流处理为主，在必要的时候才会对历史数据进行批量处理，那如何用流计算对全量数据进行批量计算呢？假设我们要计算 5 天的全量数据，我们首先用 Kafka 或分布式消息队列保存 5 天数据，当全量计算时，重新起一个流计算实例，从头开始读取数据进行处理，并输出到一个结果存储中。当新的流计算实例完成后，停止旧的流计算实例，并把旧的计算结果删除。

5．Unifield 架构

在传统 Lambda 架构下，理论上快速处理层与批处理层的输出结果在业务意义上是完全相同的，如果我们分别用两张数据库的表来存储批处理层和快速处理层的计算结果，那么这两张数据库表的表结构应该是相同的，只是数据不一样。但在实际应用中我们需要根据自己的需求对快速处理层做出改动。Unifield 架构就是以 Lambda 架构为基础，对其进行进一步改造，在快速处理层新增了机器学习模型。Unifield 架构如图 2-20 所示。

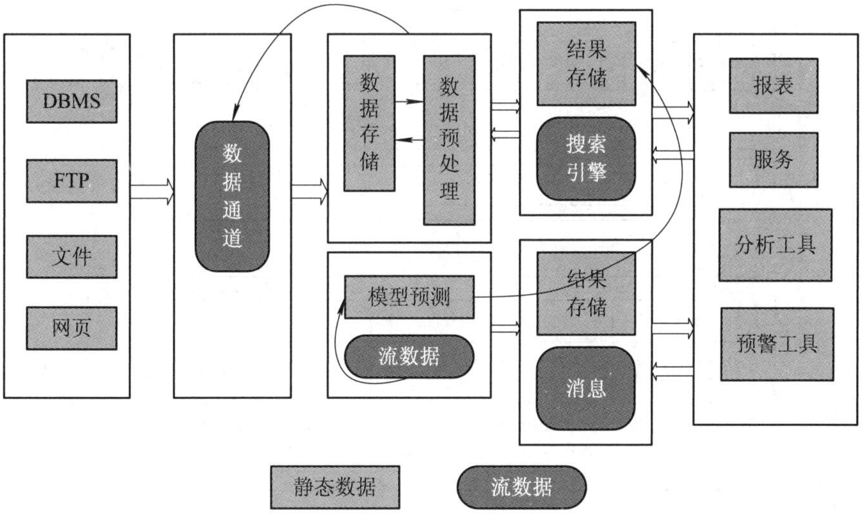

图 2-20　Unifield 架构

从图 2-20 中可以看出，Unifield 架构使用批处理层训练机器学习模型，将模型结果保存到数据库，然后快速处理层从数据库中定期取出模型更新，并根据实时数据对模型进行持续训练和实时预测。因此 Unifield 架构用于有大量数据需要分析，同时对机器学习有需求的场合。

2.3.4　大数据处理平台架构案例介绍

1. 酷狗音乐大数据处理平台架构

酷狗音乐用户众多，每天会产生大量数据，因此必须构建大数据处理平台。酷狗音乐大数据处理平台架构发展分为两个阶段，早期的大数据架构主要以离线批量数据处理为主。技术上采用 Hadoop1.x + Hive + MySQL，Hadoop 1.x 做批量数据处理，Hive 做交互查询，数据存储采用 MySQL 关系数据库。整个架构分为数据采集、数据 ETL 处理、数据存储、数据展示应用四个层次。酷狗音乐早期大

笔记 数据架构如图 2-21 所示。

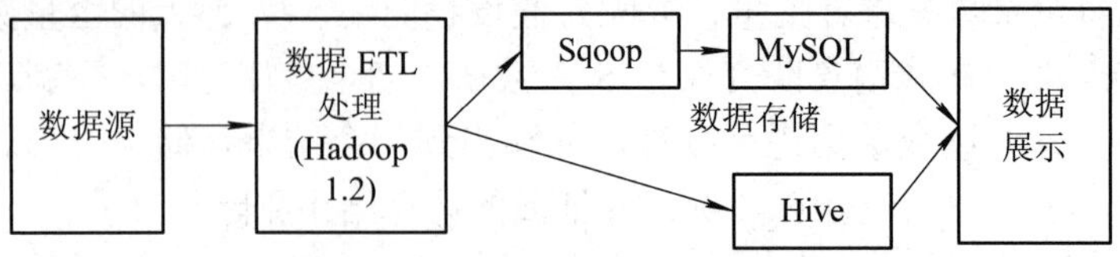

图 2-21 酷狗音乐早期大数据架构

从图 2-21 中可以看出，由于数据处理采用 Hadoop1.x 的 MapReduce 处理技术，这个架构只能处理批量数据，数据处理时延长，无法胜任实时数据处理，也无法适应一些新的业务需求，例如实时智能推荐、实时监控等。同时原有架构数据采集层接口众多，没有实现数据采集格式统一化。整个数据平台没有完整的监控体系。

为了解决这些问题，酷狗对原有大数据平台架构进行重构，重构后平台架构如图 2-22 所示。

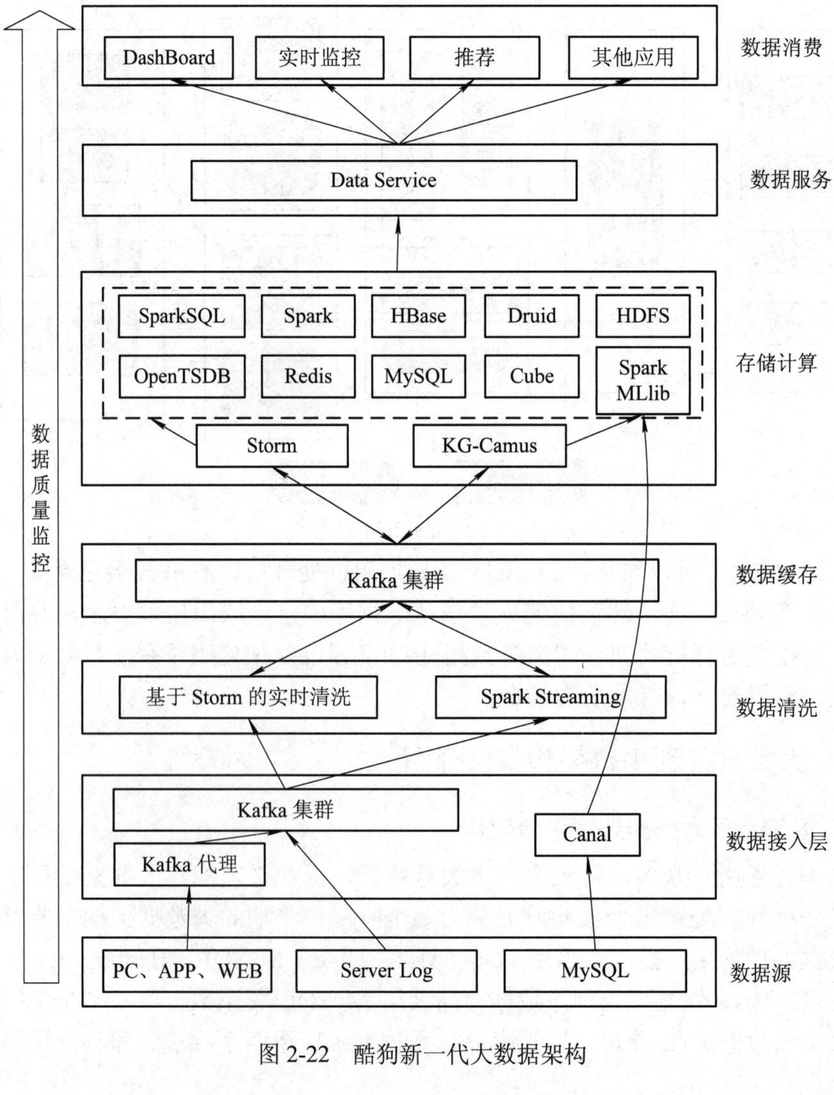

图 2-22 酷狗新一代大数据架构

笔记

从图 2-22 中，我们可以看到酷狗新一代大数据处理平台架构分为数据源、数据接入、数据清洗、数据缓存、存储计算、数据服务、数据消费等层次。整个数据流过程都被数据质量监控系统所监控，数据异常会自动预警、报警。酷狗新一代大数据处理平台将大数据计算分为实时计算与离线计算，为满足实时业务需求，增大了实时数据处理的占比，提升数据处理时效性。

下面具体介绍酷狗新一代大数据架构的各个层次。

1) 数据源层

数据源层将数据源统一分为三类，即前端日志、服务端(后端)日志、业务系统数据，解决了之前数据采集接口众多，格式混乱的问题。前端日志采集主要是对 PC、App、Web 端的实时日志采集，技术上要求数据采集的高实时性，高可靠性，高可用性等。选择基于 Kafka 开发数据采集网关。服务端日志采集采用 FileCollect 技术实现。前端日志和服务端日志采集的数据统一接入 Kafka 集群实时处理。业务系统数据采集利用 Canal 通过 MySQL 的 binlog 机制实现增量业务数据采集。数据采集后直接存储在 HBase 数据库中。数据采集层架构如图 2-23 所示。

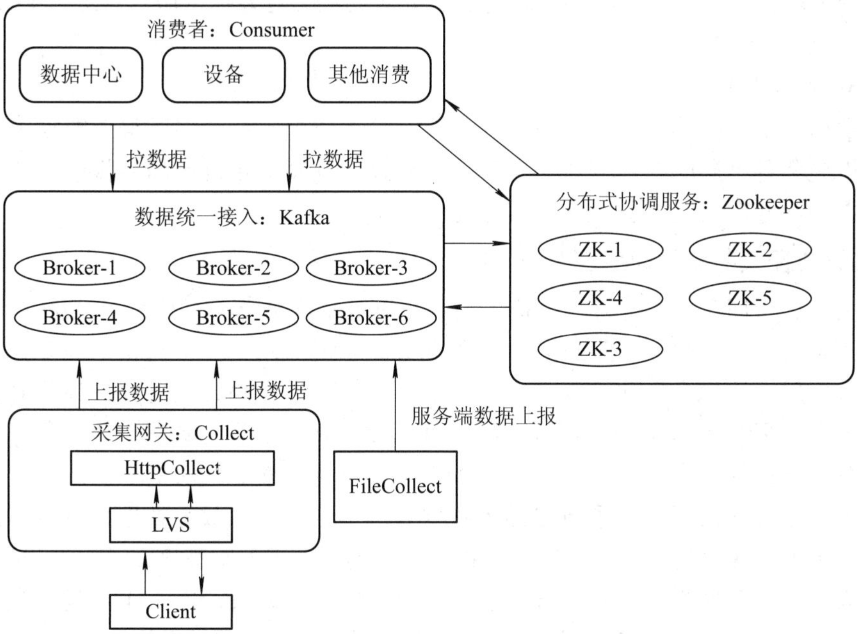

图 2-23　酷狗数据源层架构

2) 数据接入层

由于数据实时采集，数据接入层在 ETL 方面采用数据实时清洗机制，将数据计算的准备工作前移执行，比如数据解压、解密、转义、补全、异常数据处理等。减轻了后续数据计算过程压力，节约了时间。

3) 数据清洗层

数据清洗层引入一个全新的数据缓存层。数据缓存层作用是为了避免实时大量数据流过于频繁地对 HDFS 写入，导致 HDFS 客户端不稳定。数据经过实时清

笔记 洗写入 Kafka 集群缓存，在离线计算(批处理)时，通过定时的作业计划拉取数据到 HDFS。在实时计算时，对于实时性要求非常高的数据(一般为毫秒级)，则利用 Storm 直接从 Kafka 消费；对于实时性要求较高的数据(一般为秒级)，则利用 Spark Streaming 直接从 Kafka 消费。

4) 存储计算层

存储计算层主要进行数据的离线批量计算和在线实时计算，离线批量计算方面采用低延迟的 Spark 和 SparkSQL 技术，抛弃了高延迟的 MapReduce 和 Hive 技术，数据处理后分别存储在关系数据库 MySQL、非关系数据库 HBase 和分布式文件系统 HDFS 中。批量计算后的数据一般采用类似于数据仓库的模式构建数据立方体(Cube)进行存储。在线实时计算采用 Storm 技术，并把结果存入关系数据库 MySQL、非关系数据库 HBase 和 Redis 中。实时计算主要应用于实时监控系统、APM、数据实时清洗平台、实时 DAU 统计等。存储计算层还利用 Spark MLlib 进行机器学习。

5) 数据服务和数据消费层

数据服务和数据消费层主要是基于已处理的数据对外提供服务，比如仪表盘、推荐、监控和一些其他应用。

6) 数据质量监控层

数据质量监控层引入一套完整的监控系统。监控系统能够对整个数据平台的基础设施和各个层面的数据质量同时实施监控，并精准定位问题。目前能够对整个数据平台进行进程级别和拓扑结构级别监控。

2. 美图大数据处理平台架构

美图公司拥有美图秀秀、美拍、美颜相机等十多个 App。这么多 App 产生的数据量是非常巨大的。美图公司的每个 App 都会基于现有数据提供一些个性服务和业务应用，比如个性化推荐、搜索、报表分析、反作弊、广告等。当前美图每月有 5 亿活跃用户，这些用户每天产生接近 200 亿条的行为数据，数据量巨大，历史总数据量甚至达到 PB 级。美图 App 多、业务线多、业务的数据应用需求量大。因此，美图需要构建了自己的大数据处理平台，更高效地处理海量数据，从而提供更加多样化的服务。美图大数据处理平台早期架构如图 2-24 所示。早期的美图大数据平台主要构建在 Hadoop 生态系统之上，包括 HDFS、Hive 等。数据源比较单一，统一存在 MySQL 数据库中，以供展示层调用并呈现报表。

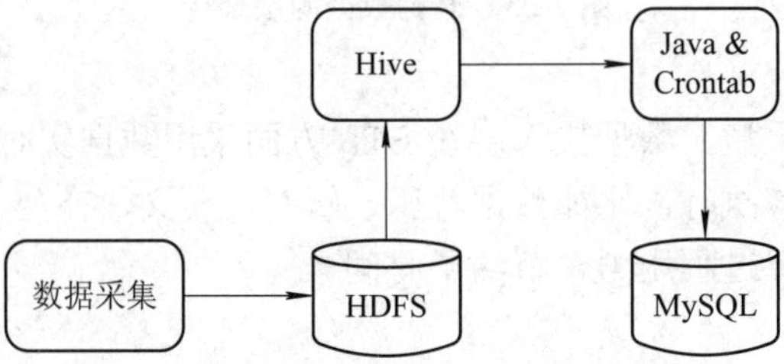

图 2-24 美图早期大数据处理平台架构

随着用户量突然爆发，数据量不断增大，产品运营、数据分析的需求越来越多，美图早期大数据处理平台暴露出很多问题。比如随着数据量增大和数据种类增多，MySQL 读取数据性能下降，而且不能存储非结构化数据。出现了计算瓶颈问题，甚至因为计算瓶颈导致报表产出延迟，面对大量的实时在线数据流，无法进行实时分析，不利于实时业务发展。为了解决以上问题，美图对现有大数据处理平台进行重构。重构后平台结构如图 2-25 所示。

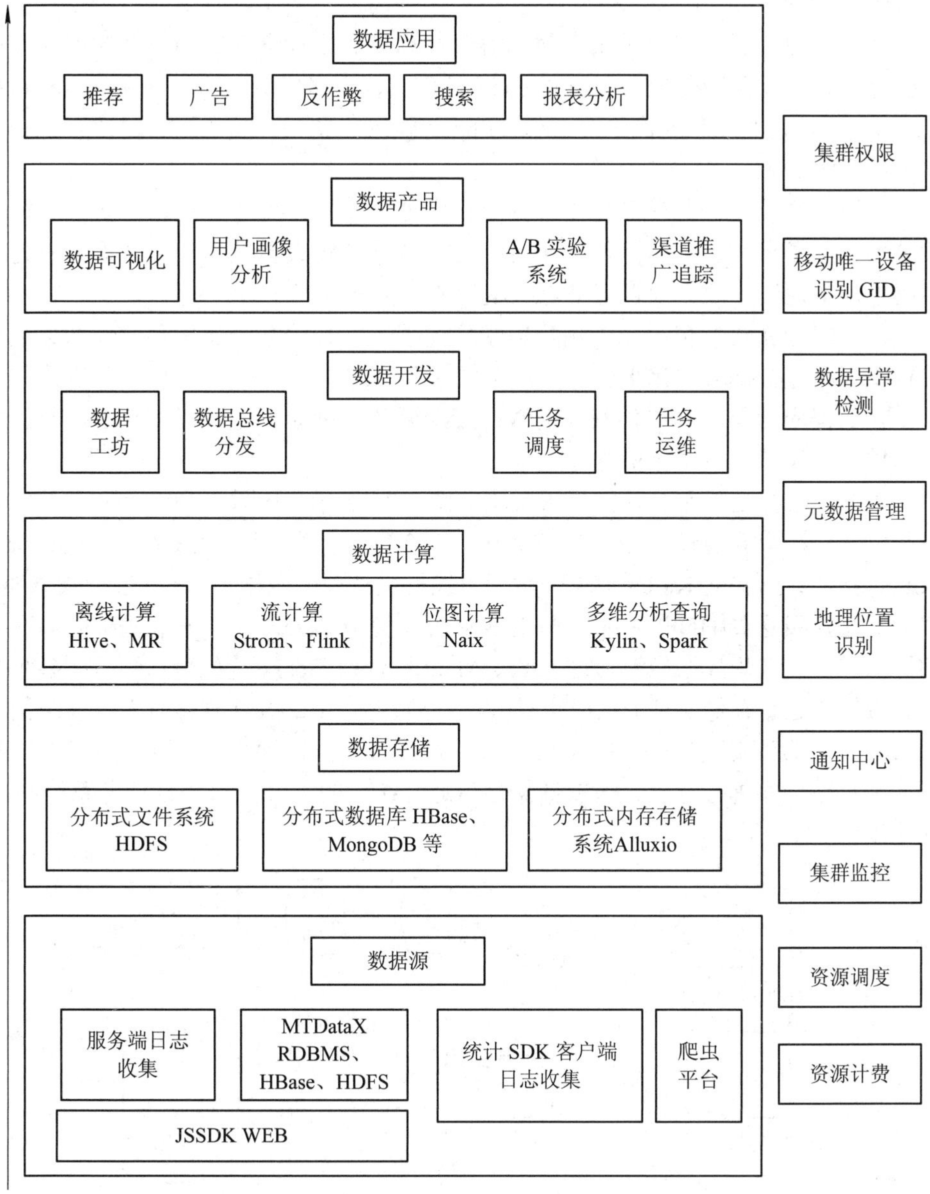

图 2-25　美图重构后大数据处理平台架构

从图 2-25 中可以看出，美图大数据处理平台架构为 Lamda 架构。Lamda 架构总共分为数据源层、数据存储层、数据计算层、数据开发层、数据产品和数据应用六个层面。

笔记

在数据源层，美图构建一套自己的服务端日志采集系统 Arachnia，Arachnia 同时也支持各 App 集成的客户端软件开发工具包(SDK)，负责收集 App 客户端数据。除此之外，美图也构建了基于 DataX 实现的数据集成接口，实现数据进出。美图还构建了自己的爬虫平台 Mor，用于对公网数据进行爬取。

在数据存储层，目前主要用到 HDFS 和一些非关系数据库，例如 MongoDB、HBase、ES 等。

在数据计算层，仍然采用在线实时流计算和离线批量计算相结合的方式。离线批量计算主要采用传统的 MapReduce 和 Hive，在多维分析查询时采用 Spark 和 Kylin。在线实时流计算采用 Storm、Flink 等技术，此外，美图还自己研发了一个 bitmap 系统 Naix，用于图计算。

在数据开发层，美图简化了数据分析和处理流程，构建了数据工坊、数据总线分发、任务调度、任务运维等平台，使得数据开发人员只需关注数据分析处理本身的业务逻辑，而无须管理节点、集群或维护软件。

在数据产品层，美图基于用户需求构建了一系列数据产品平台，包括渠道推广跟踪平台、数据可视化平台、用户画像平台等。

在数据应用层，则提供具体的数据应用服务，例如智能推荐、广告推荐、搜索引擎、反作弊、报表分析等。

美图大数据处理平台的数据流架构如图 2-26 所示。从图 2-26 中可以看到，服务端、客户端数据通过 Arachnia 和 AppSDK 等工具上报到代理服务器 Collector，Collector 把数据提交 Kafka 集群。对于离线批量处理的数据，Kafka 会把数据经 ETL 处理后发送到 HDFS 存储，同时我们可以使用 DataX 和 Sqoop 进行异构数据的导入导出，这些数据最终通过 Hive、MapReduce、Spark 等处理后写入到各种非关系数据库进行存储。对于在线实时流计算的数据，Kafka 会直接分发给业务消费端 Kafka，然后利用 Storm 和 Flink 流计算技术对数据进行实时计算，并写入到各种非关系数据库进行存储。所有数据最后通过统一的 API 对接外部业务系统和可视化平台。

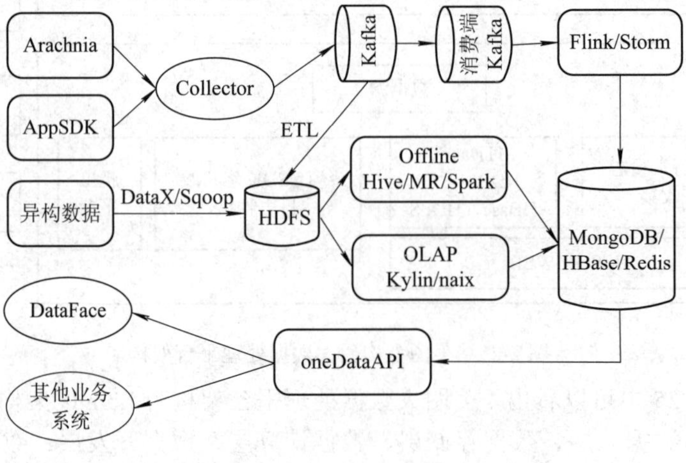

图 2-26 美图数据流架构图

笔记

能力拓展

未来大数据处理平台架构的发展趋势如何？

小　结

本章节首先主要介绍了在大数据时代，传统数据处理平台的问题以及为什么我们需要构建大数据处理平台；其次介绍了 Hadoop 简介和发展历程、Hadoop 关键技术以及 Hadoop 大数据生态系统的架构和相关组件；之后介绍了主流大数据平台架构和数据运行流程；最后介绍了酷狗音乐和美图的大数据架构案例。通过本章节学习，学生对大数据处理平台架构、Hadoop 大数据生态系统以及相关组件有了基本了解，为项目三学习 Hadoop 单机伪分布式开发环境打下基础。

课后习题

1．叙述大数据处理和传统数据处理有什么不同？
2．Hadoop 的设计思想是什么？
3．大数据有几种计算模式？代表技术分别是什么？
4．叙述大数据处理平台五种主流架构和各自的特点。
5．Hadoop 生态系统组件有哪些？各自的作用是什么？
6．叙述实时计算和批量计算的定义和区别。
7．画出 Hadoop2.x 生态系统架构图。

笔记

项目三 Hadoop 开发环境的搭建

项目概述

本项目在读者学习完项目二的基础上，引导读者能够在单机环境搭建 Hadoop 伪分布式开发环境，并运行简单的数据处理任务。

项目背景(需求)

本书后续章节的案例实操均建立在 Hadoop 大数据开发环境上，因此我们需要自行搭建 Hadoop 单机伪分布式开发环境。

本项目需要用到的软件如表 3-1 所示。

表 3-1 本项目需要用到的软件

软件名称	软 件 示 例
VMware14	VMware-workstation-full-14.1.1-7528167-14.1.1.28517.exe
Ubuntu64 位	ubuntukylin-16.04-desktop-amd64.iso
Java1.8 64 位	jdk-8u121-windows-x64.exe
Hadoop 2.7.1	hadoop-2.7.1.tar.gz

项目演示(体验)

(1) 成功启动 Hadoop，Hadoop 的 Web 管理页面如图 3-1 所示。

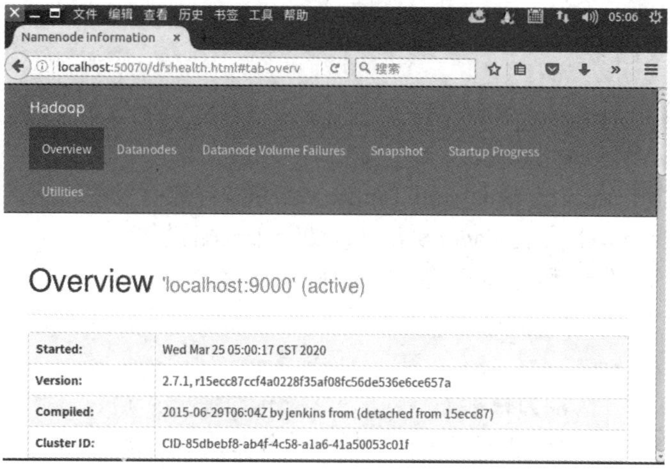
Namenode information
localhost:50070/dfshealth.html#tab-overv
Hadoop
Overview
Datanodes
Datanode Volume Failures
Snapshot
Startup Progress
Utilities
Overview 'localhost:9000' (active)
Started: Wed Mar 25 05:00:17 CST 2020
Version: 2.7.1, r15ecc87ccf4a0228f35af08fc56de536e6ce657a
Compiled: 2015-06-29T06:04Z by jenkins from (detached from 15ecc87)
Cluster ID: CID-85dbebf8-ab4f-4c58-a1a6-41a50053c01f

图 3-1　Hadoop 的 Web 管理页面

(2) 利用 Hadoop 实现词频统计的结果，如图 3-2 所示。

person@person-virtual-machine:~$ hadoop fs -cat /output/part-r-00000
"*" 18
"AS 8
"License"); 8
"alice,bob 18
"kerberos". 1
"simple" 1
'HTTP/' 1
'none' 1
'random' 1
'sasl' 1
'string' 1
'zookeeper' 2
'zookeeper'. 1
(ASF) 1
(Kerberos). 1
(default), 1
(root 1
(specified 1
(the 8
--> 21

图 3-2　词频统计结果

思维导图

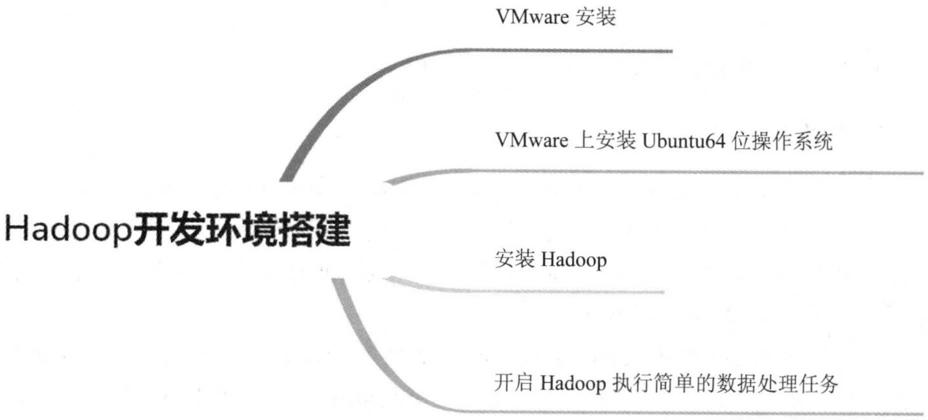
Hadoop开发环境搭建
VMware 安装
VMware 上安装 Ubuntu64 位操作系统
安装 Hadoop
开启 Hadoop 执行简单的数据处理任务

笔记

本项目主要内容

本项目学习的主要内容包括：

(1) 安装 VMware 虚拟机；

(2) 在 VMware 上安装 Ubuntu Linux 操作系统并进行网络设置；

(3) 在 Ubuntu 上安装 Hadoop 并进行伪分布式配置；

(4) 利用 Hadoop 运行简单数据处理任务。

教学大纲

能力目标

◎ 能够在单机上搭建伪分布式 Hadoop 大数据开发环境；

◎ 能够利用 Hadoop 运行简单的数据处理任务。

知识目标

◎ 掌握 VMware 虚拟机的安装；

◎ 掌握 VMware 上安装和配置 Ubuntu 操作系统；

◎ 掌握 Hadoop 的安装和配置步骤。

学习重点

◎ Hadoop 伪分布式开发环境搭建。

学习难点

◎ Hadoop 伪分布式开发环境搭建；

◎ 利用 Hadoop 运行简单的数据处理任务。

任务 3-1 VMware 虚拟机的安装

任务描述：通过实施本任务，学生能够在自己电脑上安装 VMware，以便后续案例的实施。

知识准备

VMware 虚拟机的安装。

任务实施

本书的所有案例均在Linux系统上运行，因此首先需在电脑上安装Linux系统。安装 Linux 系统之前首先要安装虚拟机，我们选用 VMware 虚拟机，然后在虚拟机上安装 Linux 系统。本书所选用的 VMware 虚拟机为 VMware14(64 位)。当然，也可以选用其他版本的 VMware。

(1) 在 VMware Workstation pro 官网上下载 VMware14 安装文件，或者使用本书提供的 VMware14 安装文件。VMware Workstation pro 官网如图 3-3 所示。官网地址为 https://my.vmware.com/web/vmware/info/slug/desktop_ end_user_computing/

笔记

vmware_workstation_pro/14_0。

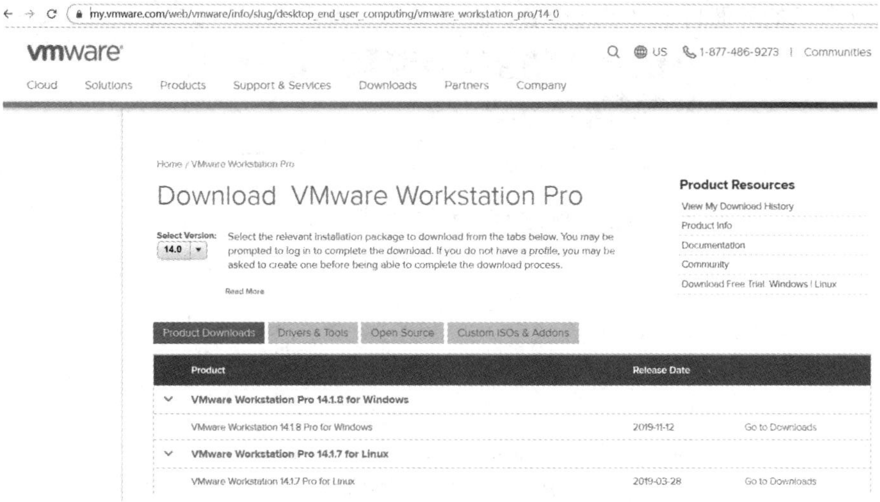

图 3-3 VMware Workstation pro 官网

(2) 双击“VMware-14.exe”应用程序，进入图 3-4 所示的界面，点击“下一步”。

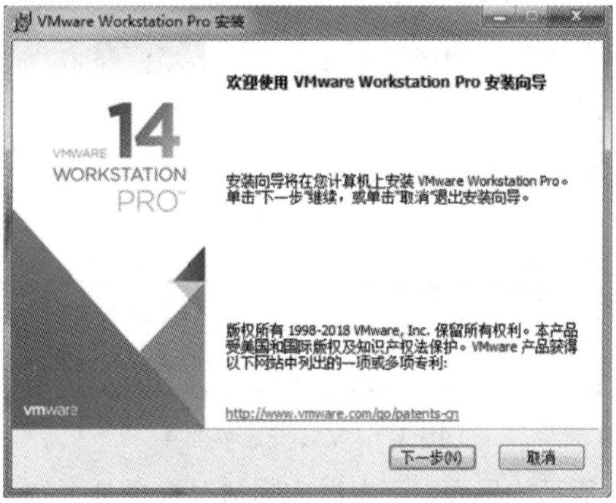

图 3-4 VM 安装界面 1

(3) 在图 3-5 所示的界面中勾选“我接受许可协议中的条款”，点击“下一步”。

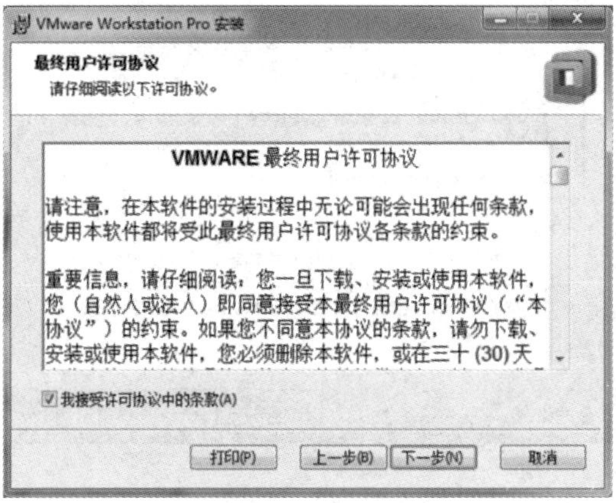

图 3-5 VM 安装界面 2

笔记

(4) 进入图 3-6 所示的界面，显示默认安装位置。可以点击“更改”按钮进入图 3-7 所示的界面自定义安装位置。设置完毕后点击“下一步”。

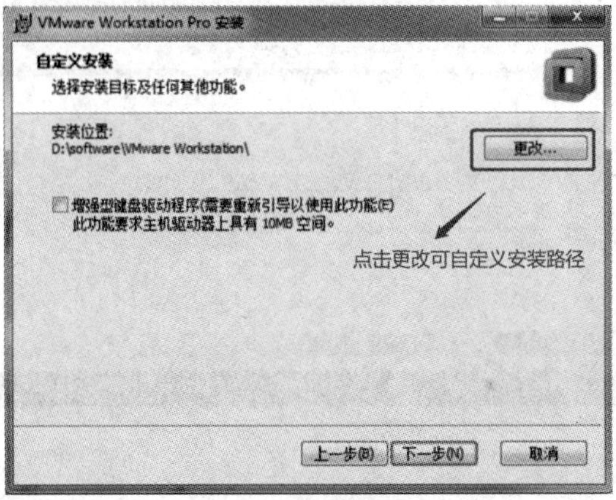

图 3-6　VM 安装界面 3

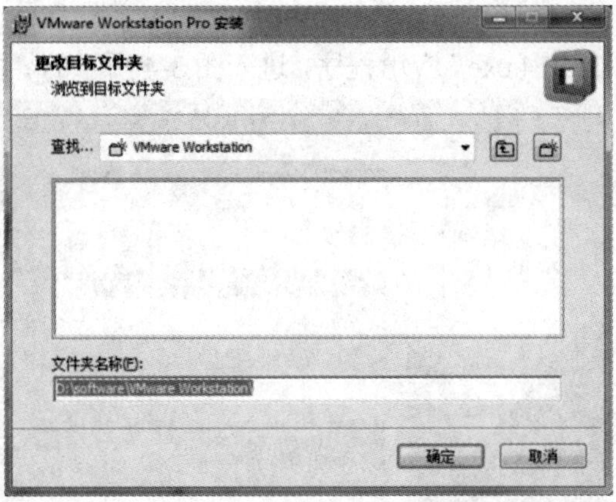

图 3-7　VM 安装界面 4

(5) 进入图 3-8 所示的界面，可根据实际情况选择是否勾选。点击“下一步”。

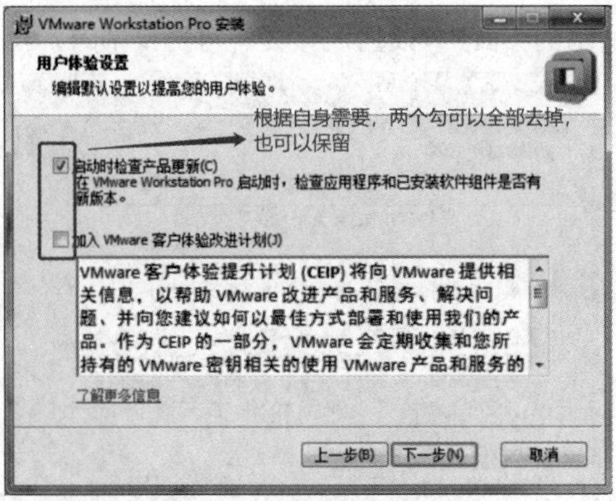

图 3-8　VM 安装界面 5

笔记

(6) 进入图 3-9 所示的界面，可根据实际情况勾选要不要添加快捷方式，点击“下一步”。

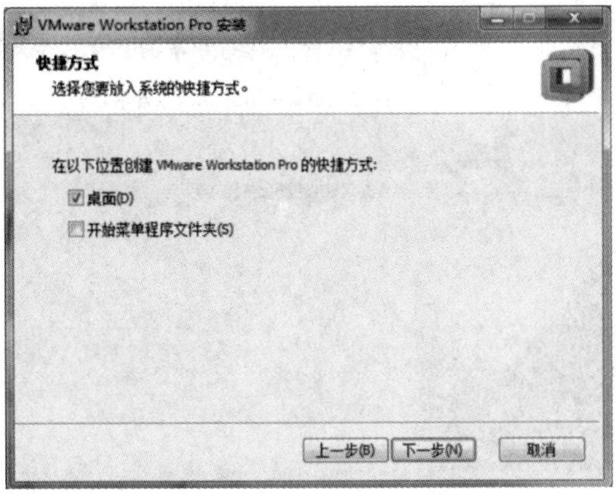

图 3-9 VM 安装界面 6

(7) 进入图 3-10 所示的界面，点击“安装”，等待安装完成。

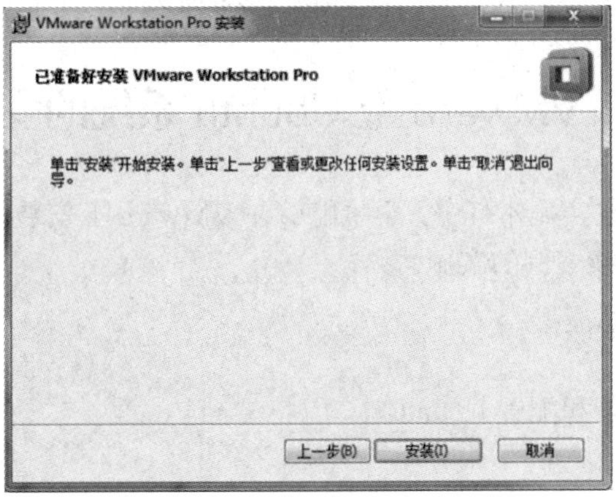

图 3-10 VM 安装界面 7

(8) 安装完成进入图 3-11 所示的界面，点击“许可证”，输入许可证编号，激活软件。

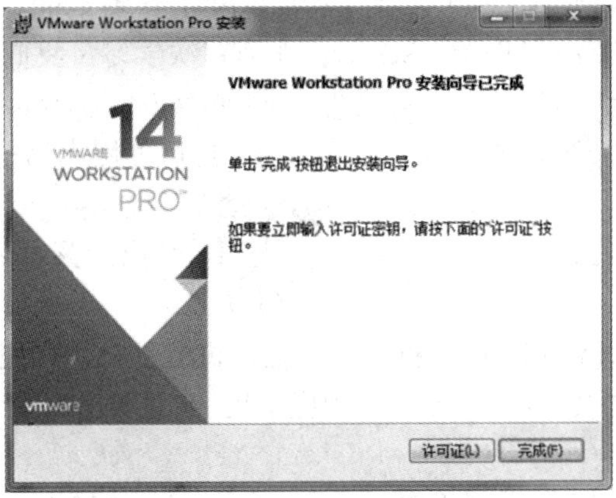

图 3-11 VM 安装界面 8

笔记

(9) 进入图 3-12 所示的界面，整个安装流程结束。如果有提示需要重启计算机，则重启计算机即可正常使用安装的软件。

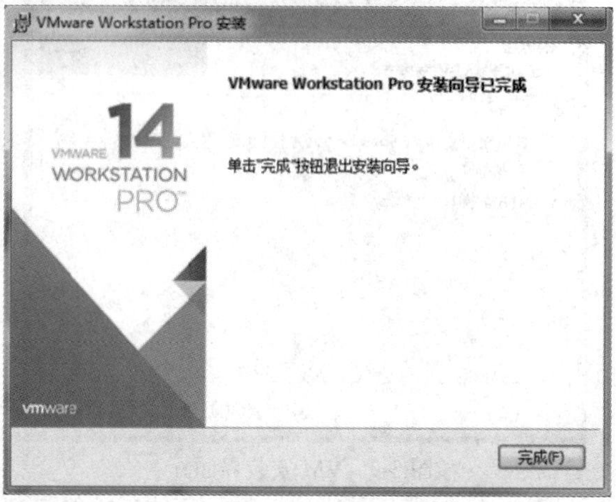

图 3-12 VM 安装界面 9

任务 3-2 VMware 上 Ubuntu 系统的安装和配置

任务描述：通过实施本任务，学生能够在 VMware 上安装 UBuntu 操作系统并进行配置，以便后续案例的实施。

知识准备

VMware 上安装和配置 Ubuntu。

任务实施

3.2.1 Ubuntu 系统的安装

安装完毕 VMware14，接下来在 VMware14 上安装 Linux 系统。Linux 系统比较常用的是 CentOS 或者 Ubuntu Server。作为首次学习，我们还是使用 Ubuntu 操作系统。本书所选用的 Linux 系统为 Ubuntu16.04 版本。需要先从网上下载 Ubuntu16.04 操作系统，大概占 1.5 GB 的空间。也可使用本书提供的 iso 镜像文件。

(1) 鼠标右键点击 VMware 图标，

在弹出的菜单中点击“以管理员身份运行”，打开 VMware14 虚拟机，进入虚拟机主界面，如图 3-13 所示。

(2) 在虚拟机主页，点击“创建新的虚拟机”，选择“典型”，点击“下一步”，如图 3-14 所示。

(3) 进入如图 3-15 所示的界面，选择“稍后安装操作系统”，点击“下一步”。

笔记

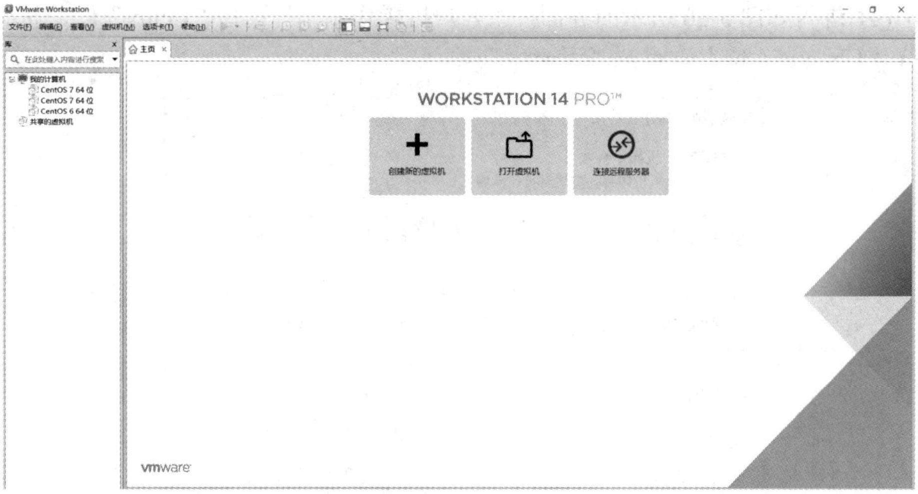

图 3-13 VM 虚拟机主界面

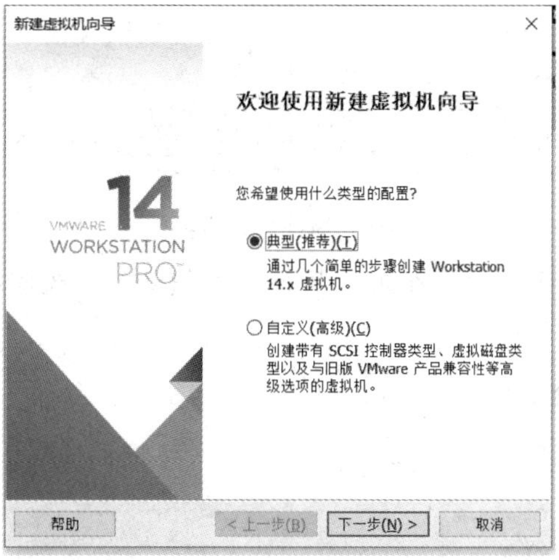

图 3-14 新建虚拟机界面 1

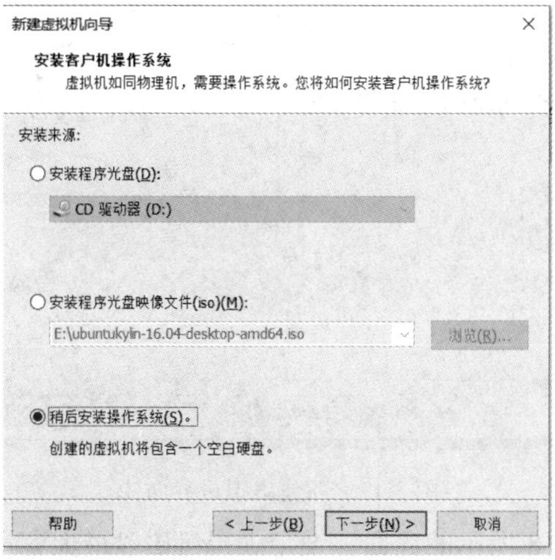

图 3-15 新建虚拟机界面 2

笔记

(4) 进入如图 3-16 所示的界面，“客户机操作系统”选择“Linux”，“版本”选择“Ubuntu64 位”。点击“下一步”。

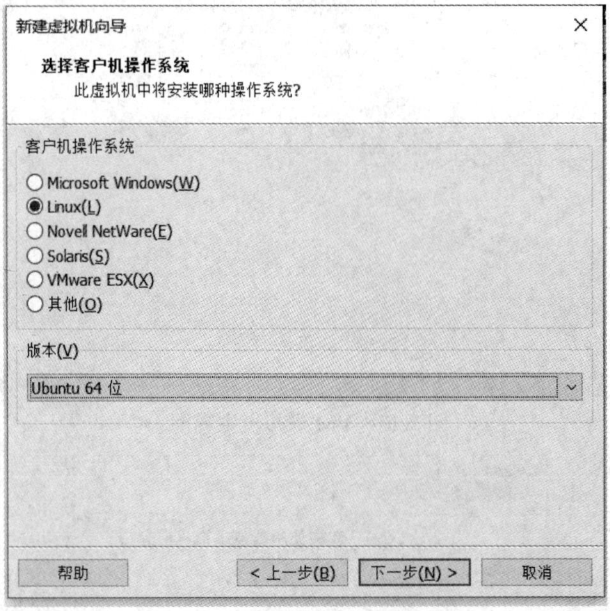

图 3-16　新建虚拟机界面 3

(5) 进入如图 3-17 所示的界面，点击“浏览(R)”，选择合适的安装位置，点击“下一步”。

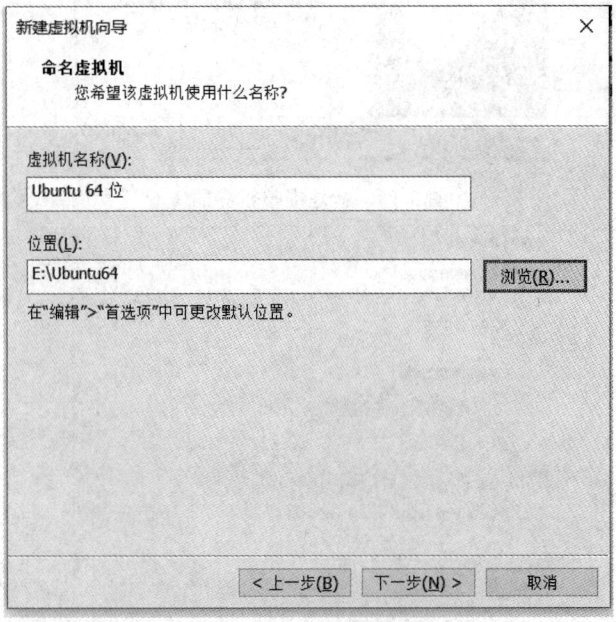

图 3-17　新建虚拟机界面 4

(6) 进入如图 3-18 所示的界面，设定虚拟机磁盘最大容量，一般为 20 GB，选择“将虚拟磁盘拆分成多个文件(M)”，点击“下一步”。

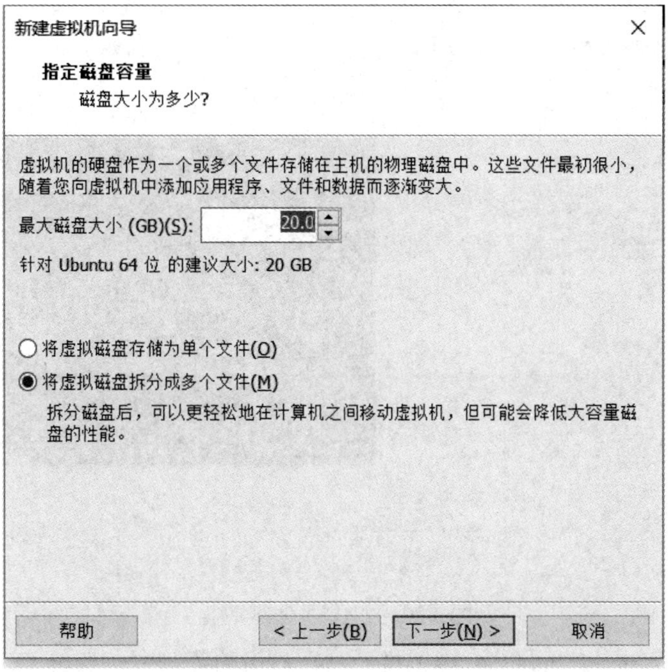

图 3-18　新建虚拟机界面 5

(7) 进入如图 3-19 所示的界面，点击“完成”，完成虚拟机的创建。所创建的虚拟机如图 3-20 所示。

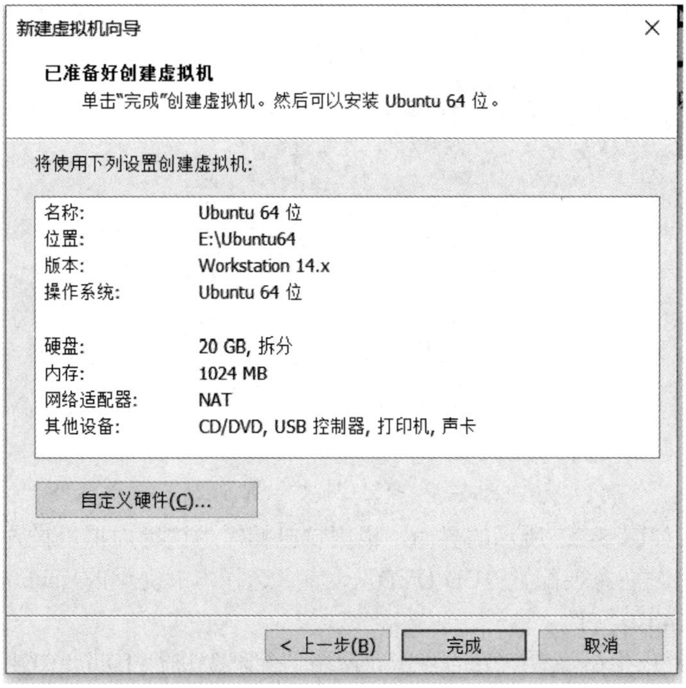

图 3-19　新建虚拟机界面 6

笔记

图 3-20 虚拟机创建完毕

(8) 右键点击“Ubuntu64 虚拟机”，在弹出的菜单中，点击“设置”，进入虚拟机设置界面，如图 3-21 所示。

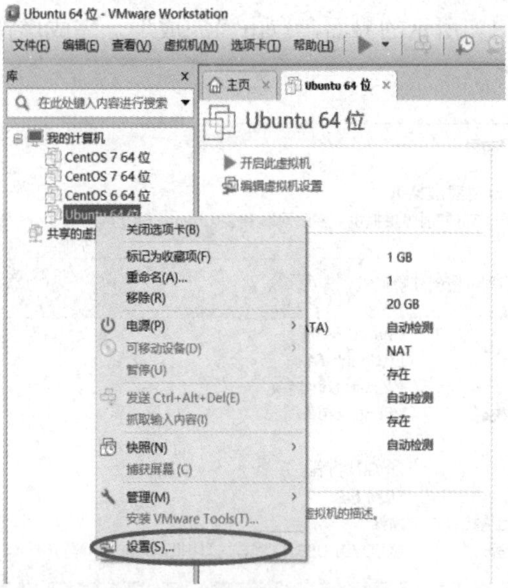

图 3-21 打开虚拟机设置界面

(9) 进入如图 3-22 所示的界面，根据自己的需求进行虚拟机设置，“内存”默认“1 GB”。注意要配置“CD/DVD”设置，选择本书提供的 ubuntukylin-16.04-desktop-amd64.iso 文件

(10) 在“虚拟机设置”界面点击“网络适配器”进行 Ubuntu 64 虚拟机的网络连接模式的设置。网络连接设置成“NAT 模式”，“设备状态”勾选为“启动时连接”。点击“确定”，虚拟机设置完成，如图 3-23 所示。

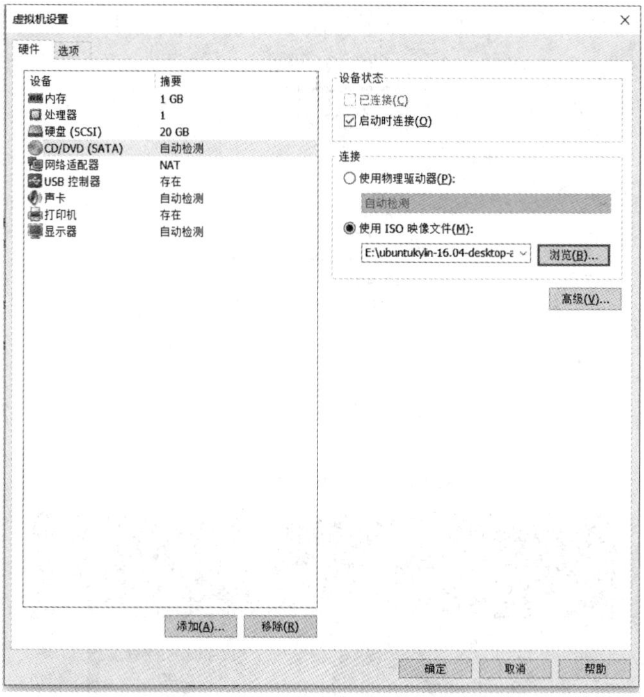

图 3-22　虚拟机设置界面

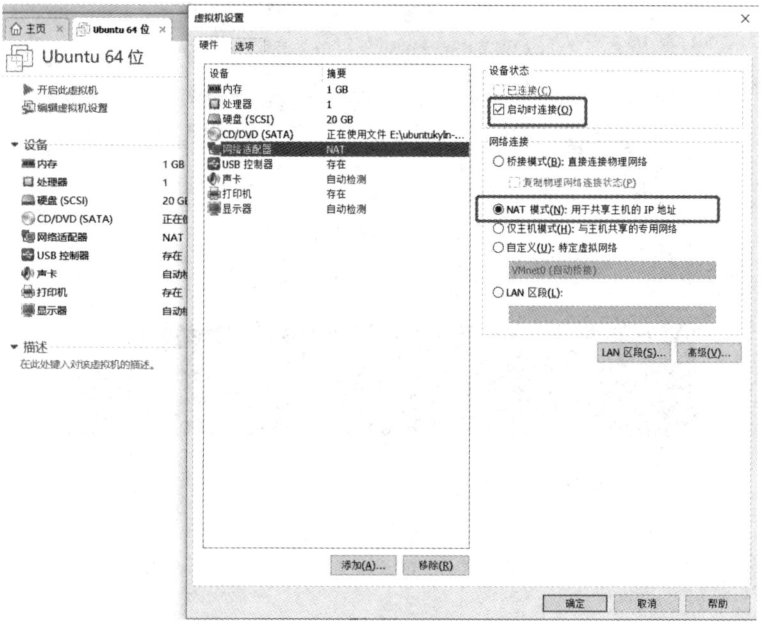

图 3-23　虚拟机网络适配器界面

(11) 在左侧列表选中“Ubuntu64 位”，在右侧点击“开启此虚拟机”，如图 3-24 所示，则进入 Ubuntu 系统安装界面。

(12) 进入如图 3-25 所示的安装界面，选择“中文简体”，点击“安装 Ubuntu Kylin”。

笔记

图 3-24　开启 Ubuntu64 位虚拟机

图 3-25　安装 Ubuntu 步骤 1

(13) 进入如图 3-26 所示的“准备安装 Ubuntu Kylin”界面，点击“继续”。

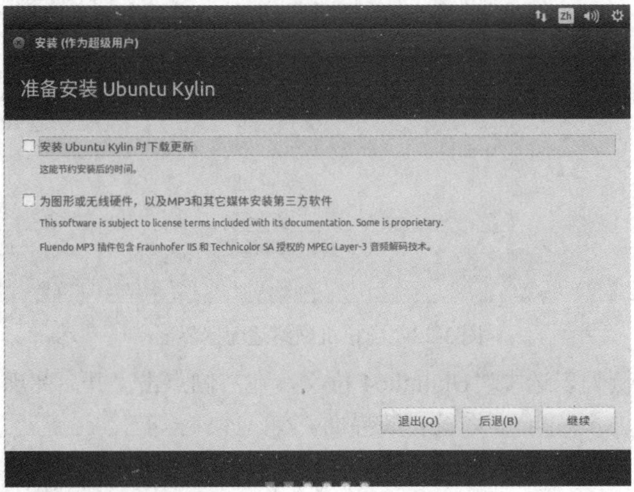

图 3-26　安装 Ubuntu 步骤 2

笔记

(14) 进入如图 3-27 所示的“安装类型”界面，点击“现在安装”，开始安装 Ubuntu。

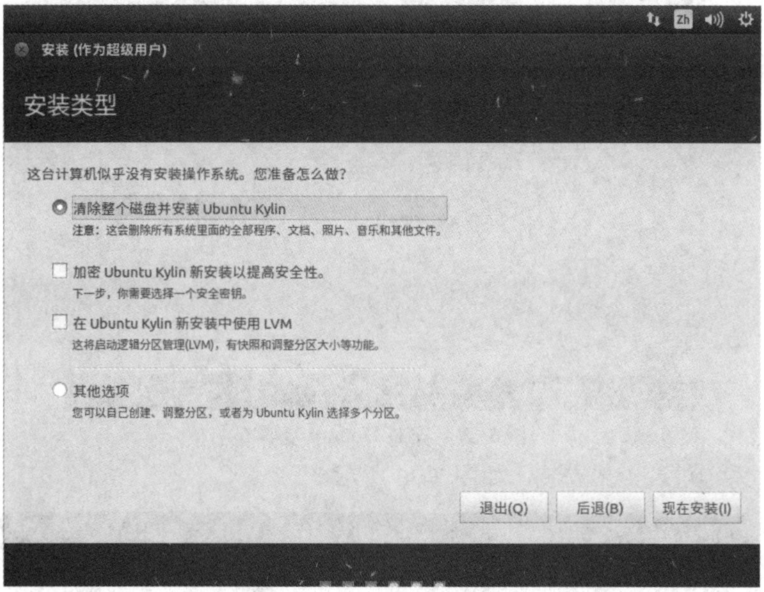

图 3-27　安装 Ubuntu 步骤 3

(15) 进入如图 3-28 所示的改动写入磁盘界面，点击“继续”。

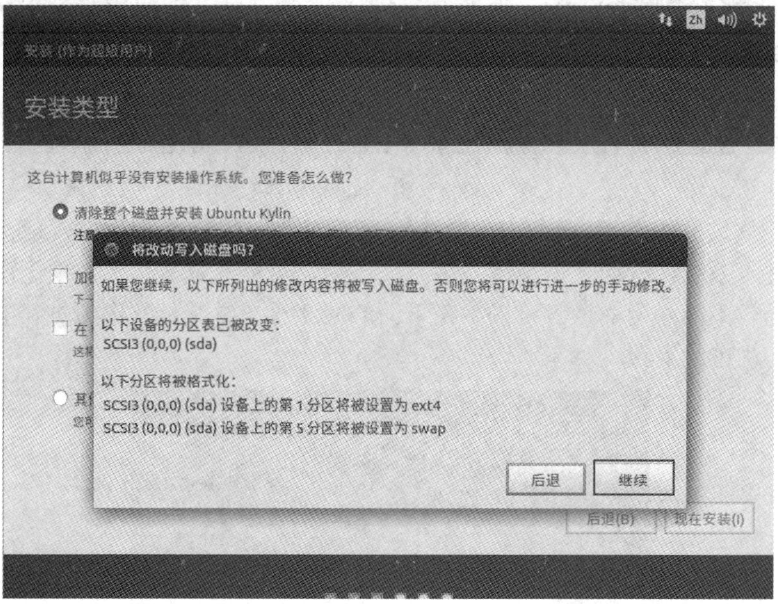

图 3-28　安装 Ubuntu 步骤 4

(16) 进入地图界面，需要输入你的位置，可以选择输入一个位置，如北京、上海，点击“继续”。然后进入语言选择界面，选择“汉语”，点击“继续”。进入如图 3-29 所示的用户名和密码设置界面。在页面输入姓名、计算机名、用户名和密码，同时选择“登录时需要密码”，点击“继续”。

笔记

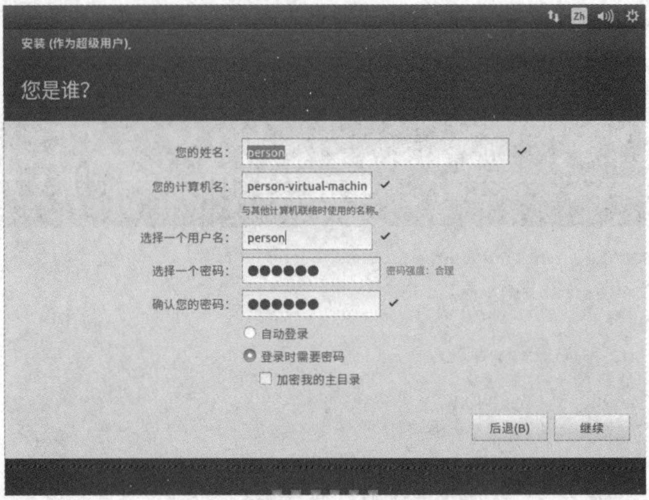

图 3-29 安装 Ubuntu 步骤 5

(17) 系统进入正式安装，如图 3-30 所示。

图 3-30 安装 Ubuntu 步骤 6

(18) 安装完成之后，会弹出如图 3-31 所示的窗口提示重启，点击“现在重启”。重启后进入系统。按照上述步骤安装完成以后，可能有部分读者出现无法连接网络的情况。不能联网的读者可以参考下面的网络设置继续配置虚拟机。能够联网的读者请跳过此步骤。

图 3-31 安装 Ubuntu 步骤 7

笔记

3.2.2　Ubuntu 系统的网络设置

Ubuntu 64 网络配置采用比较方便的“NAT 模式”。“NAT 模式”需要用到 VMnet8 虚拟网卡，如图 3-32 所示。

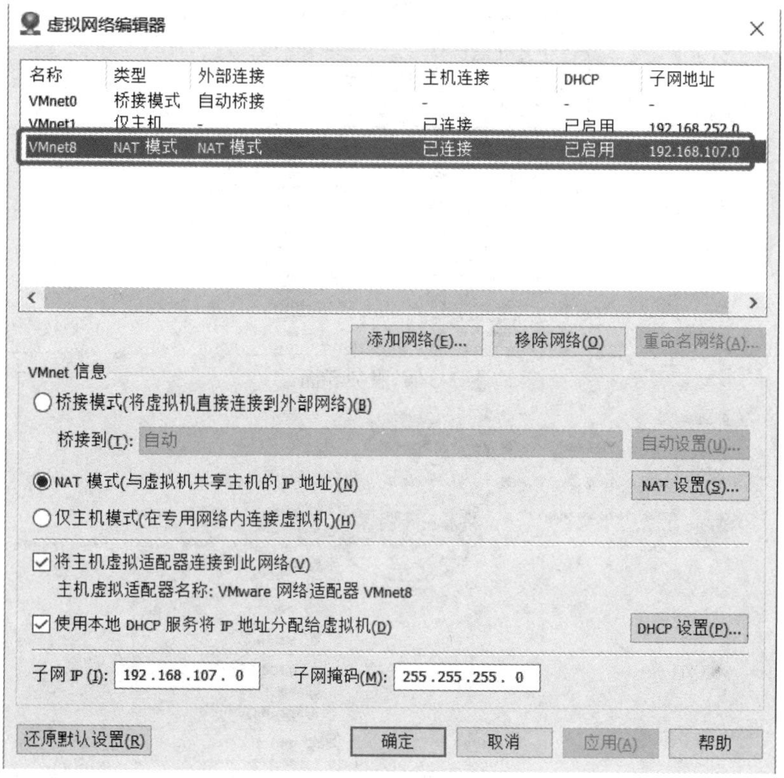

图 3-32　虚拟机 NAT 模式

网络配置之前需进行两项检测。检测所使用的物理计算机的虚拟机服务和 VMnet8 虚拟网卡的服务是否开启，如果没有开启则需要开启相关服务。通常默认是开启的。检测步骤如下：

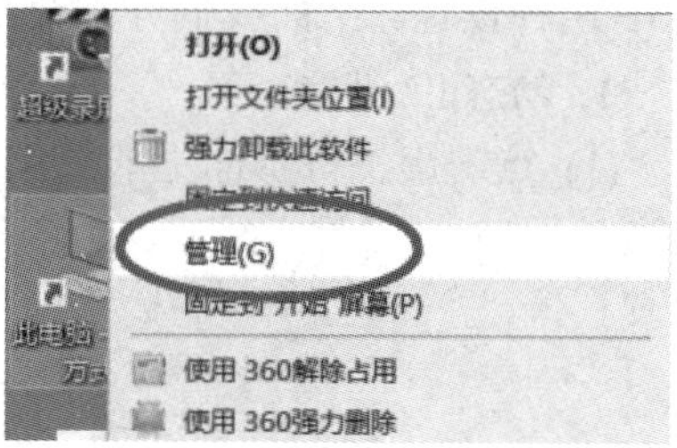

图 3-33　点击“管理”

(1) 计算机点击右键，在弹出的菜单中选择“管理”，如图 3-33 所示，进入计算机管理界面。

(2) 在“计算机管理”界面，点击“服务与应用程序”下面的“服务”选项，显示右边的服务列表，如图 3-34 所示。检查右边服务列表中 VM 开头的服务是否开启，如果没有就一个个开启。

(3) 在物理计算机的“控制面板”界面依次点击“网络和 Internet”“网络和共享中心”“更改适配器设置”，进入网络设置界面，确保开启 VMnet8 虚拟网卡，如图 3-35 所示。

笔记

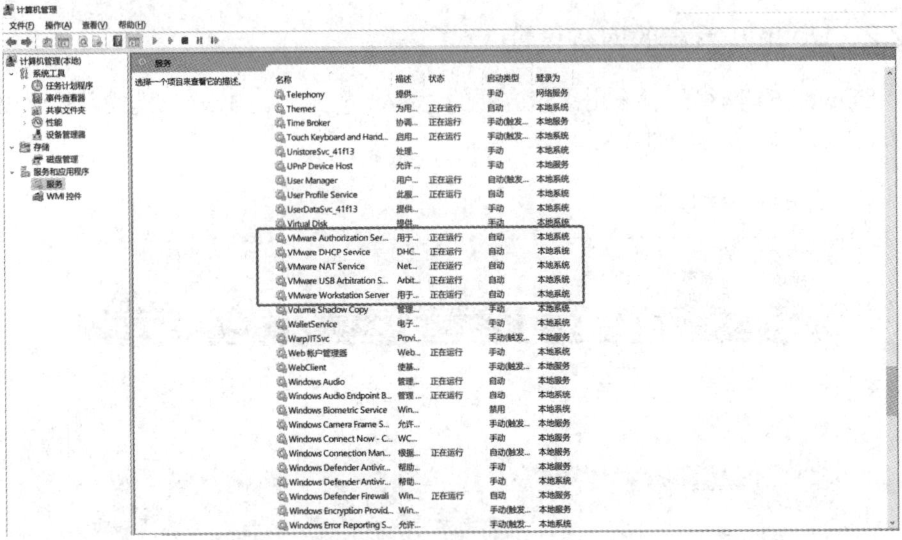

图 3-34　服务界面

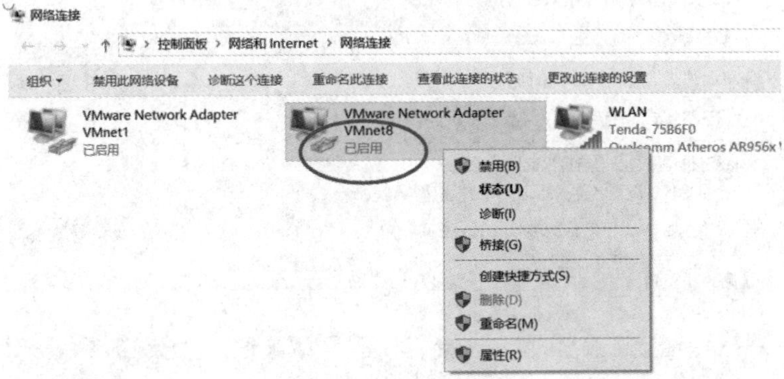

图 3-35　网络设置界面

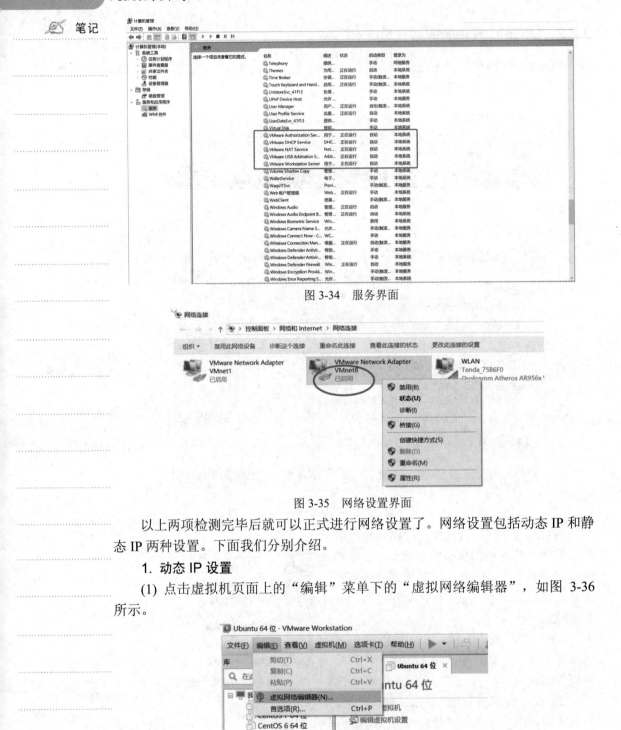

以上两项检测完毕后就可以正式进行网络设置了。网络设置包括动态 IP 和静态 IP 两种设置。下面我们分别介绍。

1. 动态 IP 设置

(1) 点击虚拟机页面上的“编辑”菜单下的“虚拟网络编辑器”，如图 3-36 所示。

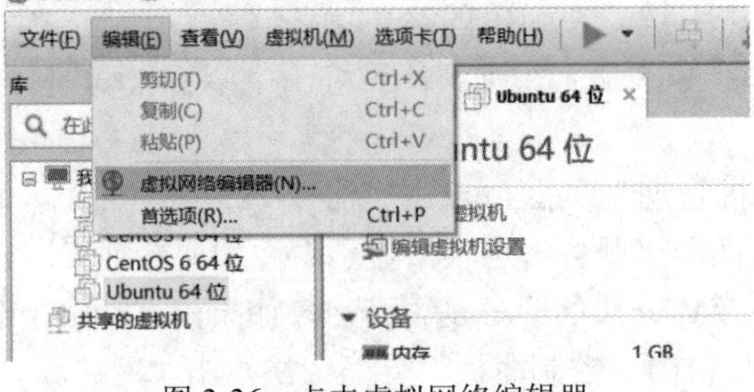

图 3-36　点击虚拟网络编辑器

(2) 进入虚拟网络编辑器界面，如图 3-37 所示。点击“VMnet8”选项，进行后续四个步骤的设置。

笔记

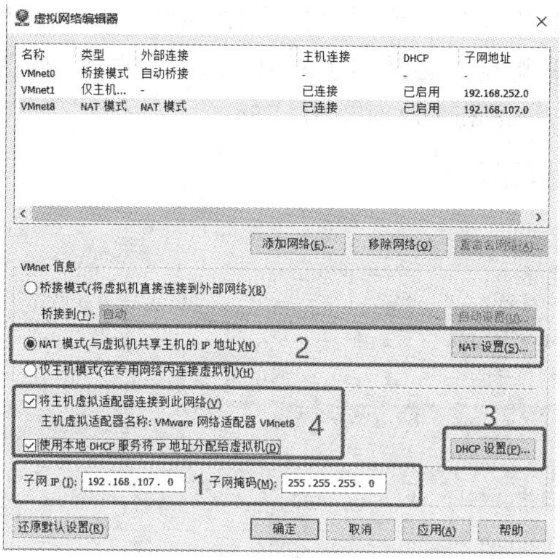

图 3-37　虚拟网络编辑器页面

(3) 设置子网 IP。子网 IP 设置为自定义，只要保证与物理计算机不在同一网段即可，但前两位必须相同。如图 3-38 所示，我的物理计算机 IP 为 192.168.0.107，则子网 IP 可以设为 192.168.xx.xx(xx 取值一般小于 255)，这里我们设置为 192.168.107.0。

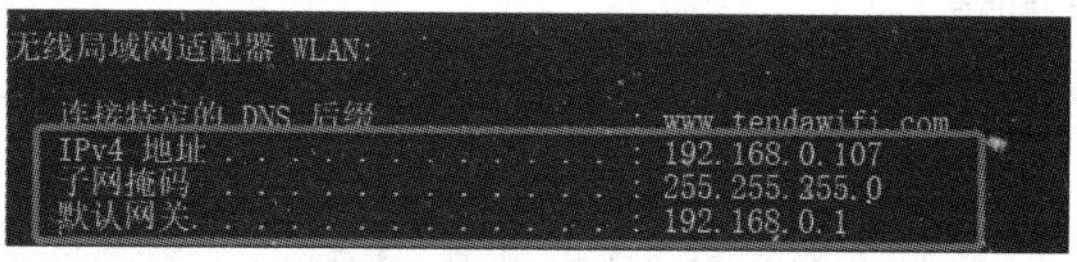

图 3-38　物理机的网络设置

(4) 点击“NAT 设置”，修改“网关 IP”。“网关 IP”必须与“子网 IP”在同一网段(网址的前 3 段值相同)，我们设为 192.168.107.2，如图 3-39 所示。

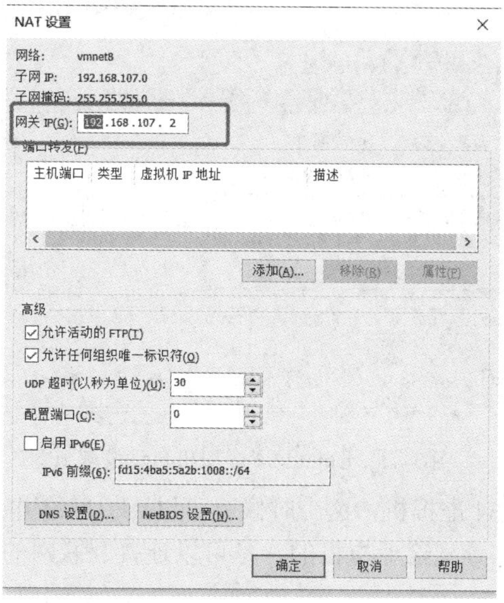

图 3-39　NAT 设置页面

笔记

(5) 点击“DHCP 设置”，设置“起始 IP 地址”和“结束 IP 地址”。“起始 IP 地址”和“结束 IP 地址”必须与子网 IP 在同一网段，如图 3-40 所示，我们可分别设为 192.168.107.128 和 192.168.107.254。

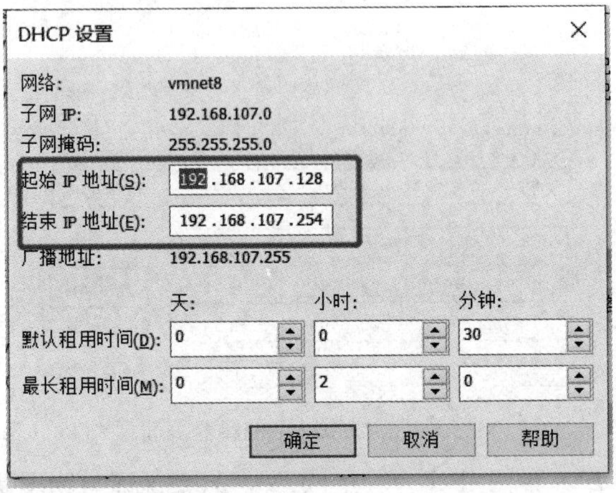

图 3-40 DHCP 设置页面

(6) 把图 3-41 所示的界面中的两个选项勾上，让 Ubuntu64 虚拟机自动获取 IP。

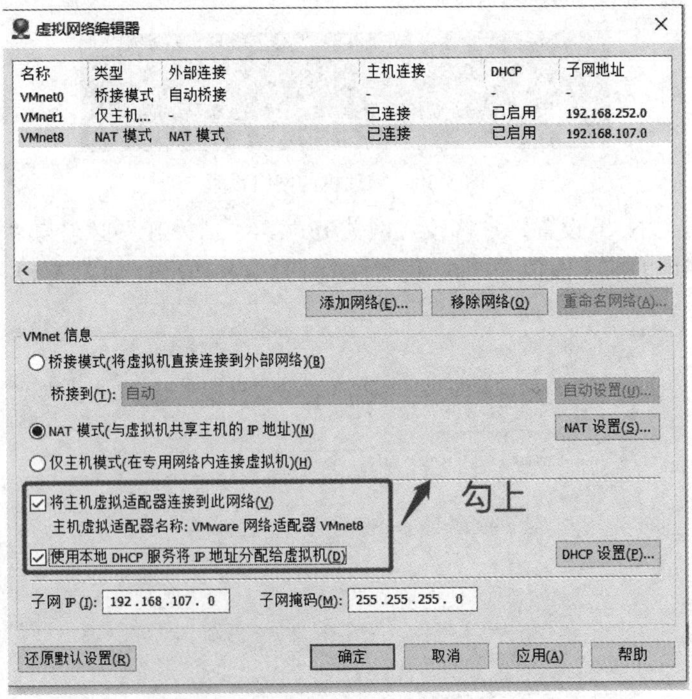

图 3-41 Ubuntu64 虚拟机自动获取 IP

(7) 启动 Ubuntu64 虚拟机，这个时候就可以连上网络并获取 IP 地址了。这个 IP 地址是物理机动态分配给虚拟机的，是可以连接互联网的。我们打开命令行终端，见图 3-42。

在命令行终端输入 ifconfig 命令，查看 IP 地址，如图 3-43 所示。

图 3-42 打开命令行终端

图 3-43 查看虚拟机 IP 地址

在命令行终端输入命令 ping www.baidu.com，可以打开网页，利用浏览器也可以打开网页，如图 3-44 所示。

图 3-44 Ubuntu 联网页面

笔记

我们利用动态 IP 已经可以上网了，但是动态分配的 IP 不固定。因此我们需要统一规划，为每个虚拟机设置固定的静态 IP。那么如何设置静态 IP 呢？

2. 静态 IP 设置

(1) 我们在已有配置基础上做进一步修改。先关闭 Ubuntu64 虚拟机，然后打开虚拟网络编辑器，把“使用本地 DHCP 服务将 IP 地址分配给虚拟机(D)”的对钩去掉，最后点击“确定”，如图 3-45 所示。

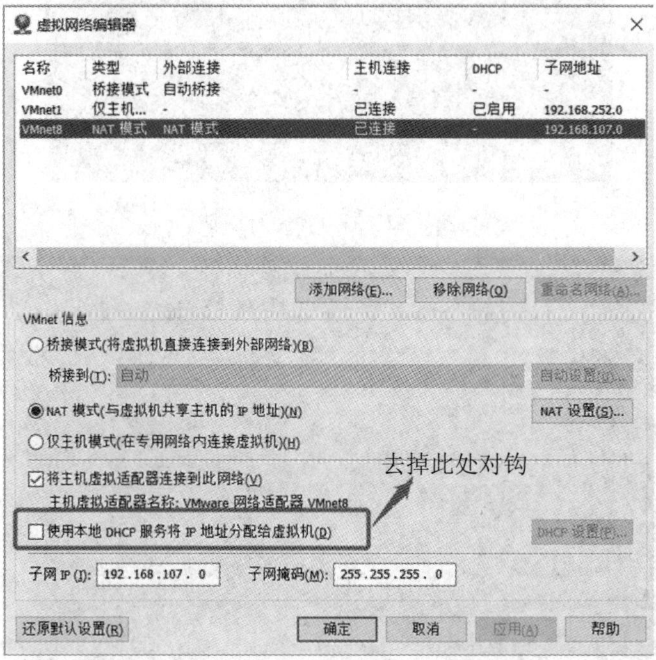

图 3-45 静态设置 IP

(2) 启动 Ubuntu64 虚拟机，此时界面会提示无网络，打开命令行终端，输入命令 sudo gedit /etc/network/interfaces，会提示输入密码，输入密码后会打开网络配置文件，如图 3-46 所示。

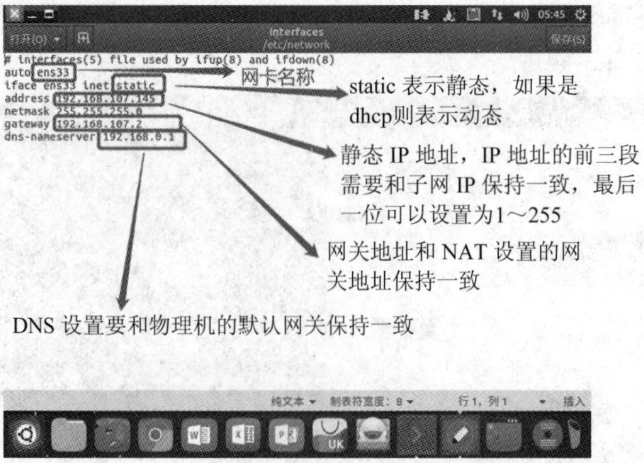

图 3-46 网络配置文件

笔记

在网络配置文件输入以下内容：

```
auto ens33
iface ens33 inet static
address 192.168.107.145
netmask 255.255.255.0
gateway 192.168.107.2
dns-namesever 192.168.0.1
```

网卡名称见图 3-43，“子网 IP”见图 3-37，NAT 设置“网关 IP”见图 3-39，物理机“默认网关”见图 3-38。输入完毕后点击“保存”，然后关闭文件。

(3) 在命令行终端输入命令 sudo /etc/init.d/networking restart，重启网络。重启后输入命令 ping www.baidu.com，如果能打开网页，则见图 3-47，网络设置正确。

图 3-47　打开百度

(4) 下面我们安装一个工具 vm-tools，用来解决 Windows 系统和虚拟机系统文件和文字内容无法复制粘贴的问题。我们在命令行终端输入以下命令：

```
sudo apt-get autoremove open-vm-tools
sudo apt-get install open-vm-tools-desktop
```

然后重新启动虚拟机。

如虚拟机无法启动，出现黑屏现象，可按如下步骤处理：

① 以管理员身份运行 cmd，进入命令行窗口。

② 在命令行窗口输入 netsh winsock reset，然后重启计算机即可。

任务 3-3　Ubuntu 系统上 Hadoop 的安装和配置

任务描述：通过实施本任务，学生能够在 Ubuntu 上安装 Hadoop 并进行单机伪分布式配置。

笔记

知识准备

Linux 操作系统的常用命令。

任务实施

由于 Hadoop 运行需要依赖 Java 环境。所以我们需要先安装 Java，然后配置网络协议(Secure Shell，SSH)和免密码登录，最后进行 Hadoop 的安装和配置。

3.3.1 Java 环境的安装和配置

(1) 在/usr/lib 目录下新建一个文件夹 java，用于安装 Java。我们在虚拟机的 home 目录下新建一个 soft 文件夹，统一存放我们从 Windows 下拷过来的软件。然后把本书提供的“jdk-8u162-linux-x64.tar.gz 文件”拷贝到 soft 目录下。之后在 soft 目录下空白处点击右键，在弹出的窗口中点击“在终端打开”，打开命令行控制台。在控制台中输入命令 sudo mkdir /usr/lib/java，按回车键，如有需要则输入密码，此时可以看到在/usr/lib 目录下有一个 java 文件夹。具体操作命令如图 3-48 所示。

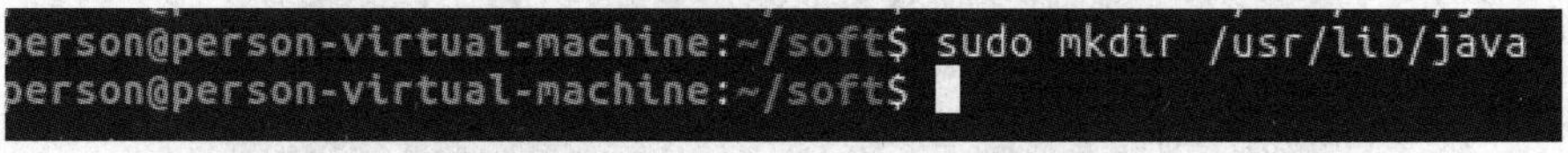

图 3-48 新建 java 文件夹的操作命令

(2) 把“jdk-8u162-linux-x64.tar.gz 文件”解压到/usr/lib/java 文件夹下。输入命令 sudo tar -zxvf jdk-8u162-linux-x64.tar.gz -C /usr/lib/java。具体操作如图 3-49 所示。

person@person-virtual-machine:~/soft$ sudo tar -zxvf jdk-8u162-linux-x64.tar.gz
-C /usr/lib/java
jdk1.8.0_162/
jdk1.8.0_162/javafx-src.zip
jdk1.8.0_162/bin/
jdk1.8.0_162/bin/jmc
jdk1.8.0_162/bin/serialver
jdk1.8.0_162/bin/jmc.ini
jdk1.8.0_162/bin/jstack

图 3-49 解压 jdk 到 java 文件夹

(3) 配置 java 环境变量。输入命令 cd /，回到根目录。然后输入命令 sudo gedit ~/.bashrc，按回车键。如有需要，则输入密码，进入环境变量编辑文件。在文件最后加上如下语句，然后保存关闭文件。具体操作如图 3-50 所示。

```
export JAVA_HOME=/usr/lib/java/jdk1.8.0_162
export JRE_HOME=${JAVA_HOME}/jre
export CLASSPATH=.:${JAVA_HOME}/lib:${JRE_HOME}/lib
export PATH=${JAVA_HOME}/bin:$PATH
```

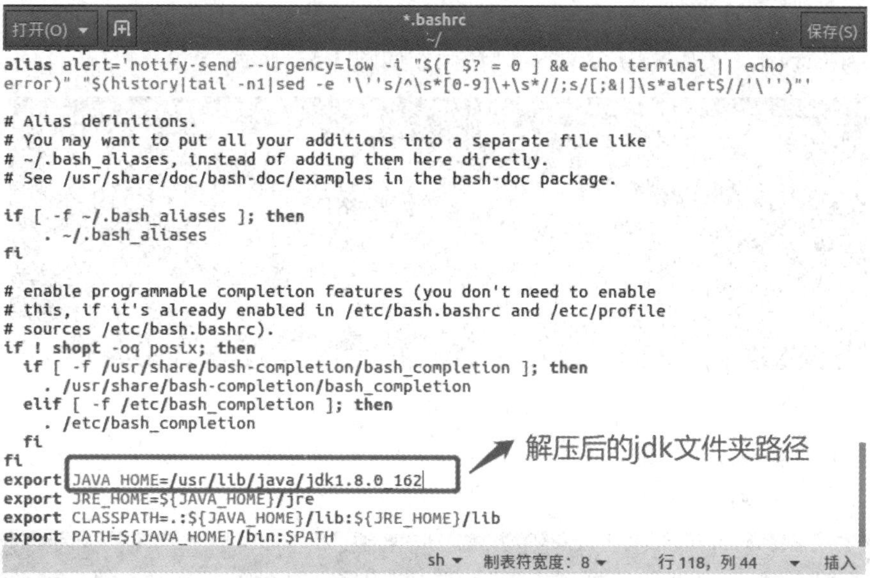


```
alias alert='notify-send --urgency=low -i "$([ $? = 0 ] && echo terminal || echo
error)" "$(history|tail -n1|sed -e '\''s/^\s*[0-9]\+\s*//;s/[;&|]\s*alert$//'\'')"'

# Alias definitions.
# You may want to put all your additions into a separate file like
# ~/.bash_aliases, instead of adding them here directly.
# See /usr/share/doc/bash-doc/examples in the bash-doc package.

if [ -f ~/.bash_aliases ]; then
    . ~/.bash_aliases
fi

# enable programmable completion features (you don't need to enable
# this, if it's already enabled in /etc/bash.bashrc and /etc/profile
# sources /etc/bash.bashrc).
if ! shopt -oq posix; then
  if [ -f /usr/share/bash-completion/bash_completion ]; then
    . /usr/share/bash-completion/bash_completion
  elif [ -f /etc/bash_completion ]; then
    . /etc/bash_completion
  fi
fi
export JAVA_HOME=/usr/lib/java/jdk1.8.0_162
export JRE_HOME=${JAVA_HOME}/jre
export CLASSPATH=.:${JAVA_HOME}/lib:${JRE_HOME}/lib
export PATH=${JAVA_HOME}/bin:$PATH
```

图 3-50　配置 java 环境变量

(4) 执行如下命令 source ~/.bashrc，重启设置，让 .bashrc 文件的配置生效。具体操作如图 3-51 所示。

```
person@person-virtual-machine:/$ source ~/.bashrc
person@person-virtual-machine:/$
```

图 3-51　重启.bashrc 设置

(5) 输入以下命令 java -version 验证 java 是否正常运行。如果结果如图 3-52 所示，则安装成功。

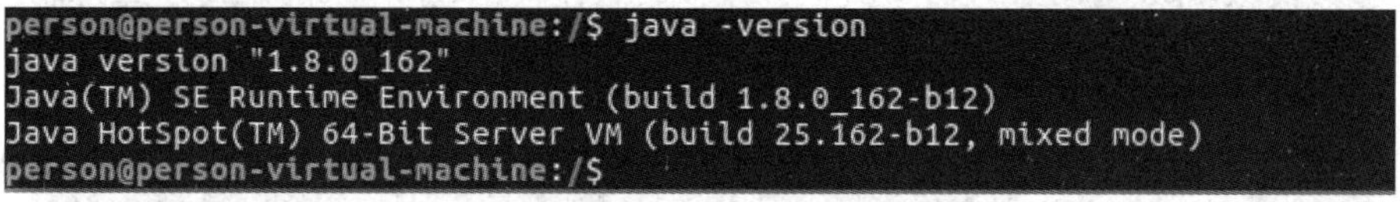

```
person@person-virtual-machine:/$ java -version
java version "1.8.0_162"
Java(TM) SE Runtime Environment (build 1.8.0_162-b12)
Java HotSpot(TM) 64-Bit Server VM (build 25.162-b12, mixed mode)
person@person-virtual-machine:/$
```

图 3-52　验证 java 是否安装成功

3.3.2　SSH 的安装以及免密码登录的设置

这里我们先澄清一点：SSH 和免密码登录一般用于完全分布式集群，而单机伪分布式 Hadoop 也要进行 SSH 和免密码登录设置。

1. 安装 SSH

Hadoop 集群运行时，NameNode 要远程启动 DataNode 守护进程，NameNode 和 DataNode 之间需要远程 SSH 通信，所以我们需要安装 SSH。但是 Hadoop 没有区分完全分布式和伪分布式，对于伪分布式 Hadoop 仍然会采用与集群相同的处理方式，按次序启动 DataNode 进程，只不过在伪分布式中 NameNode 和 DataNode 都为 localhost，所以对于伪分布式，也必须要安装 SSH。Ubuntu 默认已安装了 SSH client，我们只需再安装 SSH server 即可。具体操作如下：

笔记

(1) 我们重新打开一个命令行终端，输入命令 sudo apt-get install openssh-server，安装 SSH server。具体操作如图 3-53 所示。

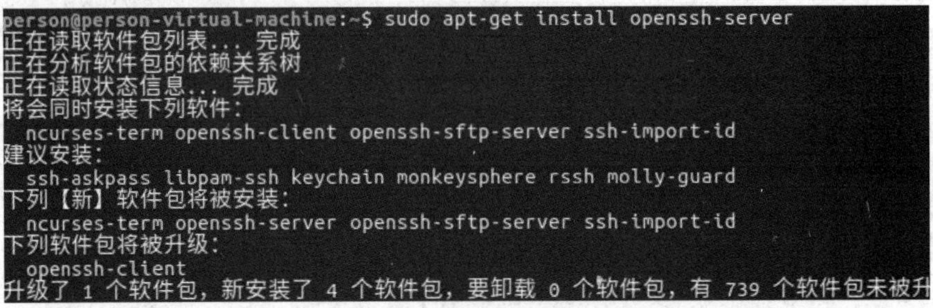

```
person@person-virtual-machine:~$ sudo apt-get install openssh-server
正在读取软件包列表... 完成
正在分析软件包的依赖关系树
正在读取状态信息... 完成
将会同时安装下列软件:
  ncurses-term openssh-client openssh-sftp-server ssh-import-id
建议安装:
  ssh-askpass libpam-ssh keychain monkeysphere rssh molly-guard
下列【新】软件包将被安装:
  ncurses-term openssh-server openssh-sftp-server ssh-import-id
下列软件包将被升级:
  openssh-client
升级了 1 个软件包，新安装了 4 个软件包，要卸载 0 个软件包，有 739 个软件包未被升
```

图 3-53　安装 SSH server

(2) 安装后，可以输入命令 ssh localhost，验证登录本机。如果出现如图 3-54 所示的提示，则输入 yes。

```
person@person-virtual-machine:~$ ssh localhost
The authenticity of host 'localhost (127.0.0.1)' can't be established.
ECDSA key fingerprint is SHA256:ytB5ozpfKm6R9pZepOMdBRvId4+/twPmJ1pB3XXtrVc.
Are you sure you want to continue connecting (yes/no)?
```

图 3-54　验证登录本机

(3) 输入密码，就可以登录本机了。登录结果如图 3-55 所示。

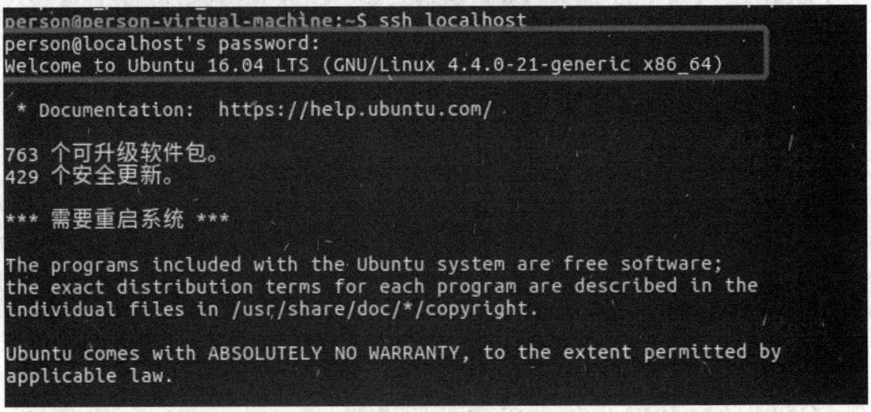

```
person@person-virtual-machine:~$ ssh localhost
person@localhost's password:
Welcome to Ubuntu 16.04 LTS (GNU/Linux 4.4.0-21-generic x86_64)

 * Documentation:  https://help.ubuntu.com/

763 个可升级软件包。
429 个安全更新。

*** 需要重启系统 ***

The programs included with the Ubuntu system are free software;
the exact distribution terms for each program are described in the
individual files in /usr/share/doc/*/copyright.

Ubuntu comes with ABSOLUTELY NO WARRANTY, to the extent permitted by
applicable law.
```

图 3-55　SSH 登录本机

2. 免密码登录设置

Hadoop 有三种运行模式，本地模式、伪分布式模式、完全分布式模式。在 Hadoop 完全分布式运行时，NameNode 要远程启动 DataNode 守护进程，需要依次输入密码，如果节点太多，则启动非常麻烦。而伪分布式配置 Hadoop，NameNode 一样要远程启动 DataNode 守护进程。只不过 NameNode 和 DataNode 都是 localhost，所以只需要设置 SSH localhost 免密码登录就行。

设置免密码登录的具体做法如下。

(1) 输入命令 exit，退出已登录的 SSH，然后输入命令 cd ~/.ssh/，进入 SSH 目录。具体操作如图 3-56 所示。

笔记

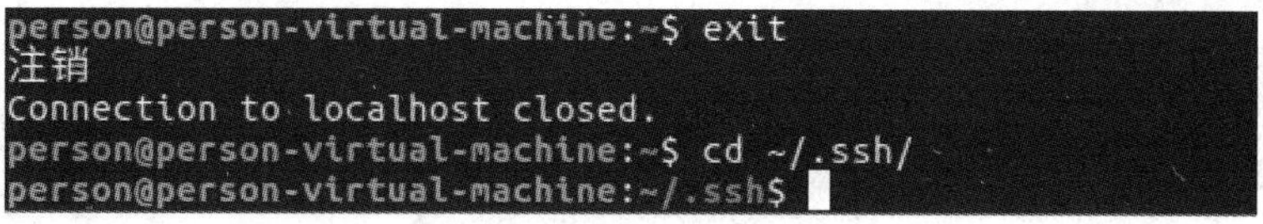

图 3-56　进入 SSH 目录

(2) 输入命令 ssh-keygen -t rsa，生成密钥，期间要按 3 次回车键。再输入命令 cat ./id_rsa.pub >> ./authorized_keys，将密钥加入到授权。具体操作如图 3-57 所示。

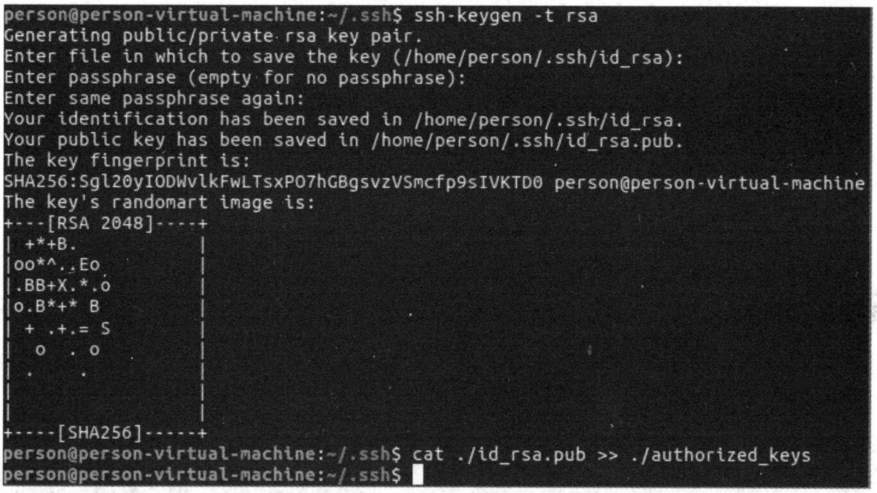

图 3-57　生成密钥并授权

(3) 输入命令 ssh localhost，验证登录本机。此时不再需要输入密码，就可以直接登录了，登录结果如图 3-58 所示。

图 3-58　SSH 免密码登录

3.3.3　Hadoop 的安装和配置

安装和配置 Hadoop 的步骤如下：

(1) 在/usr/local 目录下新建一个文件夹 hadoop 用于安装 hadoop。在 home/soft 目录下，把本书提供的 hadoop-2.7.1.tar.gz 文件拷贝过来。然后在 soft 目录下空白处点击右键，在弹出的窗口中点击“在终端打开”，打开命令行控制台。在控制台中输入命令 sudo mkdir /usr/local/hadoop，按回车键，如有需要则输入密码，然后可以看到在/usr/local 目录下有一个 hadoop 文件夹。具体操作如图 3-59 所示。

笔记

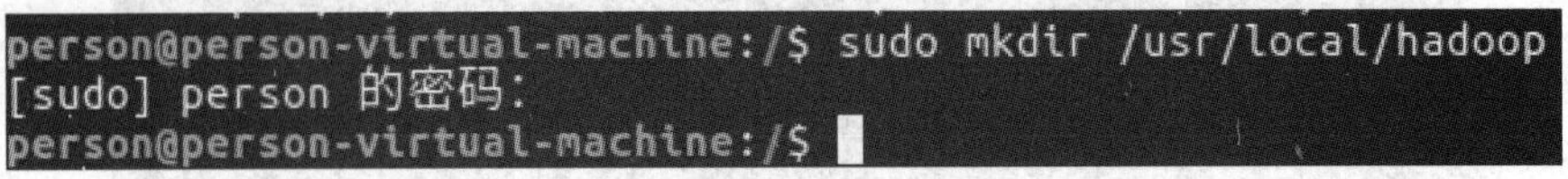
person@person-virtual-machine:/$ sudo mkdir /usr/local/hadoop
[sudo] person 的密码:
person@person-virtual-machine:/$

图 3-59 创建 Hadoop 文件夹

(2) 把 hadoop-2.7.1.tar.gz 文件解压到/usr/local/hadoop 文件夹下。输入命令 cd home/person/soft，切换到 soft 目录下。然后输入命令 sudo tar -zxvf hadoop-2.7.1.tar.gz -C /usr/local/hadoop。具体操作如图 3-60 所示。

person@person-virtual-machine:/$ cd home/person/soft
person@person-virtual-machine:~/soft$
person@person-virtual-machine:~/soft$ sudo tar -zxvf hadoop-2.7.1.tar.gz -C /usr
/local/hadoop

图 3-60 解压 Hadoop 安装文件到 Hadoop 文件夹下

(3) Hadoop 解压后即可使用。我们可以通过输入命令来检查 Hadoop 是否可以正常运行，输入命令 cd /usr/local/hadoop/hadoop-2.7.1，将目录切换到 hadoop-2.7.1 文件夹下面，然后输入命令./bin/hadoop version，如果运行正常，会显示 Hadoop 版本信息，具体操作如图 3-61 所示。

person@person-virtual-machine:~/soft$ cd /usr/local/hadoop/hadoop-2.7.1
person@person-virtual-machine:/usr/local/hadoop/hadoop-2.7.1$ ./bin/hadoop versi
on
Hadoop 2.7.1
Subversion https://git-wip-us.apache.org/repos/asf/hadoop.git -r 15ecc87ccf4a022
8f35af08fc56de536e6ce657a
Compiled by jenkins on 2015-06-29T06:04Z
Compiled with protoc 2.5.0
From source with checksum fc0a1a23fc1868e4d5ee7fa2b28a58a
This command was run using /usr/local/hadoop/hadoop-2.7.1/share/hadoop/common/ha
doop-common-2.7.1.jar
person@person-virtual-machine:/usr/local/hadoop/hadoop-2.7.1$

图 3-61 查看 Hadoop 版本信息

(4) 此时的 Hadoop 即可使用，默认为本地模式，无须进行其他配置。本地模式下 Hadoop 运行只有一个 Java 进程，本地模式 Hadoop 只能读取 Ubuntu 目录下的本地文件。下面进行 Hadoop 的伪分布式配置。伪分布式配置 Hadoop 进程运行包含多个 Java 进程，节点既作为 NameNode，也作为 DataNode，伪分布式配置 Hadoop 可以读取本地文件也可以读取 HDFS 文件。Hadoop 伪分布式配置需要修改两个配置文件 core-site.xml 和 hdfs-site.xml 。这两个配置文件位于/usr/local/hadoop-2.7.1 文件夹的 etc/hadoop/ 目录下。先在命令行输入命令 sudo gedit./etc/hadoop/ core-site.xml，修改 core-site.xml 文件。具体操作如图 3-62 所示。

person@person-virtual-machine:/usr/local/hadoop/hadoop-2.7.1$ sudo gedit ./etc/h
adoop/core-site.xml

图 3-62 编辑 core-site.xml 文件

(5) 在 core-site.xml 文件<configuration>标签下输入如下内容(见图 3-63)。输入完毕后点击“保存”，关闭文件。

笔记

```
<configuration>
    <property>
        <name>hadoop.tmp.dir</name>
        <value>file:/usr/local/hadoop//hadoop-2.7.1/tmp</value>
      <description>Abase for other temporary directories.</description>
    </property>
    <property>
        <name>fs.defaultFS</name>
        <value>hdfs://localhost:9000</value>
    </property>
</configuration>
```

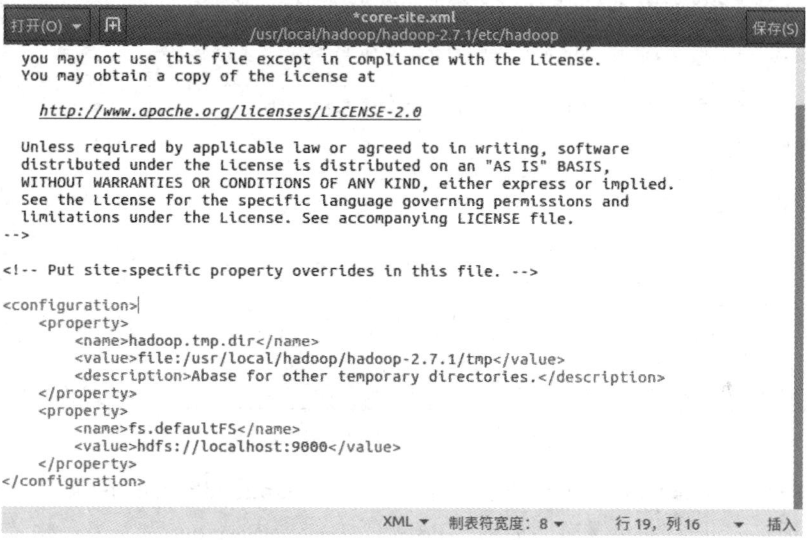

图 3-63　输入内容到 core-site.xml 文件

(6) 输入命令 gedit ./etc/hadoop/hdfs-site.xml，修改 hdfs-site.xml 文件。具体操作如图 3-64 所示。

图 3-64　编辑 hdfs-site.xml 文件

(7) 在 hdfs-site.xml 文件<configuration>标签下输入如下内容(见图 3-65)。输入完毕后点击“保存”，关闭文件。

```
<configuration>
    <property>
        <name>dfs.replication</name>
        <value>1</value>
    </property>
    <property>
```

笔记

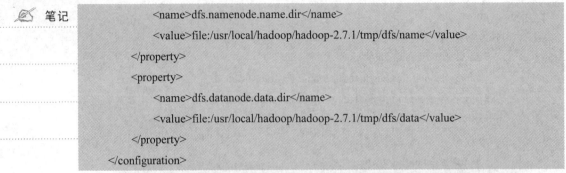

```
        <name>dfs.namenode.name.dir</name>
        <value>file:/usr/local/hadoop/hadoop-2.7.1/tmp/dfs/name</value>
    </property>
    <property>
        <name>dfs.datanode.data.dir</name>
        <value>file:/usr/local/hadoop/hadoop-2.7.1/tmp/dfs/data</value>
    </property>
</configuration>
```

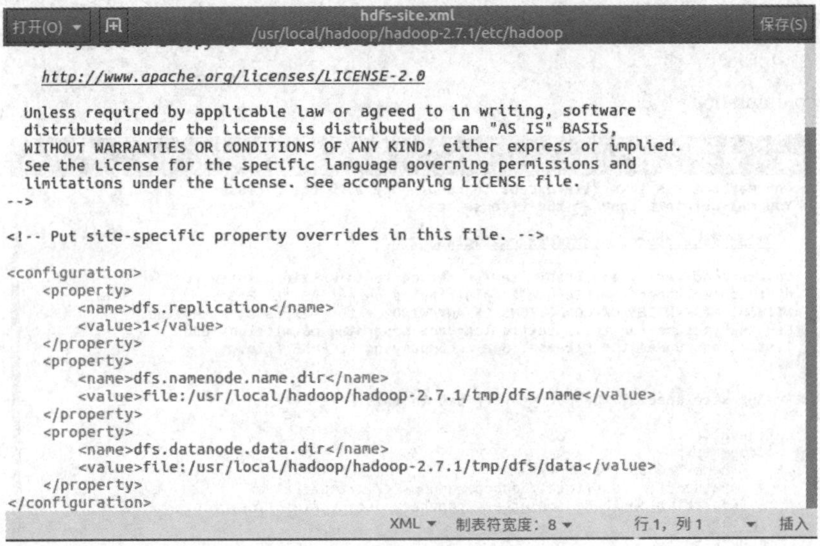

图 3-65　输入内容到 hdfs-site.xml 文件

(8) 执行 NameNode 的格式化，输入命令 sudo./bin/hdfs namenode -format。这时会出现格式化失败的报错。如图 3-66 所示，线框内 status 为 1 表示报错。这表示不能在 NameNode 目录新建文件，这是因为当前用户权限不够，同时在这里 sudo 也不起作用，需要给当前用户设置权限。

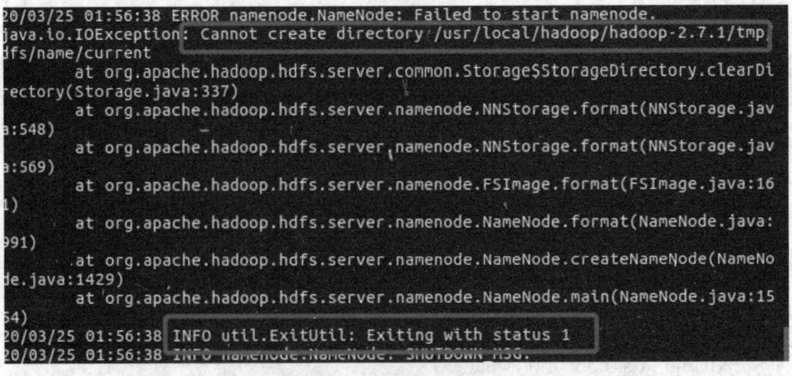

图 3-66　格式化 namenode 失败

(9) 输入命令 sudo su，切换当前用户为 root。然后输入命令 sudo chmod -R a+w /usr/local/hadoop/hadoop-2.7.1/来设置用户权限。之后输入命令 su person 切换回原

来的用户，再输入命令 ./bin/hdfs namenode -format。成功格式化 NameNode 后，下一次只需要直接输入命令 ./sbin/start-dfs.sh 启动 Hadoop，不需要再次格式化。具体操作如图 3-67 所示。

```
person@person-virtual-machine:/usr/local/hadoop/hadoop-2.7.1$ sudo su
root@person-virtual-machine:/usr/local/hadoop/hadoop-2.7.1# sudo chmod -R a+w /u
sr/local/hadoop/hadoop-2.7.1/
root@person-virtual-machine:/usr/local/hadoop/hadoop-2.7.1# su person
person@person-virtual-machine:/usr/local/hadoop/hadoop-2.7.1$ ./bin/hdfs namenod
e -format
```

图 3-67　设置用户权限并重新格式化

(10) 结果如图 3-68 所示，显示 status 为 0，则重新格式化成功。

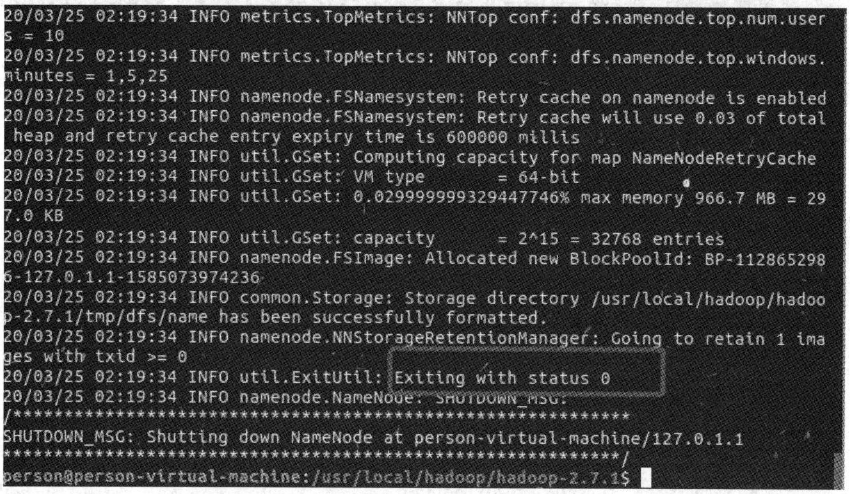

```
20/03/25 02:19:34 INFO metrics.TopMetrics: NNTop conf: dfs.namenode.top.num.user
s = 10
20/03/25 02:19:34 INFO metrics.TopMetrics: NNTop conf: dfs.namenode.top.windows.
minutes = 1,5,25
20/03/25 02:19:34 INFO namenode.FSNamesystem: Retry cache on namenode is enabled
20/03/25 02:19:34 INFO namenode.FSNamesystem: Retry cache will use 0.03 of total
 heap and retry cache entry expiry time is 600000 millis
20/03/25 02:19:34 INFO util.GSet: Computing capacity for map NameNodeRetryCache
20/03/25 02:19:34 INFO util.GSet: VM type       = 64-bit
20/03/25 02:19:34 INFO util.GSet: 0.029999999329447746% max memory 966.7 MB = 29
7.0 KB
20/03/25 02:19:34 INFO util.GSet: capacity      = 2^15 = 32768 entries
20/03/25 02:19:34 INFO namenode.FSImage: Allocated new BlockPoolId: BP-112865298
6-127.0.1.1-1585073974236
20/03/25 02:19:34 INFO common.Storage: Storage directory /usr/local/hadoop/hadoo
p-2.7.1/tmp/dfs/name has been successfully formatted.
20/03/25 02:19:34 INFO namenode.NNStorageRetentionManager: Going to retain 1 ima
ges with txid >= 0
20/03/25 02:19:34 INFO util.ExitUtil: Exiting with status 0
20/03/25 02:19:34 INFO namenode.NameNode: SHUTDOWN_MSG:
/************************************************************
SHUTDOWN_MSG: Shutting down NameNode at person-virtual-machine/127.0.1.1
************************************************************/
person@person-virtual-machine:/usr/local/hadoop/hadoop-2.7.1$
```

图 3-68　重新格式化 NameNode 成功

(11) 输入命令 sudo gedit ./etc/hadoop/hadoop-env.sh，打开 hadoop-env.sh 文件编辑 JAVA_HOME，改为 jdk 所在路径：/usr/lib/java/jdk1.8.0_162。如果不做这一步，Hadoop 启动可能会报错。具体操作如图 3-69 和图 3-70 所示。

```
person@person-virtual-machine:/usr/local/hadoop/hadoop-2.7.1$ sudo gedit ./etc/h
adoop/hadoop-env.sh
```

图 3-69　打开 hadoop-env.sh

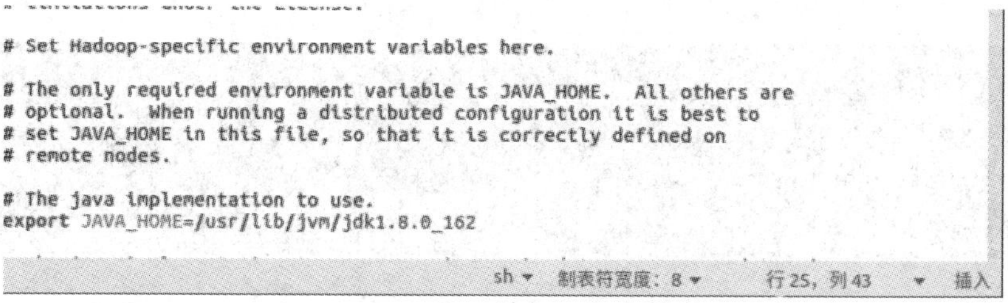

```
# Set Hadoop-specific environment variables here.

# The only required environment variable is JAVA_HOME.  All others are
# optional.  When running a distributed configuration it is best to
# set JAVA_HOME in this file, so that it is correctly defined on
# remote nodes.

# The java implementation to use.
export JAVA_HOME=/usr/lib/jvm/jdk1.8.0_162
```


图 3-70　编辑 JAVA_HOME

(12) 输入命令 ./sbin/start-dfs.sh，启动 HDFS，若启动成功，可以输入命令 jps，查看进程。结果如图 3-71 所示。

```
person@person-virtual-machine:/usr/local/hadoop/hadoop-2.7.1$ ./sbin/start-dfs.s
h
Starting namenodes on [localhost]
localhost: starting namenode, logging to /usr/local/hadoop/hadoop-2.7.1/logs/had
oop-person-namenode-person-virtual-machine.out
localhost: starting datanode, logging to /usr/local/hadoop/hadoop-2.7.1/logs/had
oop-person-datanode-person-virtual-machine.out
Starting secondary namenodes [0.0.0.0]
0.0.0.0: starting secondarynamenode, logging to /usr/local/hadoop/hadoop-2.7.1/l
ogs/hadoop-person-secondarynamenode-person-virtual-machine.out
person@person-virtual-machine:/usr/local/hadoop/hadoop-2.7.1$ jps
13393 DataNode
13272 NameNode
13706 Jps
13595 SecondaryNameNode
person@person-virtual-machine:/usr/local/hadoop/hadoop-2.7.1$
```

图 3-71 启动 Hadoop 命令

(13) 成功启动后，可以通过 Web 界面访问 Hadoop，网址为 http://localhost:50070，查看 NameNode、DataNode 和 HDFS 的信息。Web 界面如图 3-72 所示。

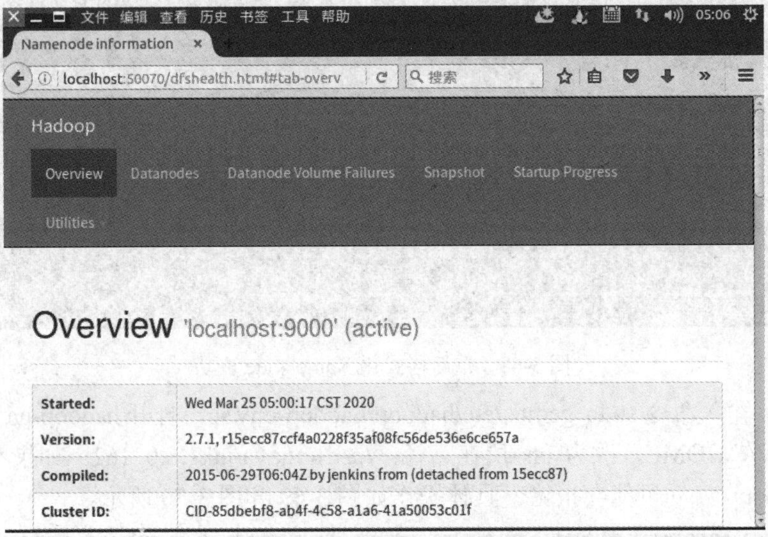

图 3-72 Hadoop 的 Web 端管理页面

(14) 如果要关闭 Hadoop，则输入命令 ./sbin/stop-dfs.sh。执行结果如图 3-73 所示。

```
person@person-virtual-machine:/usr/local/hadoop/hadoop-2.7.1$ ./sbin/stop-dfs.sh

Stopping namenodes on [localhost]
localhost: stopping namenode
localhost: stopping datanode
Stopping secondary namenodes [0.0.0.0]
0.0.0.0: stopping secondarynamenode
person@person-virtual-machine:/usr/local/hadoop/hadoop-2.7.1$
```

图 3-73 关闭 Hadoop 命令

(15) 配置环境变量，使得 Hadoop 相关命令能在任意目录运行。之前启动 Hadoop 都是先进到/usr/local/hadoop/hadoop-2.7.1 目录中，再输入./sbin/start-dfs.sh，这样不太方便，如果想要在任意目录输入 start-dfs.sh，就能开启 Hadoop 和执行

Hadoop 相关命令，就要把 Hadoop 加入环境变量。具体做法为：首先关闭 Hadoop，然后重新开启一个命令行终端，输入命令 sudo gedit ~/.bashrc，打开.bashrc 文件。具体操作如图 3-74 所示。

```
person@person-virtual-machine:~$ sudo gedit ~/.bashrc
[sudo] person 的密码:
```

图 3-74　编辑.bashrc 文件

(16) 在文件最后添加 export PATH=$PATH:/usr/local/hadoop/hadoop-2.7.1/sbin:/usr/local/hadoop/hadoop-2.7.1/bin，保存并关闭.bashrc 文件。具体操作如图 3-75 所示。

```
# colored GCC warnings and errors
#export GCC_COLORS='error=01;31:warning=01;35:note=01;36:caret=01;32:locus=01:quote=01'

# some more ls aliases
alias ll='ls -alF'
alias la='ls -A'
alias l='ls -CF'

# Add an "alert" alias for long running commands.  Use like so:
#   sleep 10; alert
alias alert='notify-send --urgency=low -i "$([ $? = 0 ] && echo terminal || echo error)" "$(history|tail -n1|sed -e '\''s/^\s*[0-9]\+\s*//;s/[;&|]\s*alert$//'\'')"'

# Alias definitions.
# You may want to put all your additions into a separate file like
# ~/.bash_aliases, instead of adding them here directly.
# See /usr/share/doc/bash-doc/examples in the bash-doc package.

if [ -f ~/.bash_aliases ]; then
    . ~/.bash_aliases
fi

# enable programmable completion features (you don't need to enable
# this, if it's already enabled in /etc/bash.bashrc and /etc/profile
# sources /etc/bash.bashrc).
if ! shopt -oq posix; then
  if [ -f /usr/share/bash-completion/bash_completion ]; then
    . /usr/share/bash-completion/bash_completion
  elif [ -f /etc/bash_completion ]; then
    . /etc/bash_completion
  fi
fi
export JAVA_HOME=/usr/local/java/jdk1.8.0_162
export JRE_HOME=${JAVA_HOME}/jre
export CLASSPATH=.:${JAVA_HOME}/lib:${JRE_HOME}/lib
export PATH=${JAVA_HOME}/bin:$PATH
export PATH=$PATH:/usr/local/hadoop/hadoop-2.7.1/sbin:/usr/local/hadoop/hadoop-2.7.1/bin
```

图 3-75　添加 hadoop 路径进入环境变量

(17) 输入命令 source ~/.bashrc，更新环境变量配置。这时输入命令 start-dfs.sh，Hadoop 集群就能够正常启动，启动结果如图 3-76 所示。后续就可以在任意目录运行 Hadoop 相关命令了。

```
person@person-virtual-machine:~$ source ~/.bashrc
person@person-virtual-machine:~$ start-dfs.sh
Starting namenodes on [localhost]
localhost: starting namenode, logging to /usr/local/hadoop/hadoop-2.7.1/logs/hadoop-person-namenode-person-virtual-machine.out
localhost: starting datanode, logging to /usr/local/hadoop/hadoop-2.7.1/logs/hadoop-person-datanode-person-virtual-machine.out
Starting secondary namenodes [0.0.0.0]
0.0.0.0: starting secondarynamenode, logging to /usr/local/hadoop/hadoop-2.7.1/logs/hadoop-person-secondarynamenode-person-virtual-machine.out
person@person-virtual-machine:~$
```

图 3-76　任意目录成功启动 Hadoop

任务 3-4　Hadoop 下的词频统计

任务描述：通过实施本任务，学生能够在 Hadoop 运行简单的数据处理任务，

笔记 为后续案例编程打下基础。

📖 知识准备

(1) HDFS 相关的创建文件夹命令、上传文件命令、查看目录命令、查看文件命令。表 3-2 列举了 HDFS 部分命令。

表 3-2 HDFS 部分命令

命令名称	命令格式
创建文件夹命令	fs-mkdir 文件夹名称
上传文件命令	fs -put 文件名上传的目录
查看目录命令	fs -ls -R 目录名称
查看文件命令	hadoop fs -cat 目录

(2) Hadoop 运行任务命令：

hadoop jar jar 包所在路径 类名 参数

📖 任务实施

本任务为 Hadoop 运行 wordcount 程序，对 HDFS 上的文件进行词频统计，任务步骤如下。

(1) 在 HDFS 新建 input 目录，并查看结果。输入命令 hadoop fs -mkdir /input，新建 input 目录，然后输入命令 hadoop fs -ls -R /，查看 input 目录是否创建完毕。具体操作如图 3-77 所示。

```
person@person-virtual-machine:~$ hadoop fs -mkdir /input
person@person-virtual-machine:~$ hadoop fs -ls -R /
drwxr-xr-x   - person supergroup          0 2020-03-25 23:01 /input
person@person-virtual-machine:~$
```

图 3-77 在 HDFS 创建 input 目录

(2) 上传 xml 文件到 HDFS 的 input 目录下。输入命令 hadoop fs -put /usr/local/hadoop/hadoop-2.7.1/etc/hadoop/*.xml /input，再把/etc/hadoop 目录下所有的 xml 文件都上传到 input 目录下，最后输入命令 hadoop fs -ls -R /input，查看 input 目录下是否有 xml 文件。具体操作如图 3-78 所示。

```
person@person-virtual-machine:~$ hadoop fs -put /usr/local/hadoop/hadoop-2.7.1/e
tc/hadoop/*.xml /input
person@person-virtual-machine:~$ ^C
person@person-virtual-machine:~$ hadoop fs -ls -R /input
-rw-r--r--   1 person supergroup       4436 2020-03-25 23:06 /input/capacity-sch
eduler.xml
-rw-r--r--   1 person supergroup       1089 2020-03-25 23:06 /input/core-site.xm
l
-rw-r--r--   1 person supergroup       9683 2020-03-25 23:06 /input/hadoop-polic
y.xml
-rw-r--r--   1 person supergroup       1159 2020-03-25 23:06 /input/hdfs-site.xm
l
-rw-r--r--   1 person supergroup        620 2020-03-25 23:06 /input/httpfs-site.
xml
-rw-r--r--   1 person supergroup       3518 2020-03-25 23:06 /input/kms-acls.xml
-rw-r--r--   1 person supergroup       5511 2020-03-25 23:06 /input/kms-site.xml
-rw-r--r--   1 person supergroup        690 2020-03-25 23:06 /input/yarn-site.xm
l
person@person-virtual-machine:~$
```

图 3-78 上传 xml 文件到 input 目录

笔记

(3) 运行 Hadoop 自带的词频统计代码，对 input 目录下所有 xml 文件进行词频统计。输入命令 hadoop jar　/usr/local/hadoop/hadoop-2.7.1/share/hadoop/ mapreduce/ hadoop-mapreduce-examples-2.7.1.jar wordcount /input /output。注意 output 目录不能存在，如果存在则必须事先删掉，否则会出现报错。具体操作如图 3-79 所示。

```
person@person-virtual-machine:~$ hadoop jar  /usr/local/hadoop/hadoop-2.7.1/shar
e/hadoop/mapreduce/hadoop-mapreduce-examples-2.7.1.jar wordcount /input /output
20/03/25 23:10:23 INFO Configuration.deprecation: session.id is deprecated. Inst
ead, use dfs.metrics.session-id
20/03/25 23:10:23 INFO jvm.JvmMetrics: Initializing JVM Metrics with processName
=JobTracker, sessionId=
20/03/25 23:10:24 INFO input.FileInputFormat: Total input paths to process : 8
20/03/25 23:10:24 INFO mapreduce.JobSubmitter: number of splits:8
20/03/25 23:10:24 INFO mapreduce.JobSubmitter: Submitting tokens for job: job_lo
cal1834564485_0001
20/03/25 23:10:24 INFO mapreduce.Job: The url to track the job: http://localhost
:8080/
20/03/25 23:10:24 INFO mapreduce.Job: Running job: job_local1834564485_0001
```

图 3-79　运行 wordcount 对 xml 文件词频统计

(4) 运行完毕后，输入命令 hadoop fs -ls -R /output，查看 output 目录下的文件。output 目录下有 2 个文件_SUCCESS 和 part-r-00000，_SUCCESS 表示程序运行状态是成功的。part-r-00000 是具体的词频统计结果。具体操作如图 3-80 所示。

```
person@person-virtual-machine:~$ hadoop fs -ls -R /output
-rw-r--r--   1 person supergroup          0 2020-03-25 23:10 /output/_SUCCESS
-rw-r--r--   1 person supergroup      10445 2020-03-25 23:10 /output/part-r-0000
0
person@person-virtual-machine:~$
```

图 3-80　查看 output 目录下的文件

(5) 输入命令 hadoop fs -cat /output/part-r-00000，查看 part-r-00000 文件里面具体的词频统计结果。具体操作如图 3-81 所示。

```
person@person-virtual-machine:~$ hadoop fs -cat /output/part-r-00000
"*"     18
"AS     8
"License");     8
"alice,bob      18
&quot;kerberos&quot;.    1
&quot;simple&quot;       1
'HTTP/' 1
'none'  1
'random'        1
'sasl'  1
'string'        1
'zookeeper'     2
'zookeeper'.    1
(ASF)   1
(Kerberos).     1
(default),      1
(root   1
(specified      1
(the.   8
-->     21
```

图 3-81　查看词频统计结果

能力拓展

有能力的读者可以试着利用三台虚拟机搭建一个完全分布式 Hadoop 集群，集

笔记

群包括三个节点，一个 NameNode，两个 DataNode。

小　结

本项目指导读者从零开始，一步步完成 Hadoop 单机伪分布式开发环境的搭建，并完成一个数据处理的简单任务。通过环境搭建使读者了解 Hadoop 大数据集群的三种工作方式(单机式，伪分布式，完全分布式)和其运行原理。为后续大数据导论相关知识的学习打下基础。

课后习题

1. Hadoop 单机式、伪分布式、完全分布式开发环境的差别是什么？

2. Hadoop 伪分布式环境为什么要设置免密码登录？

3. Hadoop 伪分布式 core-site.xml 需要配置哪些属性，每个属性的作用是什么?

4. Hadoop 伪分布式 hdfs-site.xml 需要配置哪些属性，每个属性的作用是什么?

5. 使用 HDFS 命令进行如下操作：在 HDFS 上创建一个文件夹 test，本地上传一个文件到 test 目录下，浏览该文件的内容。

项目四　数据采集与预处理

项目概述

本项目首先介绍常见的大数据采集方式，使读者了解大数据采集与传统数据采集的区别。随着大数据时代的到来，人们对网络数据采集得越来越多。个人或企业可以通过编程的方式，去特定网站上爬取自己所需要的海量数据信息。本项目将使用 Python 编程语言实现网络爬虫数据采集，展现如何从网站爬取海量原始数据，并进行数据预处理。

项目背景(需求)

广州某房产公司需要对当前二手房房价进行分析，首先需要进行二手房房价数据采集，收集的数据包括房子所在的区域，房子所在的子区域，房子所在的小区，房子的单价，房子的总价，房子的描述，房子是否满 5 年/满 2 年。这里的数据采集是指从链家网上爬取当前的二手房房价数据，并按要求进行数据预处理。

本项目需要用到如表 4-1 所示的软件。

表 4-1　数据采集与预处理相关软件

软件名称	软件示例
Python3.7.4	python-3.7.4-amd64.exe
Pycharm2019.3.3	pycharm-professional-2019.3.3.exe

项目演示(体验)

(1) 项目运行结果如图 4-1 所示。

图 4-1　项目运行结果

笔记

(2) 在 csv 文件中保存爬取的数据，如图 4-2 所示。

<table>
<tr><th>address</th><th>area</th><th>description</th><th>unitprice</th><th>totalprice</th><th>year</th></tr>
<tr><td>华景新城雅景园</td><td>华景新城</td><td>3室2厅 | 96.78平米 | 西北 | 简装 | 低楼层(共9层) | 2000年建 | 塔楼</td><td>单价47531</td><td>460</td><td>房本满五年</td></tr>
<tr><td>美林海岸花园</td><td>员村</td><td>2室1厅 | 73.06平米 | 东南 | 简装 | 18层 | 2003年建 | 塔楼</td><td>单价51328</td><td>375</td><td>房本满五年</td></tr>
<tr><td>南兴花园(天河区)</td><td>天河客运站</td><td>3室2厅 | 83.06平米 | 南 北 | 简装 | 低楼层(共12层) | 2004年建 | 塔楼</td><td>单价31664</td><td>263</td><td>房本满五年</td></tr>
<tr><td>时代新世界</td><td>燕塘</td><td>2室1厅 | 98.43平米 | 东南 | 精装 | 低楼层(共31层) | 塔楼</td><td>单价25399</td><td>250</td><td>房本满五年</td></tr>
<tr><td>阳光假日园</td><td>棠下</td><td>2室1厅 | 77.69平米 | 北 | 精装 | 低楼层(共18层) | 2009年建 | 塔楼</td><td>单价44408</td><td>345</td><td>房本满五年</td></tr>
<tr><td>金庭轩</td><td>东圃</td><td>2室2厅 | 62.5平米 | 南 | 简装 | 高楼层(共9层) | 1994年建 | 塔楼</td><td>单价32480</td><td>203</td><td>未知</td></tr>
<tr><td>城市假日园</td><td>东圃</td><td>3室2厅 | 94.51平米 | 东北 | 简装 | 低楼层(共18层) | 2005年建 | 塔楼</td><td>单价45498</td><td>430</td><td>房本满五年</td></tr>
<tr><td>光华大厦</td><td>体育中心</td><td>2室2厅 | 98.06平米 | 南 北 | 精装 | 中楼层(共26层) | 2000年建 | 塔楼</td><td>单价45891</td><td>450</td><td>房本满两年</td></tr>
<tr><td>瑞心苑</td><td>燕塘</td><td>3室2厅 | 109.04平米 | 西南 | 精装 | 高楼层(共15层) | 2000年建 | 塔楼</td><td>单价48423</td><td>528</td><td>房本满五年</td></tr>
<tr><td>金碧翡翠华庭</td><td>天润路</td><td>2室2厅 | 84.54平米 | 南 | 精装 | 低楼层(共31层) | 2007年建 | 塔楼</td><td>单价66833</td><td>565</td><td>未知</td></tr>
<tr><td>中海康城</td><td>黄村</td><td>2室1厅 | 76平米 | 南 | 精装 | 高楼层(共21层) | 2002年建 | 塔楼</td><td>单价43422</td><td>330</td><td>房本满两年</td></tr>
<tr><td>万科云城米酷</td><td>智慧城</td><td>1室1厅 | 36平米 | 北 | 精装 | 高楼层(共12层) | 2017年建 | 塔楼</td><td>单价29445</td><td>106</td><td>未知</td></tr>
<tr><td>金坤花园</td><td>粤垦</td><td>2室2厅 | 74.27平米 | 南 | 简装 | 低楼层(共9层) | 1998年建 | 塔楼</td><td>单价35008</td><td>260</td><td>房本满五年</td></tr>
<tr><td>保利心语花园</td><td>珠江新城中</td><td>3室2厅 | 110.44平米 | 北 | 精装 | 高楼层(共32层) | 2008年建 | 塔楼</td><td>单价84209</td><td>930</td><td>房本满五年</td></tr>
<tr><td>六运小区</td><td>天河南</td><td>2室1厅 | 64.5平米 | 东北 | 精装 | 中楼层(共9层) | 1993年建 | 塔楼</td><td>单价51163</td><td>330</td><td>房本满五年</td></tr>
<tr><td>旭景家园</td><td>东圃</td><td>3室2厅 | 85.43平米 | 南 北 | 精装 | 中楼层(共14层) | 2002年建 | 塔楼</td><td>单价40384</td><td>345</td><td>房本满两年</td></tr>
<tr><td>马赛国际公寓</td><td>珠江新城东</td><td>2室2厅 | 77.24平米 | 东 | 精装 | 高楼层(共33层) | 2006年建 | 塔楼</td><td>单价46867</td><td>362</td><td>房本满五年</td></tr>
<tr><td>六运小区</td><td>天河南</td><td>2室2厅 | 63.5平米 | 西北 | 精装 | 中楼层(共9层) | 1993年建 | 塔楼</td><td>单价54331</td><td>345</td><td>房本满五年</td></tr>
<tr><td>华景新城泽晖苑</td><td>华景新城</td><td>2室2厅 | 82.56平米 | 西南 西北 | 简装 | 高楼层(共9层) | 1999年建 | 塔楼</td><td>单价49177</td><td>406</td><td>房本满两年</td></tr>
<tr><td>金润大厦</td><td>天润路</td><td>1室1厅 | 47.23平米 | 北 | 简装 | 高楼层(共31层) | 塔楼</td><td>单价61402</td><td>290</td><td>房本满五年</td></tr>
<tr><td>马赛国际公寓</td><td>珠江新城东</td><td>1室0厅 | 46.31平米 | 东 | 精装 | 低楼层(共33层) | 2006年建 | 塔楼</td><td>单价39949</td><td>185</td><td>房本满两年</td></tr>
<tr><td>天河北苑</td><td>沙太南</td><td>3室2厅 | 78.27平米 | 东南 | 精装 | 中楼层(共9层) | 1998年建 | 塔楼</td><td>单价26192</td><td>205</td><td>未知</td></tr>
<tr><td>华文学院</td><td>燕塘</td><td>2室1厅 | 80.02平米 | 西北 | 精装 | 低楼层(共9层) | 1999年建 | 塔楼</td><td>单价28743</td><td>230</td><td>房本满五年</td></tr>
<tr><td>翠湖山庄</td><td>天河公园</td><td>2室1厅 | 73平米 | 东南 | 简装 | 高楼层(共26层) | 1999年建 | 塔楼</td><td>单价47946</td><td>350</td><td>房本满五年</td></tr>
<tr><td>叠翠台</td><td>天河公园</td><td>2室2厅 | 74平米 | 北 | 精装 | 中楼层(共22层) | 2004年建 | 塔楼</td><td>单价55406</td><td>410</td><td>房本满两年</td></tr>
<tr><td>东方新世界熹园</td><td>天河公园</td><td>2室2厅 | 82.29平米 | 西 | 精装 | 中楼层(共30层) | 2011年建 | 塔楼</td><td>单价76559</td><td>630</td><td>房本满五年</td></tr>
<tr><td>汇峰苑</td><td>珠江新城中</td><td>1室1厅 | 44.93平米 | 东 | 精装 | 中楼层(共43层) | 2008年建 | 塔楼</td><td>单价77899</td><td>350</td><td>房本满五年</td></tr>
<tr><td>理想蓝堡国际花园</td><td>天河公园</td><td>3室2厅 | 111平米 | 西南 | 精装 | 高楼层(共29层) | 2004年建 | 塔楼</td><td>单价66217</td><td>735</td><td>房本满五年</td></tr>
<tr><td>帝景苑</td><td>龙口西</td><td>3室2厅 | 112平米 | 西南 | 精装 | 低楼层(共32层) | 2000年建 | 塔楼</td><td>单价59643</td><td>668</td><td>房本满五年</td></tr>
<tr><td>[illegible]</td><td>[illegible]</td><td>[illegible]</td><td>[illegible]</td><td>[illegible]</td><td>[illegible]</td></tr>
</table>

图 4-2 csv 文件中爬取的数据

思维导图

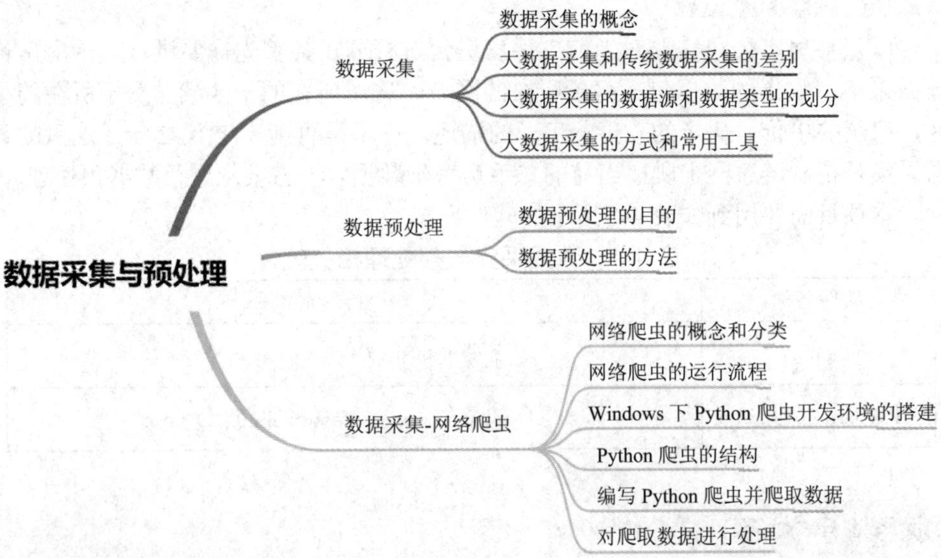

思政聚焦

爬取数据本身并不违法，但爬取后的信息使用存在着隐私侵权、数据滥用等风险，特别是在数据的授权、来源及用途十分不透明的情况下。因此我们要合理、合法、合规地爬取数据，利用爬虫技术获取公民个人信息时，应该严格遵守相关

笔记

法律、行政法规、部门规章的规定，否则极易落入“非法获取”公民个人信息的法律风险范畴。严格禁止通过技术手段绕过服务器进行限制访问，或破解被爬网站为保护数据而采取的加密算法及技术保护措施，对受保护的计算机信息系统中的网站信息数据进行爬取。若被爬网站设定了禁止获取数据信息的措施，则爬虫企业应避免通过伪造实名认证或窃取账号密码、内部权限的形式获取数据。爬取国家事务网站的信息时应当尤为审慎，特别是在网站已采取相关反爬措施的情况下，不得恶意突破防护措施而非法爬取数据，导致违法犯罪。

本项目主要内容

本项目学习内容包括：

(1) 大数据采集和传统数据采集的差别；

(2) 大数据采集的方式和常用工具；

(3) Windows 系统下 Python 的安装和环境变量的设置；

(4) 利用 Python 编写爬虫程序从网站爬取数据，并进行数据采集。

教学大纲

能力目标

◎ 掌握 Windows 系统下 Python 的安装和环境变量的设置；

◎ 能够利用 Python 编写爬虫程序爬取数据。

知识目标

◎ 了解数据采集的概念；

◎ 了解大数据采集和传统数据采集的差别；

◎ 了解大数据采集数据源和数据类型的划分；

◎ 了解大数据采集的方式和常用工具。

学习重点

◎ Windows 系统下 Python 的安装和环境变量的设置；

◎ 利用 Python 编写爬虫程序爬取数据并进行预处理。

学习难点

◎ 利用 Python 编写爬虫程序爬取数据并进行预处理。

任务 4-1　数据采集初识

任务描述：通过实施本任务，学生能够了解数据采集的基本知识。

知识准备

(1) 大数据采集和传统数据采集的区别。

(2) 大数据采集的数据源和数据类型。

(3) 大数据采集的方式。

笔记

(4) 大数据采集工具。

(5) 数据预处理的方式。

📖 任务实施

4.1.1 传统数据采集和大数据采集

大数据时代，数据更具有价值，因此数据被称为“软黄金”。大数据分析处理中，数据是源头，没有数据也就没有后续过程了。如何保质保量地完成数据采集工作，是十分重要的。数据采集又称数据获取，是指从真实世界中获取原始数据的过程。数据的产生使我们对认识真实世界提升到了一个新高度。人类认识真实世界有定性和定量两个层次。定性是基础，可以归结为“是什么”；而定量是深化，可以归结为“怎么样”。人类认识真实世界初期都是从定性去认识。比如，问你觉得那个人身高怎么样？我们会首先定性回答那个人高或者矮。其次，我们要深化对这个人身高的了解，我们想知道他如果高，高到什么程度，如果矮，矮到什么程度？这时我们需要一个定量的数据去描述身高，如 170 厘米。这时候我们对这个人的身高就有了一个更深层的了解，有了一个具体的量化参数。

数据的产生伴随着生产经营活动。在社会初期，数据量非常少，且没有专门的数据存储工具，数据存储多用纸质记录。随着社会的发展，数据产生量逐渐增多，同时也产生了一定的数据存储和数据分析需求，需要用一个专门的工具把数据存储起来，并在需要时可以拿出来进行分析，这就产生了数据库。由于当时数据来源单一，一般为业务数据和行业数据，数据量比较小且数据结构固定，因此采集到的数据一般用关系数据库进行存储，如 MySQL、Oracle、SQLServer 等。

大数据时代，随着各种传感器和智能设备的应用，每分每秒都在产生数据，数据来源众多(比如 RFID 数据、传感器数据、用户行为数据、社交网络交互数据及移动互联网数据等)，数据采集的数据量剧增，并且产生了大量半结构化数据和非结构化数据。此时，单一数据库并不能满足存储需求，采集到的数据需要采用分布式数据库对数据进行存储。因此，我们需要在传统数据采集方式上进行改变，构建大数据采集方式。

大数据采集和传统数据采集的区别如表 4-2 所示。

表 4-2 大数据采集和传统数据采集的区别

传统数据采集	大数据采集
数据来源单一，数据量较小	数据来源众多，数据量巨大
数据结构固定、单一	数据结构多样，存在大量非结构化数据和半结构化数据
数据一般采用单节点部署关系数据库存储	数据采用分布式数据库存储

我们对数据源和数据类型进行重新划分，针对不同的数据源，采用不同的采

集技术进行数据采集。大数据采集的数据来源众多，总体可以分为如表 4-3 所示的四大类。

表 4-3　大数据采集的数据来源

数据来源	描　述
企业系统	客户关系管理系统、企业生产计划系统、物料管理系统、库存系统、销售系统等
机器系统	智能仪器仪表、智能传感器、智能生产设备、视频监控系统等
互联网系统	电商系统、互联网金融系统、政府门户网站、新闻网站等
社交系统	微信、QQ、微博、MSN 门户网站等

在企业系统中我们主要采集业务数据。业务数据牵涉企业的核心利益，一般具有隐私性，需要企业授权才能进行数据采集。在机器系统中主要采集行业数据和线下行为数据。行业数据是通过智能仪器仪表和智能传感器获取的。例如通过公路卡口设备获取车流量数据、通过智能电表获取用电量、通过智能传感器获取温湿度指标等。线下行为数据是通过各类监控设备获取的人和物的位置和轨迹信息。例如，通过基站信号获取当前用户的位置信息，通过摄像头实时跟踪获取用户的运动轨迹。在互联网系统中主要采集业务数据和用户线上行为数据，如店铺各种商品的销量信息、用户的反馈和评价信息、用户购买的产品和品牌信息等。在社交系统中主要采集用户信息数据和用户的线上行为数据，如 QQ、微信、博客、照片和社交评论等信息。

表 4-4 详细列举了业务数据、行业数据、线上行为数据和线下行为数据的具体内容。

表 4-4　大数据采集的数据类型

数据类型	列举的具体内容
业务数据	消费者数据、客户关系数据、库存数据、账目数据等
行业数据	车流量数据、能耗数据、PM2.5 数据等
线上行为数据	页面数据、交互数据、表单数据、会话数据、反馈数据、用户操作日志等
线下行为数据	车辆位置和轨迹、用户位置和轨迹、动物位置和轨迹等

对于数据存储问题，由于大数据采集的数据类型包含结构化数据、非结构化数据和半结构化数据，因此，采集到的数据不仅需要利用关系数据库来存储，也需要利用 Redis、MongoDB 和 HBase 等非结构化数据库来存储。当然，我们还可以采用 NewSQL 数据库来存储，比如微软公司的 SQL Azure。NewSQL 数据库是一种新型数据库，它既能存储结构化数据，又能存储非结构化数据和半结构化数据。

笔记

4.1.2 大数据采集方式

对于不同类型的数据，采集方式是不同的。下面介绍四种主流的大数据采集方式。

1. 业务数据采集

企业每时每刻都会产生业务数据。业务数据采集根据数据处理分析的实时性要求，可以分为实时采集和离线采集。实时采集要求非常高的实时性，一般需要利用 Kafka 等实时数据采集工具。采集的数据经过实时提取、清洗、转换处理后，有价值的数据被保存在数据库中，无价值的数据则被丢弃。离线采集的实时性要求不高，对应于传统数据仓库的数据采集方式，数据定时经过离线批量提取、清洗、转换操作，进入数据库保存。离线采集的流程如图 4-3 所示。业务数据对于企业来说非常重要，在业务数据采集过程中，若企业方允许，我们可以直接连接企业业务后台数据库采集数据，但是我们一般不采取这种方式，因为在进行数据采集的同时会加重企业业务数据库的负担，影响数据库的吞吐性能。若企业数据的隐私性较高，不允许外界直接连接企业业务后台数据库，则我们可以通过企业开放的特定数据采集接口或企业认可的第三方数据采集接口采集业务数据，这样既保证了企业数据隐私，又不会给业务数据库造成额外负担。目前，业务数据采集大多采用离线采集方式。

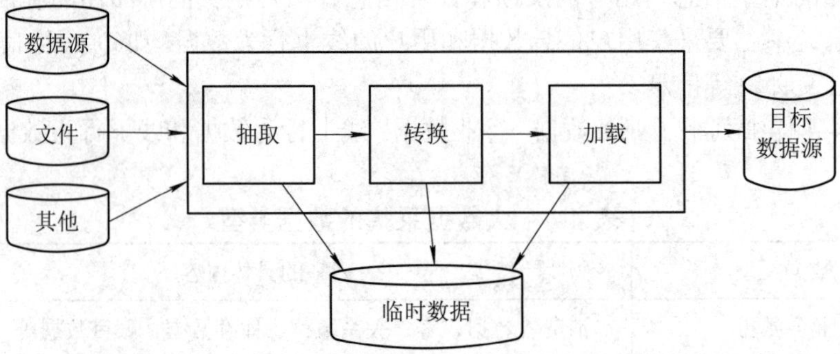

图 4-3 离线采集的流程

2. 日志数据采集

随着信息化浪潮的不断推进，越来越多的企业构建自己的互联网业务平台，这些平台每天都会产生大量的日志数据，比如系统运行自身产生的日志数据、外界访问产生的日志数据等。对于这些日志数据，我们可以把它们收集起来进行数据分析处理，挖掘日志数据中的潜在价值，为公司决策和公司后台服务器平台性能评估提供可靠的数据保证。根据日志数据处理的实时性要求，日志数据采集也分为实时采集和离线采集。目前常用的开源日志采集工具有 Flume、Scribe 等。基于 Flume 日志的采集流程如图 4-4 所示。其中，需要实时处理的日志经过 Kafka 处理后采用 Storm、Spark Streaming 等流计算框架进行处理；需要离线处理的日志先存储在 HDFS 或数据库中，定时由 Spark、MapReduce 进行批处理。

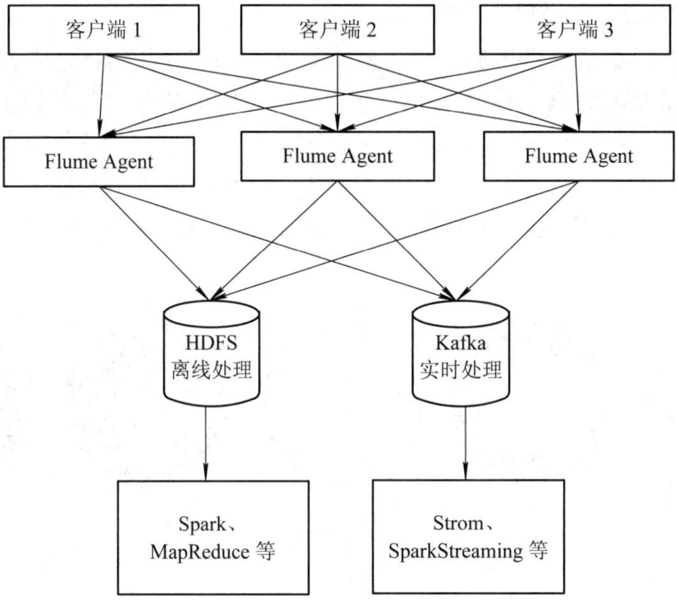

图 4-4　基于 Flume 日志的采集流程

3. 网络数据采集

网络数据采集是指通过网络爬虫和一些网站平台如 Twitter、新浪微博等提供的公共 API(如 Twitter)方式从网站上获取数据。通过网络爬虫和公共 API 可以将网页中的非结构化数据和半结构化数据提取出来，并将其进行提取、清洗、转换处理，形成结构化的数据，存储在本地数据存储系统中。目前常用的网页爬虫框架有 Apache Nutch、Crawler4j、Scrapy 等。网络数据采集流程如图 4-5 所示。

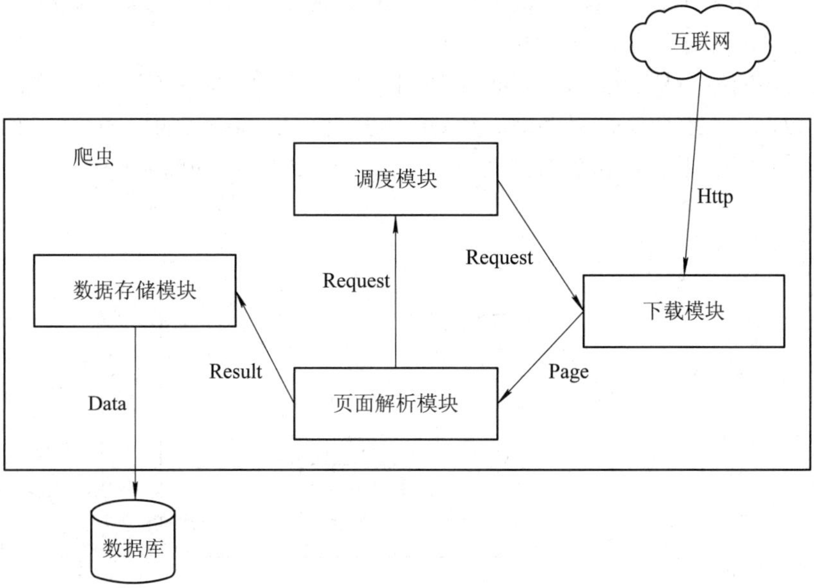

图 4-5　网络数据采集流程

笔记

4. 感知设备数据采集

感知设备数据采集是指通过传感器、摄像头和其他智能终端自动采集信号、图片或录像来获取数据。在物联网盛行的今天，大量的各种各样的传感器存在于我们的日常生活中，每时每刻都采集并传输大量监测数据。感知设备数据采集的应用案例有对地面车流量数据自动采集、停车场停车位数据自动采集、地震仪数据采集、PM2.5 数据采集、气象站数据采集等。图 4-6 所示为一些比较常见的感知设备。

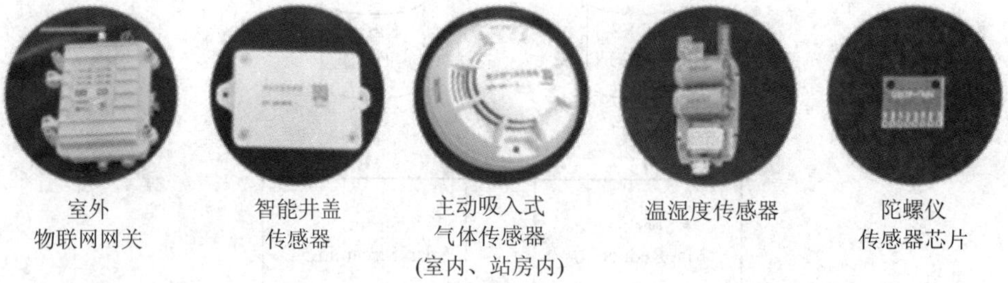

图 4-6　常见的感知设备

4.1.3　大数据采集工具

常见的大数据采集工具众多，这里我们介绍两种主流的数据采集工具 Flume 和 Kafka。

1. Flume

Flume 是 Apache 旗下的一款高度可用的、高度可靠的、分布式的海量日志采集、聚合和传输工具。Flume 最早由 Cloudera 提出，用于日志收集。Flume 基于 JRuby 构建，运行时需要依赖 Java 环境。

Flume 的核心是 Agent，Flume 就是由 1 个或多个 Agent 组成的。通过 Agent 可以把数据从源头收集到目的地。Agent 本身是一个 Java 进程，包含三个组件，分别是采集源、下沉地和数据传输通道。Agent 架构组成如图 4-7 所示。

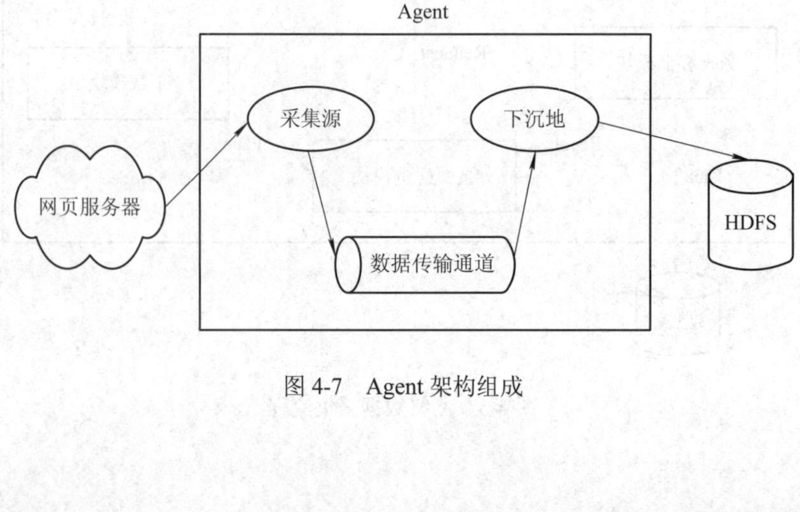

图 4-7　Agent 架构组成

笔记

图 4-7 中：

(1) 采集源。采集源又称为 Source，用于对接数据源，以获取数据。

(2) 下沉地。下沉地又称为 Sink，Sink 是采集数据的传送目的地，用于向下一级 Agent 传递数据或者向最终存储系统传递数据。

(3) 数据传输通道。数据传输通道又称为 Channel，是 Agent 内部的数据传输通道，用于将数据从 Source 传递到 Sink。

Flume 内部传输数据的最基本单元是 event。数据传输过程中，event 将传输的数据进行封装，然后带着数据从 Source 到 Channel 再到 Sink。event 本身是一个字节数组，也是事务的基本单位，由 3 部分组成，分别是 event headers、event body、event information。其中，event information 就是 Flume 收集到的日志数据。Flume 采集的数据能够以想要的文件格式及压缩方式存储在 HDFS 上，事务功能保证了数据在采集过程中不丢失，Source 保证了 Flume 重启后依旧能够继续在上一次采集点采集数据，实现数据零丢失。

Flume 的架构灵活多变，根据 Agent 的数量和连接方式，Flume 拥有不同的架构。

(1) 单 Agent 架构。单 Agent 架构如图 4-7 所示，从单一数据源采集数据后到达目的地只通过一个 Agent。

(2) 串联 Agent 架构。如图 4-8 所示，串联 Agent 架构由 2 个以上 Agent 串联组成数据采集通道。

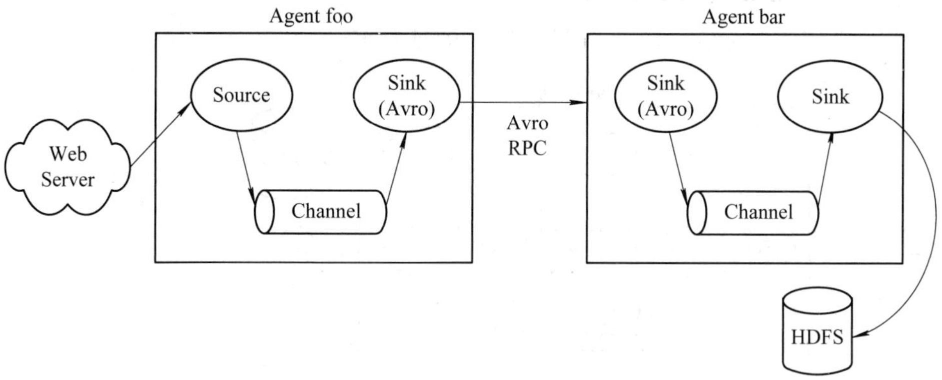

图 4-8 串联 Agent 架构

(3) 并联 Agent 架构。并联 Agent 架构是生产中使用最多的 Flume 架构。并联 Agent 架构是指对不同数据源同时使用多个 Agent 并行采集数据，多个 Agent 采集的数据最后汇总到一个 Agent 上进行合并，然后发往目的地保存。并联 Agent 架构如图 4-9 所示。

(4) 多 SinkAgent 架构。多 SinkAgent 架构也比较常见，如图 4-10 所示。多 SinkAgent 架构采集的数据存储在多个目的地。根据实际需求可以自行增加或减少 Sink 和 Agent 的数量。

笔记

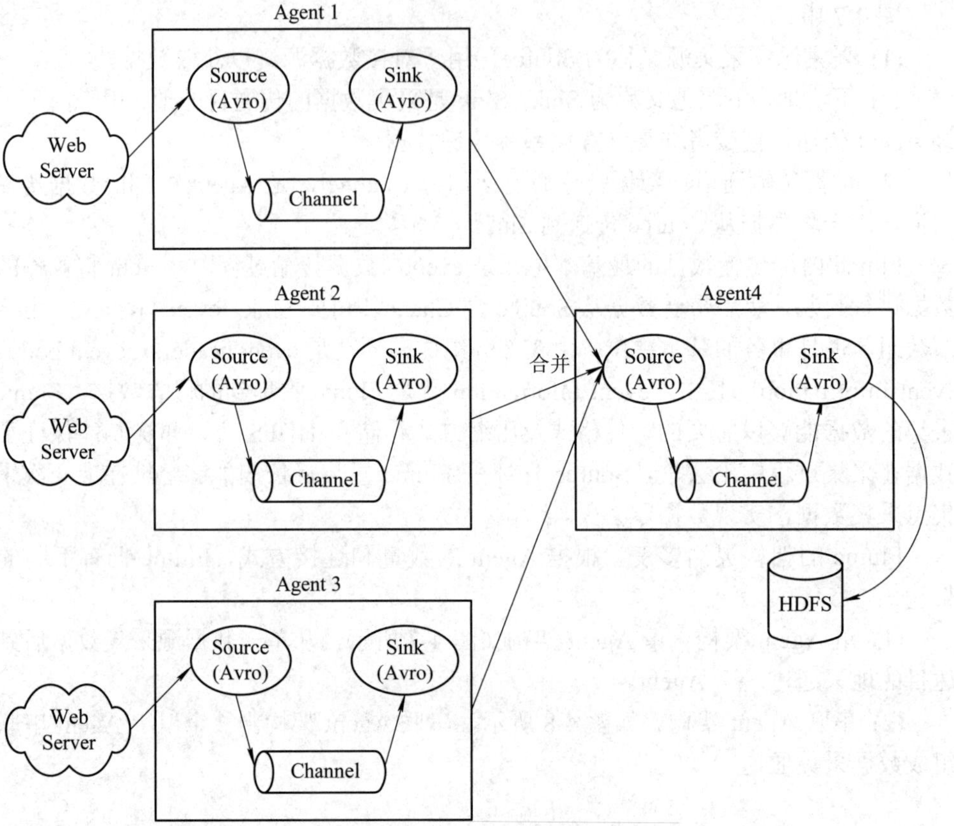

图 4-9　并联 Agent 架构

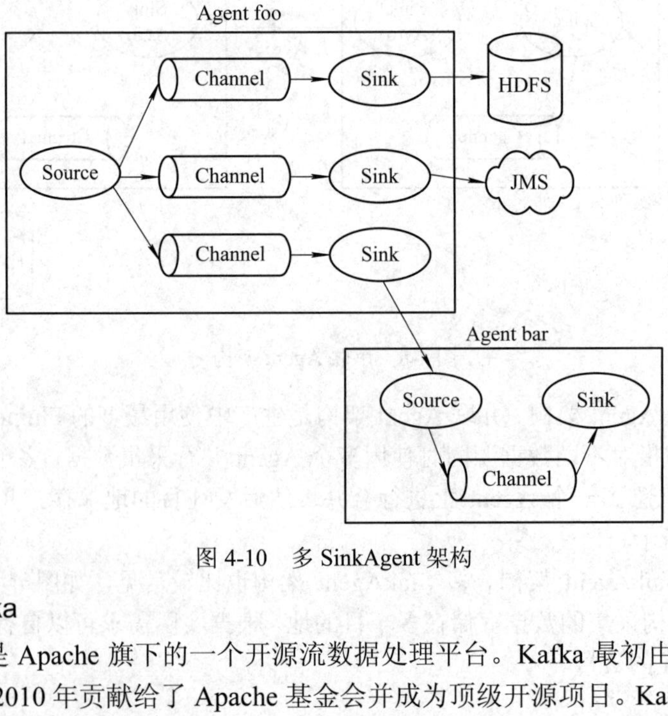

图 4-10　多 SinkAgent 架构

2. Kafka

Kafka 是 Apache 旗下的一个开源流数据处理平台。Kafka 最初由 LinkedIn 公司开发，于 2010 年贡献给了 Apache 基金会并成为顶级开源项目。Kafka 是一种具

笔记

有高性能、持久化、多副本备份、横向扩展能力的分布式发布订阅消息系统，Kafka内部是一个分布式消息队列，其运行基于生产者和消费者模式，生产者往队列里写消息，消费者从队列里取消息进行业务逻辑。Kafka 发布订阅系统架构如图 4-11 所示。

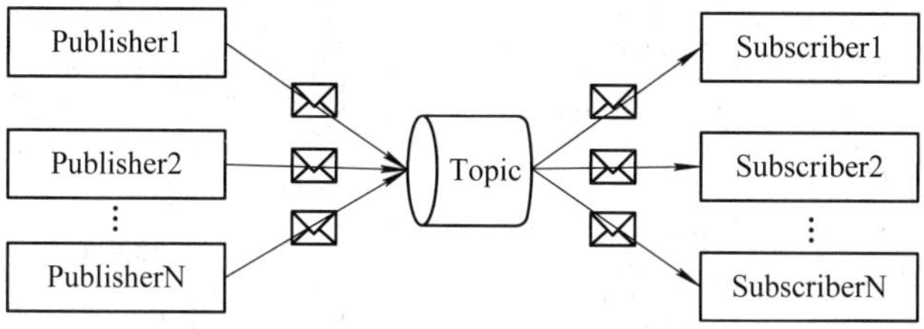

图 4-11　Kafka 发布订阅系统架构

Kafka 能够实时地处理大量数据以满足各种需求场景。比如，在日志收集方面，Kafka 可以收集各种服务的日志信息，然后以统一接口服务的方式开放给各种消费者，如 Hadoop、HBase、Solr 等。在采集用户线上行为数据方面，Kafka 被用来收集用户在 Web 和 App 端的各种活动信息，如浏览网页、搜索、点击等，这些信息被各个服务器发布到 Kafka 的 Topic 中，然后订阅者通过订阅这些 Topic 来做实时的监控分析，或发送到数据仓库中做离线分析和数据挖掘。Kafka 的高吞吐量、低延迟使得它每秒可以处理几十万条消息，同时延迟最高只有几毫秒，Kafka 往往还被用作 Spark Streaming 和 Storm 的实时流计算数据源。

下面介绍一下 Kafka 的相关概念，以便后续进行 Kafka 架构的讲解。

(1) 服务器节点。服务器节点称为 Broker。Kafka 集群包含一个或多个服务器节点。

(2) 消息主题。每条发布到 Kafka 集群的消息都有一个主题，这个主题被称为 Topic。物理上不同 Topic 分开存储，逻辑上 1 个 Topic 虽然保存于 1 个或多个 Broker 上，但用户只需指定消息的 Topic 即可生产或消费数据，而不必关心数据存于何处。

(3) 分区。1 个 Topic 中的数据会被分割为 1 个或多个分区(Partition)。每个 Topic 至少有 1 个 Partition。每个 Partition 可以在其他 Broker 节点上存副本，万一某个 Broker 节点宕机，不会影响这个 Kafka 集群。每个 Partition 都有一个 Leader 和多个 Follower 备份，当 Leader 的 Broker 挂掉的时候，集群会自动从 Follower 之间重新选取一个 Leader。

(4) 生产者。生产者(Producer)即数据的发布者，负责发布消息到 Kafka 的 Broker 中。

(5) 消费者。消费者(Consumer)即数据的接收者，负责从 Kafka 的 Broker 中读取数据。

(6) 消费者组。每个 Consumer 属于一个特定的消费者组(Consumer Group)。创建 Consumer 时可为每个 Consumer 指定组名，若不指定组名则该 Consumer 属于默认的组。

由于 Kafka 是一个分布式消息订阅系统，因此一般 Kafka 以集群方式部署。

笔记 一个典型的 Kafka 集群架构如图 4-12 所示。其中，old 代表生产者 producer 产生的历史数据，new 代表生产者 producer 当前时刻产生的新数据。

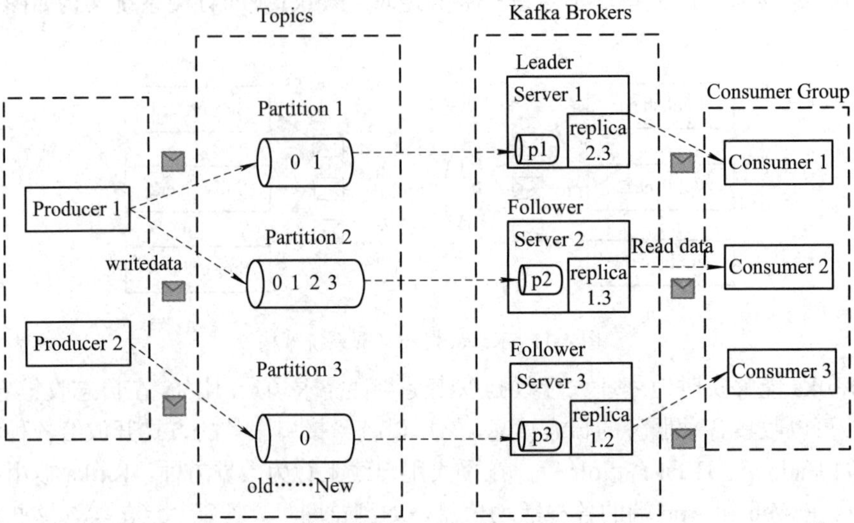

图 4-12 Kafka 集群架构

一般一个 Kafka 集群中包含多个 Producer、多个 Broker、多个 Consumer Group 以及一个 Zookeeper 集群。Zookeeper 负责对整个 Kafka 集群进行配置管理。

Kafka 的 Producer 工作原理如下：

(1) Producer 先从 Zookeeper 节点找到 Topic 下 Partition 的 Leader。

(2) Producer 将消息发送给该 Leader Partition。

(3) Leader Partition 将消息写入本地。

(4) Follower Partition 从 Leader 复制消息，写入本地 log 后向 Leader 发送确认字符(Acknowledge Character，ACK)。

(5) Leader Partition 收到所有 Follower Partition 的 ACK 后，向 Producer 发送 ACK。

Kafka 消费采用拉取模型，由消费者自己记录消费状态，每个消费者互相独立地读取每个分区的消息。同一个消费组的消费者不能同时消费同一个 Partition，不同消费组的消费者可以同时消费同一个 Partition。如图 4-13 所示，有两个消费者(不同消费者组)拉取同一个主题的消息，消费者 A 的消费进度(offset)是 9，消费者 B 的消费进度(offset)是 11。

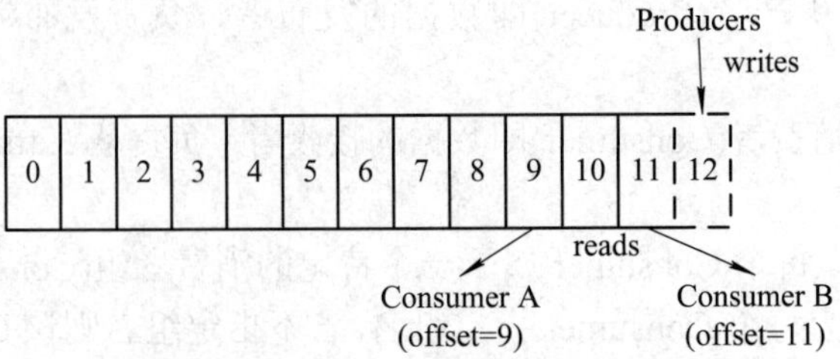

图 4-13 Kafka 消费模型

消费者拉取有最大上限，比如图 4-13 中消费者的消费进度就不能为 15，因为

15 的数据生产者还没有写进来。消费者可以随时重置到旧的偏移量，重新处理之前已经消费过的消息；或者直接跳到最近的位置，从当前的时刻开始消费。

Kafka 的消费者工作原理如下：

(1) 当消费者需要订阅 Topic 数据时，Kafka 集群会向消费者提供当前 Topic 的偏移，并保存在 Zookeeper 中。

(2) 消费者定期进行消费请求，如果生产者有消息发过来，则 Kafka 集群会马上发送给消费者。

(3) 消费者消费了消息之后，发送一个确认消息给 Kafka 集群，Kafka 会更新该消费者的偏移，并更新 Zookeeper。随后消费者进行下一个信息的消费。

4.1.4 数据预处理

从数据源采集的原始数据一般都是脏的。所谓“脏”，就是数据不正常，会影响后续数据存储和处理过程，甚至数据分析的准确性。常见的脏数据有数据缺失，数据值异常，数据格式不合要求等，这时就需要对原始数据进行数据预处理操作，保证数据采集的数据质量，以便后续步骤的顺利进行。

一般数据预处理主要分为以下四个方面：数据清洗，数据集成，数据转换，数据规约。

1. 数据清洗

数据清洗主要是指对缺失数据和异常值数据进行处理等。缺失数据就是数据值为空，比如爬取数据时，发现多个记录中的某一列为空，这就是缺失数据。对缺失数据最简单的处理方式是丢弃该条记录，但是如果缺失值较多，则丢弃数据量很大，这样的处理并不好。那么我们就必须填补缺失数据，填补缺失数据的关键问题在于用什么值去填补。这里介绍三种缺失数据的填补方式。

(1) 利用默认值填补缺失值。例如，自己定义一个缺省默认值 5000，若发现缺失数据，则用 5000 填补。

(2) 利用均值填补缺失值。例如，计算所有用户的月均消费额时，可利用均值填补。

(3) 利用最可能出现的值进行填补。这个就需要构建机器学习算法模型做预测，利用预测的值进行填补。

异常值数据就是处于非正常状态的数据值，比如某个人的年龄为负值，某个数据值超出平均值很多。这个时候需要我们对异常数据进行更改纠正，或者丢弃。

2. 数据集成

如果数据采集的源数据来自多个不同的数据源，这时就需要把采集的源数据合并在一起形成一个统一数据集合，放到一个数据库进行存储，这就是数据集成。在进行数据集成时可能会出现如下问题：

(1) 异名同义。异名同义是指两个数据源某个属性名字不一样，但所代表的实体一样。例如，一个数据库中客户编号用 custom_id 表示，另一个数据库中的客户编号用 custom_code 表示，虽然二者名字不一样，但是都表示同一个事物。

笔记

(2) 数据冗余。数据冗余是指数据之间的重复，即同一数据存储在不同数据文件中的现象。比如，同一属性在多个数据源中都有出现，数据集成合并时该属性会多次重复出现，实际只需要出现一次，此为数据冗余现象。还比如某些统计信息(平均值、最大值、最小值等)，可以根据具体值算出来的，不需要进行单独存储。

(3) 数据表示不一样。比如，各个数据源的字符编码不一样，有的用 GBK，有的用 UTF8。又如，重量的单位，有的用千克(kg)，有的用镑(lb)。

3. 数据转换

数据转换就是指将数据转化成适当的形式，以满足后续数据处理或数据分析的需要，比如数据的归一化处理、数据的平滑处理和连续属性值离散化处理等。数据转换多用于机器学习前期的数据处理。

4. 数据规约

如果数据采集的数据量非常大，则可以用数据规约来得到精准的数据集，它比原始数据集小得多，但仍然基本接近于原数据，数据分析结果与规约前的结果几乎相同。数据规约方式主要有数据降维、数据压缩等。

任务 4-2　互联网数据采集

任务描述：在几种数据采集方式中，互联网数据采集较为普遍，实施也相对简单。当我们做数据分析但缺少数据时，最方便的方式是编写一个爬虫程序从网上采集一些数据。通过实施本任务，学生可以了解爬虫的基本概念、爬虫代码的基本结构，能够编写一个爬虫程序对网页数据进行爬取，实现互联网数据采集。

知识准备

(1) 什么是爬虫？为什么要用爬虫？
(2) 爬虫的分类。

任务实施

4.2.1　爬虫

网络爬虫是一个模拟人类请求网站行为的程序或脚本。网络爬虫可以自动请求网页并使用一定规则把所需的有价值的数据抓取下来。网络爬虫的英文是 Web Spider，Web 是互联网，Spider 是蜘蛛，如果把互联网比喻成一个蜘蛛网，那么网络爬虫就是在网上爬来爬去的蜘蛛，如图 4-14 所示。网络爬虫的工作方式就是通过网页的链接地址，从网站某一个页面开始抓取网页数据，完毕后在网页中寻找下一个链接地址，然后通过下一个链接地址再寻找下一个网页，继续抓取数据，往复循环下去，直到该网站所有的网页数据都抓取完毕为止。

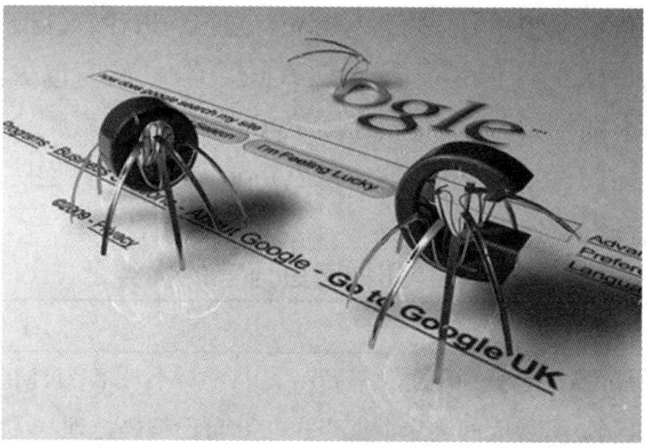

图 4-14　网络爬虫

那么，为什么会出现爬虫？爬虫给我们带来哪些好处？

在大数据时代里，数据是海量的，数据分析处理都是基于全量数据的，而非抽样数据。数据分析处理结果的准确性有很大一部分因素取决于数据量是否足够大，因此我们需要尽可能多的数据来进行数据分析。但是如此巨量的数据从哪里来呢？

我们知道，数据是具有隐私性的，在大数据时代，数据具有很高的价值，被称为“软黄金”，数据可以交易，而大量的数据往往掌握在少部分公司手中，他们不会轻易公开出来。我们只能用大量金钱去购买，很显然这样的成本是很高的，个人无法负担。如果我们自己采用某种方式从网络上把数据采集下来，这样就可以以极低的成本获取大量数据。

如何从网络上采集数据呢？假设要收集网上某个城市近三年的全部天气数据。数据以月为单位总共分为 $12 \times 3 = 36$ 页，每一页为一个月的数据(假设一个月 30 天就有 30 条数据)。对于这样的需求，最简单的数据采集方式就是人工去打开某城市的天气网站，找到需要的天气数据，然后一条条复制下来粘贴到 Excel 表格中保存。由于数据总共有 36 页，因此就要点击 36 次翻页按钮来切换网页。这是非常烦琐的。如果其中的原始数据有错误，还必须对数据进行纠正。这样数据采集速度慢，很容易出错，人力成本也高。何况这只是采集一个城市的数据，如果采集更多城市的数据，这种数据采集工作的重复性会非常高。对于如此高重复性的工作，我们可以把它交给计算机来做，这样既提升了数据采集效率，也节约了成本。我们可以编写一段程序，让程序来执行网上数据采集工作，同时对采集的数据进行初步处理，过滤异常数据，这就是网络爬虫的工作。利用网络爬虫技术只需要一台计算机和一条网线就能快速地把数据从网上采集下来。

网络爬虫的出现使得企业和个人能够低成本、快速地从网上爬取所需要的数据。但是对网络爬虫的评价，却众口不一，各执一词。我们要合法、合理、合规地使用网络爬虫，不能利用爬虫技术危害社会。

4.2.2　爬虫编程语言及爬虫分类

经过 4.2.1 节的学习，我们知道爬虫其实就是一段程序或一个脚本，用于爬取

笔记

网络数据。常用来编写爬虫的语言有 Python、Java、PHP、Go、R 等。至于 C/C++ 语言，运行速度是最快的，但是开发周期太长，学习难度也大，一般很少有人用来做爬虫，其多用于底层开发。本书选用 Python 语言编写爬虫案例，对于未接触过爬虫或者初入编程门槛的读者来说，用 Python 语言编写爬虫上手比较快。表 4-5 归纳了几种爬虫语言的优劣。

表 4-5 几种爬虫语言的优劣

语言	优 势	劣 势
Python	代码简便，容易上手，开发效率高，采用多线程机制，有现成的爬虫框架	对不规范 HTML 爬取能力差，需要自己编码处理
Java	爬虫生态圈很完善，采用多线程机制	过于笨重，代码量比较大，数据重构成本高
PHP	语法简单，功能模块齐全	无多线程机制，并发处理能力弱，异步实现难
Go	语法简单，运行速度快，多线程机制	普及度不够高
R	操作简单，适合小规模数据爬取	功能较弱，不适合大规模数据的爬取
C/C++	运行速度最快，性能最高	开发周期长，学习难度大，一般用于底层功能实现

一般来说，爬虫可以分为通用爬虫、聚焦爬虫、增量爬虫和深层爬虫四种。

1. 通用爬虫

通用爬虫的爬取目标是全网资源，目标数据庞大，主要为门户站点搜索引擎和大型 Web 服务提供商采集数据。通用爬虫的结构大致可以分为页面爬行模块、页面分析模块、链接过滤模块、页面数据库、URL(Uniform Resource Locator，统一资源定位符)队列、初始 URL 集合几部分。通用爬虫的基本流程如图 4-15 所示。

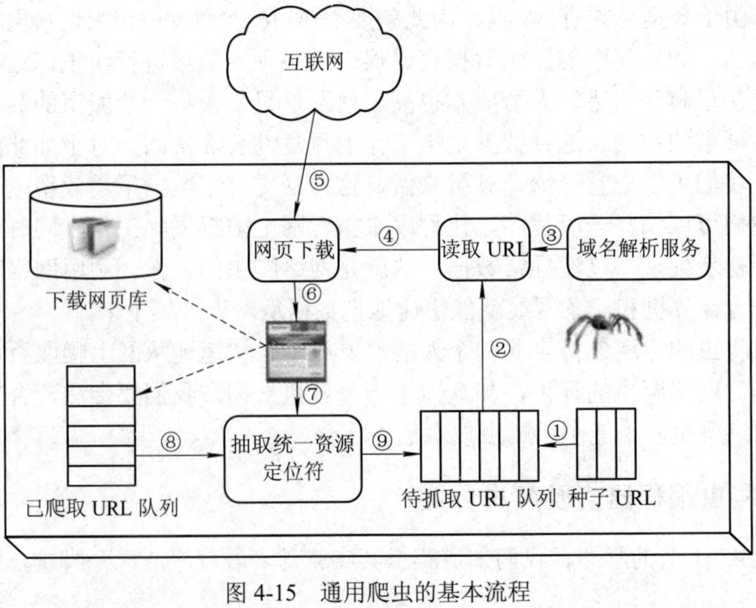

图 4-15 通用爬虫的基本流程

笔记

具体步骤如下：

(1) 选取互联网里的一部分网页，将其链接地址作为种子 URL，将种子 URL 放入待抓取 URL 队列中等待爬虫来读取。

(2) 爬虫从待抓取 URL 队列中依次读取 URL。

(3) 将读取的 URL 进行 DNS 解析，把链接地址中的域名转换为服务器对应的 IP 地址。

(4) 将经过 DNS 解析的 URL 发送给网页下载器。

(5) 网页下载器根据得到的 URL 进行网页页面内容的下载。

(6) 网页的页面内容下载完毕后，对于下载到本地的网页，一方面将其存储到页面库中，建立索引，以方便后期处理；另一方面将下载网页的 URL 放入已抓取的 URL 队列中，以避免重复抓取。

(7) 从已经下载的网页中抽取出包含的所有链接信息，即 URL。

(8) 在已抓取的 URL 队列中查询这些链接是否被抓取过。

(9) 如果没有，则将这个 URL 放入待抓取队列末尾，之后继续对该 URL 对应的网页进行内容抓取。

(10) 重复(2)～(9)步，直到待抓取 URL 队列为空，这时爬虫系统将我们选取的所有网页内容全部抓取完毕。

并不是所有网页都可以用通用爬虫来爬取的，需要遵守 Robots 协议。网站通过 Robots 协议告诉搜索引擎哪些页面可以抓取，哪些页面不能抓取。淘宝和腾讯的 Robots 协议如图 4-16 所示。

图 4-16 Robots 协议

通用爬虫的优点在于：爬取数据范围大，数量多，通用性强。缺点在于：只能爬取和文本相关的内容(HTML、Word、PDF)等，不能爬取多媒体文件(picture、video)及其他二进制文件；爬取结果只具有通用性，没有针对特定需求，不能针对不同背景领域的人爬取不同数据。

2. 聚焦爬虫

聚焦爬虫是按照预先定义好的主题有选择地进行网页爬取，即有的放矢，爬取目标为与特定主题相关的页面，用于应对特定人群的特定需求。聚焦爬虫在通用爬虫结构的基础上，增加了链接评价模块以及内容评价模块。这两个模块用来评价页面内容和链接与主题的关联性，爬取时优先爬取关联性高的链接和内容。与主题关联性的计算方式有不同种类，一般都需要使用一些机器学习算法。本书中通过编程实现数据爬取的爬虫案例就属于聚焦爬虫。

3. 增量爬虫

增量爬虫是指对已下载网页采取增量式更新和只爬行新产生的或者已经发生变化的网页的爬虫。和周期性爬行、刷新页面的网络爬虫相比，增量爬虫只会在需要的时候爬行新增或更新的页面，并不重新下载没有发生变化的页面。这样可有效减少数据下载量，及时更新已爬行的网页，减小时间和空间上的耗费。

4. 深层爬虫

网页按存在方式可以分为表层网页和深层网页。表层网页是指不需要提交表单，利用传统搜索引擎可以索引的页面，该类型页面一般为静态页面，通过静态链接访问。深层网页是那些不能通过静态链接访问的页面，用户只有输入关键词进行表单提交操作才能访问网页，比如需要用户注册后才能进入的 BBS 论坛等。目前互联网上的深层网页大大多于表层网页，而深层爬虫就是针对深层网页而使用的爬虫。

任务 4-3　Windows 下 Python 爬虫开发环境的搭建

任务描述：通过实施本任务，学生能够在 Windows 下自主搭建一个 Python 爬虫开发环境，以便后续利用 Python 编写爬虫程序。

知识准备

(1) Windows 下 Python 3.x 的安装和环境变量的配置。
(2) Requests 和 Beautiful Soup 包的安装。
(3) PyCharm 的安装和使用。

任务实施

4.3.1　Windows 下 Python3.x 的安装和环境变量的配置

Python 有 2.x 版本和 3.x 版本。其中，3.x 版本是未来的主流版本。本书选用 Python 3.7.4 版本。Python3.7.4 的安装包如图 4-17 所示。

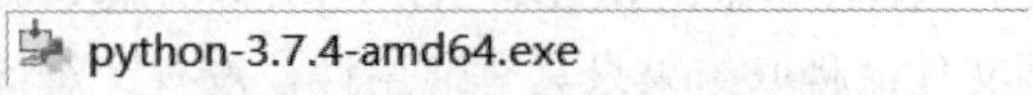

图 4-17　Python3.7.4 安装包

Python 3.7.4 的安装步骤如下所述。

(1) 双击“python-3.7.4-amd64.exe”文件，弹出如图 4-18 所示的窗口。在该窗

笔记

口中勾选“Add Python 3.7 to PATH”选项，把 Python 3.7 安装路径添加到环境变量，然后点击“Customize installation”，进入自定义安装。

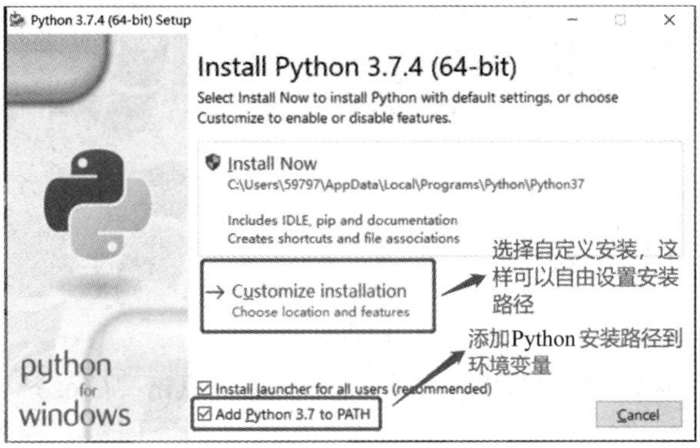

图 4-18　Python 安装步骤

(2) 进入自定义安装页面，如图 4-19 所示。默认勾选所有选项，直接点击“Next”，进入下一步。

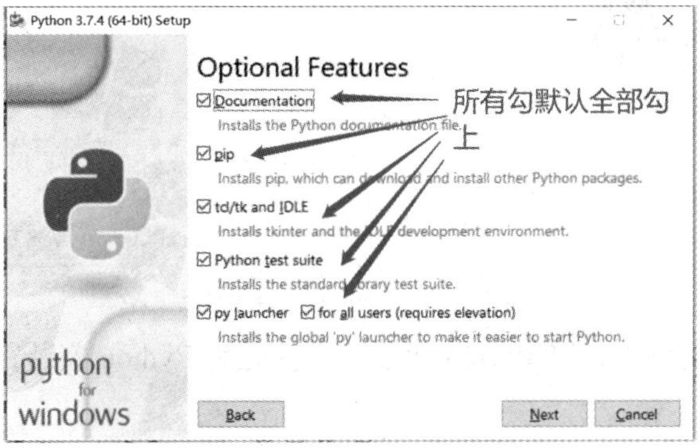

图 4-19　Python 安装步骤

(3) 在如图 4-20 所示的页面点击“Browse”，设定 Python 的安装路径，是否勾选“Install for all users”选项，视个人情况而定，其余选项均为默认即可。点击“Install”进入下一步。

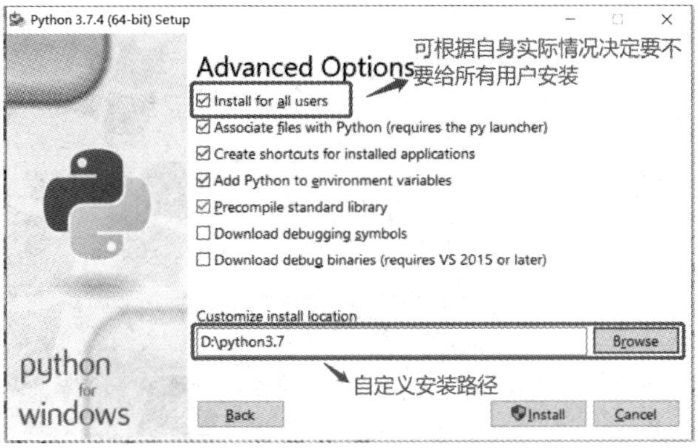

图 4-20　Python 安装步骤

(4) 进入 Python 安装页面，如图 4-21 所示。等待安装结束。

笔记

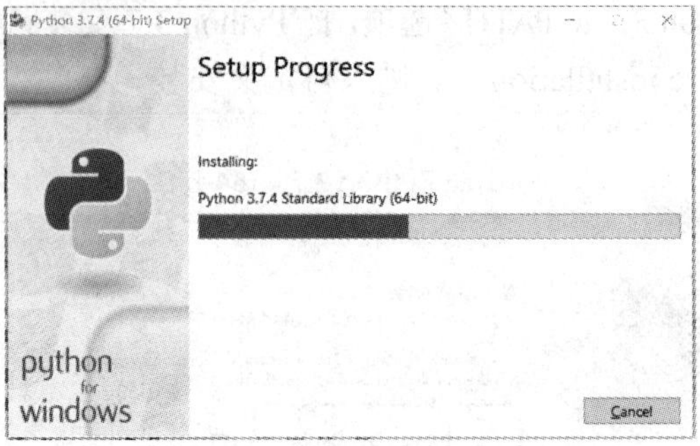

图 4-21　Python 安装步骤

(5) 进入如图 4-22 所示的界面，即成功安装，点击“Close”关闭窗口。

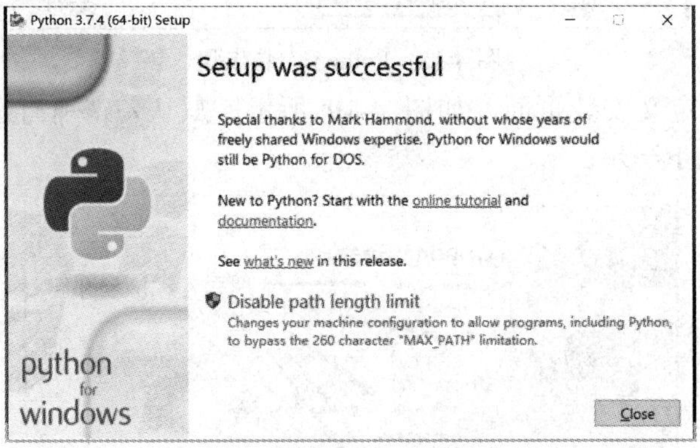

图 4-22　Python 安装步骤

这时查看环境变量，如图 4-23 所示，可以看到 Python 安装路径已经加入环境变量了。

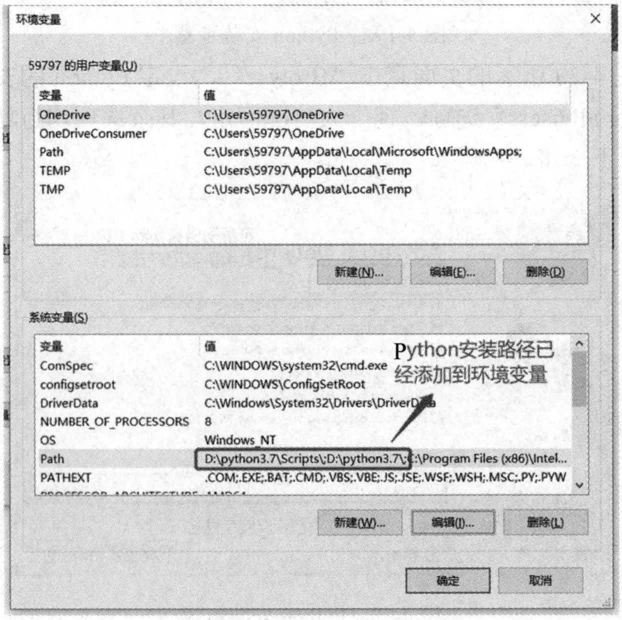

图 4-23　查看环境变量

笔记

(6) 输入 cmd 打开命令行终端，在命令行终端直接输入 py 命令，如图 4-24 所示，即可成功进入 Python 解释器中。我们可以试着输入 print“hello word”，可以成功输出“hello word”。至此 Python3.7.4 安装完成。

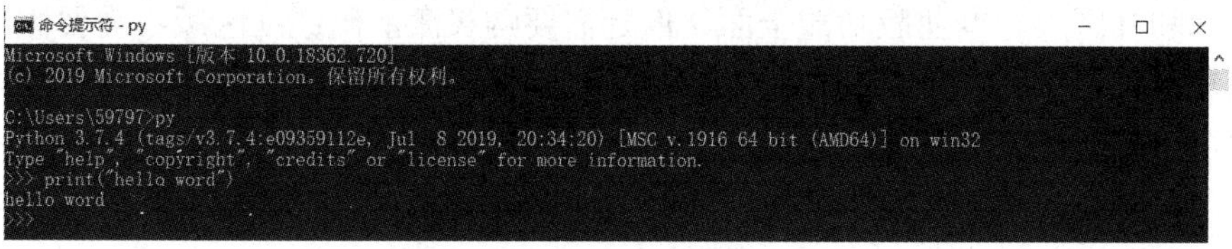

图 4-24　进入 python 解释器

4.3.2　requests 和 Beautiful Soup 包的安装

requests 和 Beautiful Soup 包是后续开发 Python 爬虫要用到的。requests 和 Beautiful Soup 包的安装方式有两种。

(1) 直接在本地 Python 环境下安装 requests 和 Beautiful Soup 包，安装以后在 PyCharm 中可以直接导入配置。

(2) 不在本地 Python 环境下安装，直接在 PyCharm 里面安装。

如果选第二种方式，则可以直接跳到 4.4.3 节查看 PyCharm 的安装。

下面介绍在本地 Python 环境下继续安装 requests 和 Beautiful Soup 包。Python 3 一般使用 pip 工具来安装开源包。首先输入命令 exit()，退出 Python 解释器，然后输入命令 pip3 install requests，安装 requests 组件，如图 4-25 所示。

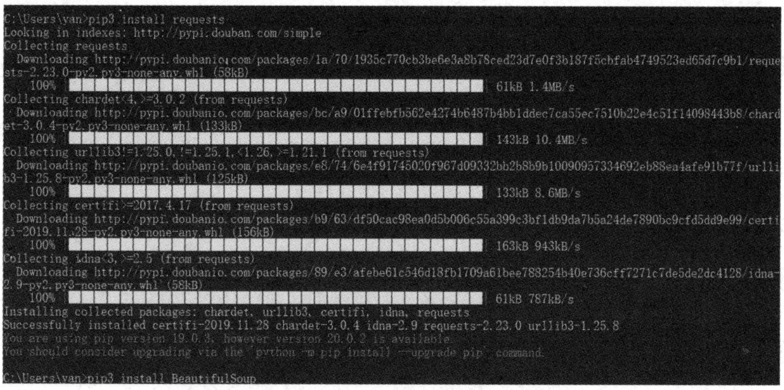

图 4-25　安装 requests 组件

之后继续输入命令 pip3 install BeautifulSoup 4，安装 BeautifulSoup 4 组件，如图 4-26 所示。

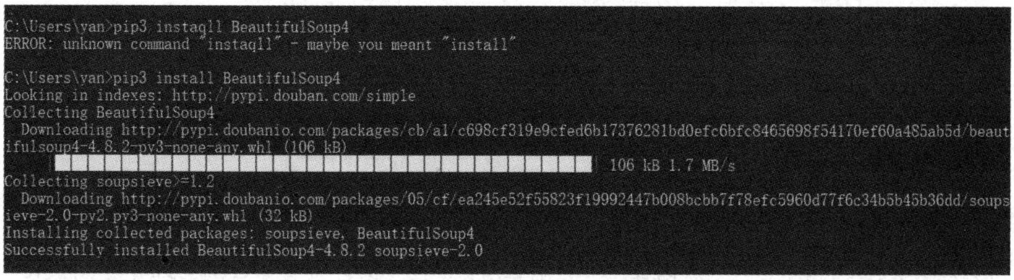

图 4-26　安装 BeautifulSoup 4 组件

笔记

4.3.3 PyCharm 的安装和使用

进行 Python 编程，一般会使用 IDE 工具，这里选择 PyCharm。PyCharm 分为专业版和社区版。专业版功能全面，但是需要购买激活码；社区版不需要激活，可以免费使用。下面介绍 PyCharm 专业版的安装。社区版的安装流程和专业版的类似，只是不需要输入激活码激活。

(1) 双击 PyCharm 专业版的安装文件进入安装页面，如图 4-27 所示。点击“Next”，进入下一步。

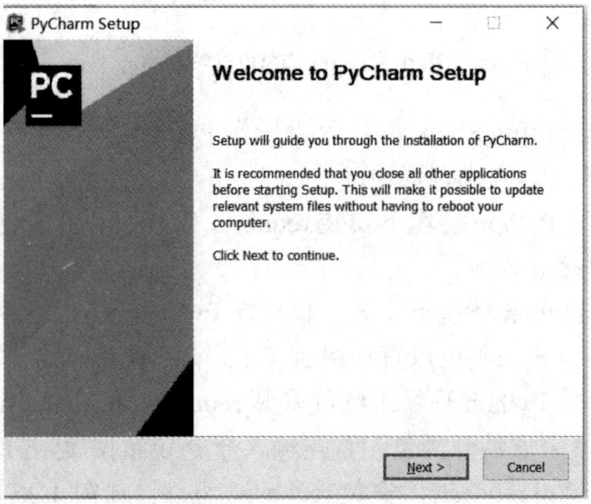

图 4-27 PyCharm 安装 1

(2) 进入如图 4-28 所示的界面，点击“Browse”，设置 PyCharm 的安装路径。点击“Next”，进入下一步。

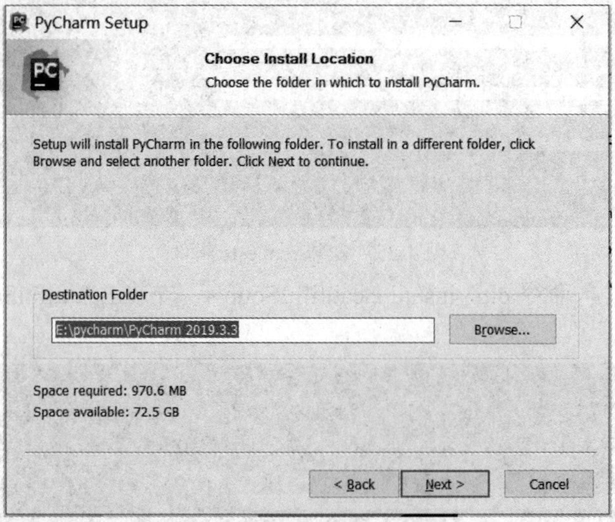

图 4-28 PyCharm 安装 2

(3) 进入图 4-29 所示的界面，该界面有 4 个选项，根据实际情况进行设置，点击“Next”，进入下一步。

笔记

① Create Desktop Shortcut：创建桌面快捷方式，可以勾选。

② Update PATH variable(restart needed)：更新路径变量(需要重新启动)，Add launchers dir to the PATH(将启动器目录添加到路径中)可以不勾选。

③ Update context menu：更新上下文菜单，Add“Open Folder as Project”(添加打开文件夹作为项目)可以不勾选。

④ Create Associations：创建关联。如果要关联.py 文件，便在.py 前的方框内勾选。

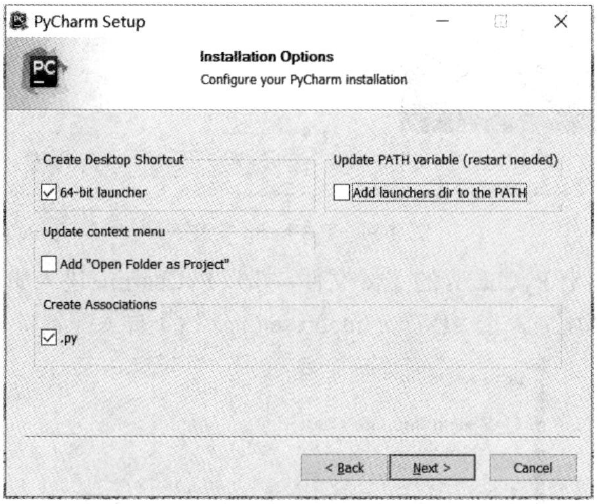

图 4-29 PyCharm 安装 3

(4) 进入图 4-30 所示的界面，直接点击“Install”进入下一步。

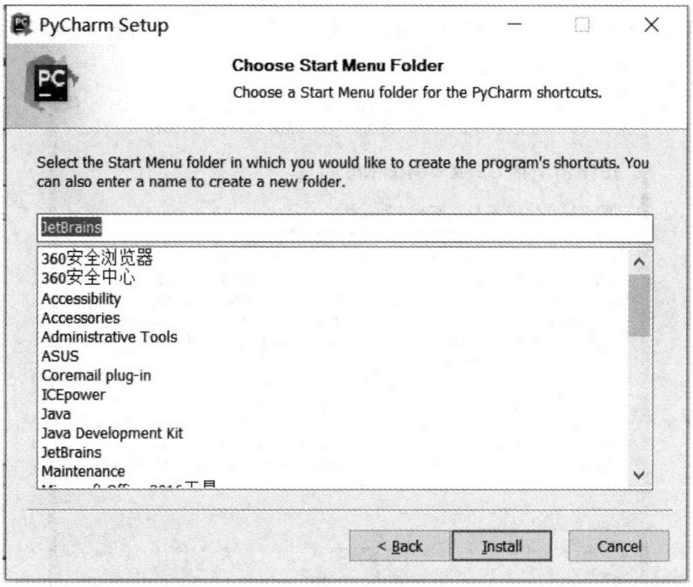

图 4-30 PyCharm 安装 4

(5) 点击“Finish”安装完成，如图 4-31 所示。

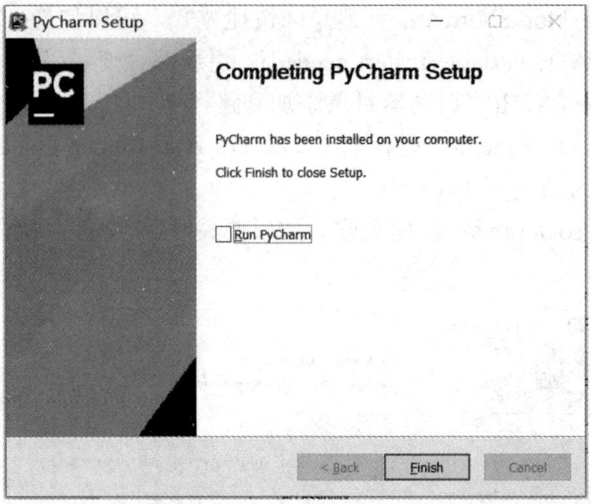

图 4-31　PyCharm 安装 5

(6) 双击桌面上 PyCharm 的 .exe 文件，打开 PyCharm，进入如图 4-32 所示的界面，提示是否导入配置。选“Do not import settings”(不导入配置)，后可以自行设置。

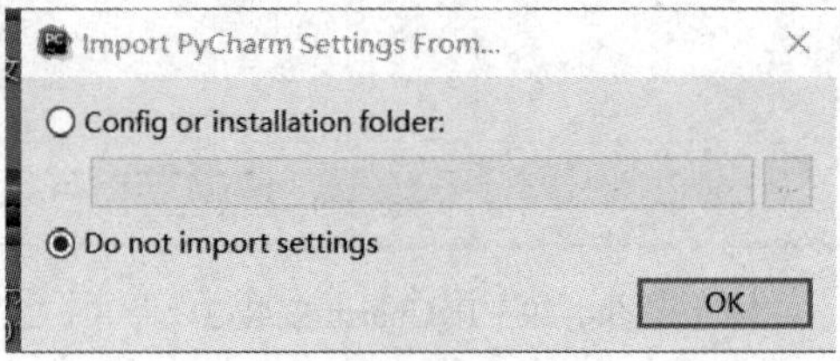

图 4-32　PyCharm 使用 1

(7) 进入如图 4-33 所示的界面，勾选同意协议，点击“Continue”，进入下一步。

图 4-33　PyCharm 使用 2

笔记

(8) 进入 PyCharm，点击图 4-34 中左下角框内“Skip Remaining and Set Defaults”按钮，选择跳过设置并使用默认值。如果安装的是社区版 PyCharm，到此步骤可以正常使用了，不需要进行下面的步骤(9)和(10)的激活。

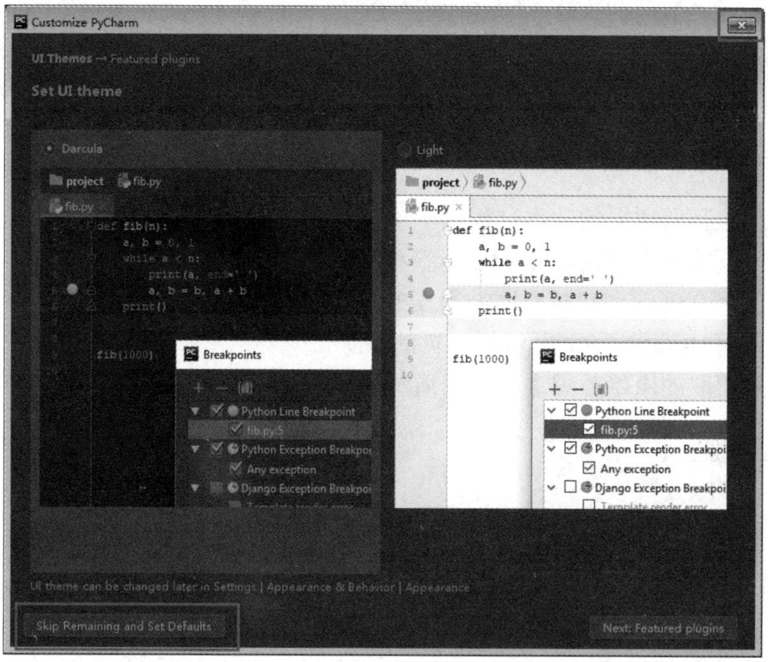

图 4-34　PyCharm 使用 3

(9) 进入如图 4-35 所示的 PyCharm 主界面，然后进行注册，点击菜单“Help”下面的“Register”选项，进入注册页面。

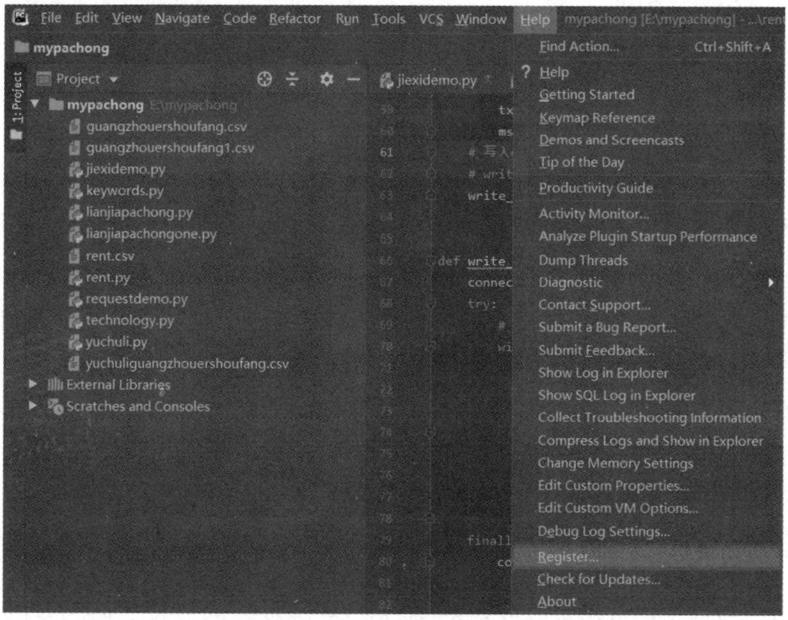

图 4-35　Pycharm 使用 4

笔记

(10) 在注册页面中，选择 Activation Code 按钮，输入激活码。点击 Activate 按钮，激活软件。PyCharm 成功激活，重启 PyCharm 后就可以使用了。

任务 4-4 Python 爬虫应用程序的编写

任务描述：通过实施本任务，学生能够掌握 Python 爬虫的编写步骤、爬取数据过程和相关知识点，能够编写爬虫程序用以爬取网站数据，进行数据收集。

知识准备

(1) 爬虫爬取数据的基本过程。
(2) 网页的基本结构、HTML 标签和 CSS 样式。
(3) 使用 Requests 包抓取网站数据的步骤。
(4) 使用 Beautiful Soup 解析网页的步骤。
(5) 对爬取的原始数据进行数据清洗的方法。

任务实施

4.4.1 爬虫爬取数据的过程

爬虫爬取网页数据的基本过程类似于我们浏览网页的过程，主要分为两步，如图 4-36 所示。

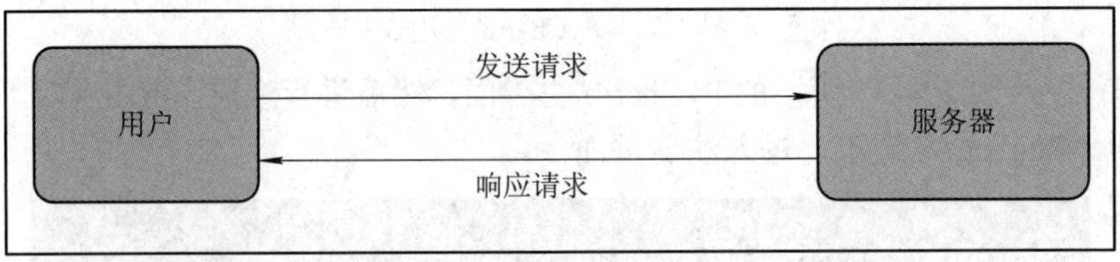

图 4-36 爬虫爬取数据的过程

1. Http-Request

在 Http-Request 阶段，爬虫程序对需要爬取数据的网页服务器发送 Http 请求，并等待网页服务器的 Http 响应。

2. Http-Response

在 Http-Response 阶段，网页服务器接收到请求后，验证请求的合法性，然后将爬虫程序请求的网页数据封装好，发送 Http 响应。爬虫程序接收网页服务器响应，经过程序代码的解析处理，获取需要爬取的网页内容。

Http 请求有两种方式，分别是 get 和 post。本书编写爬虫程序选择 get 方式，后面会介绍具体的代码实现。

4.4.2 网页的基本结构

网页一般由三部分组成，分别是 HTML(超文本标记语言)、CSS(层叠样式表)和 JavaScript(活动脚本语言)。其中，HTML 是整个网页的框架。整个网页由一些

笔记

成对出现的 HTML 标签组成。一个网页一般分为 head 和 body 两部分。body 内部可以包含一些 HTML 标签，HTML 标签里填充具体的网页内容，同时 HTML 标签可以具有属性，比如 href 属性用于设置该标签被点击时进行超链接跳转。CSS 主要负责定义网页的外观样式，比如长、宽、颜色等。CSS 可以直接写在网页中，或者通过外部引入的方式引入相关的.css 文件。JavaScript 主要负责实现网页和用户的交互功能和网页特效，比如在网页输入一些关键字进行查询、网页定时闪烁、网页背景定时变色等功能。JavaScript 一般不写在网页内，通过外部引入.js 文件的方式融合进网页内。由于爬虫只是爬取网页数据，因为数据一般都是放在 HTML 标签内或者在标签的属性中，所以我们最关注的是 HTML。比如打开 Google 浏览器，在 Google 搜索引擎主页中单击右键，选择“查看网页源代码”，即可看到整个网页的结构，如图 4-37 所示。

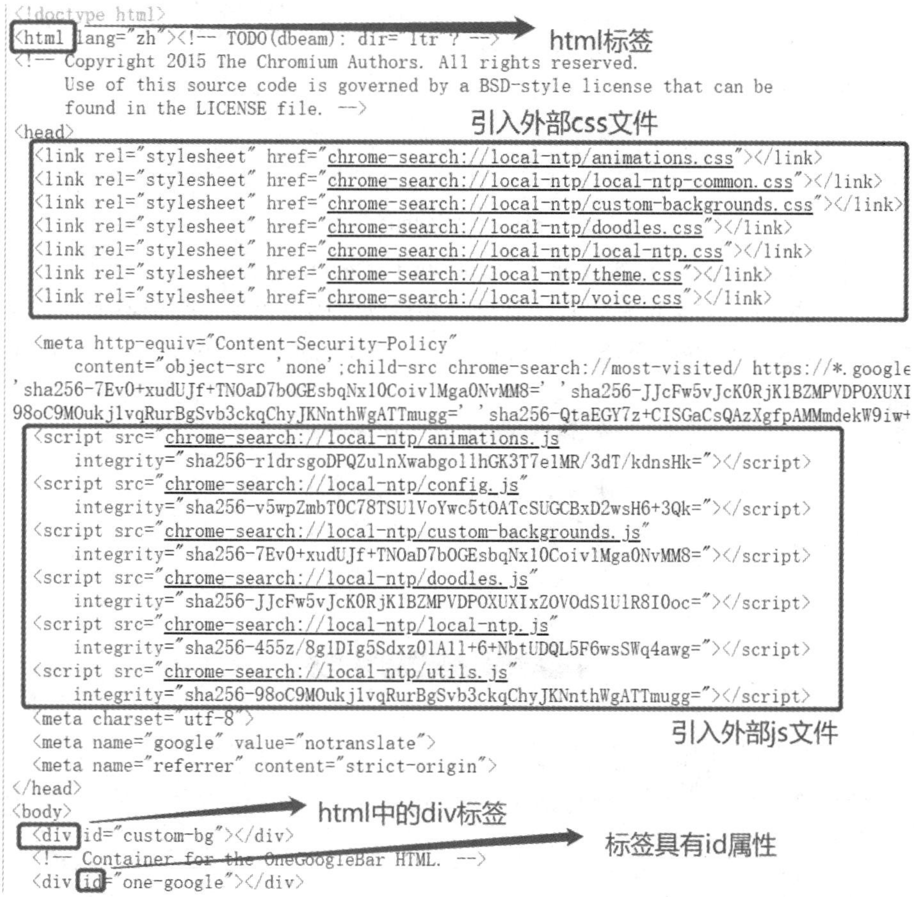

图 4-37 网页结构

4.4.3 网站数据的抓取

使用 Requests 包的 get 方式抓取网站数据的代码格式为 request.get(url)。其中，url 为网站路径。抓取网络数据前，需先安装 Requests 包。

笔记

(1) 打开 PyCharm，选择 Pure Python。新建一个 Python 工程，工程名为 mypachong。设定 Python 项目的存放位置。然后为 Python 项目创建虚拟环境，展开 Project Interpreter：New Virtualenv environment 节点，之后选择 Virtualenv 创建新虚拟环境的工具，并指定用于新虚拟环境的位置和 Python 解释器。点击“Create”按钮创建项目。具体操作如图 4-38 所示。

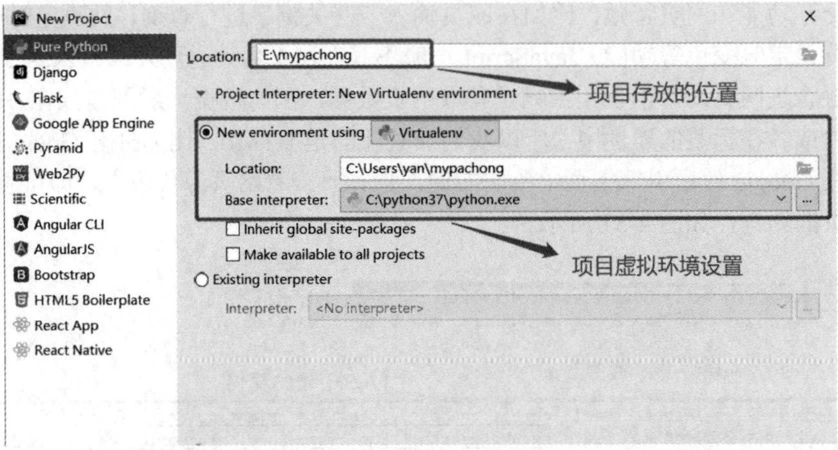

图 4-38　创建 Python 工程

如果在本地 Python 环境安装了 Requests 和 Beautiful Soup 包，则这里可以直接导入本地配置。如果没有安装，则可以在后续编码过程中一个个添加。下面介绍如何导入本地 Python 环境。在 File 菜单下点击 Settings，弹出图 4-39 所示的界面。

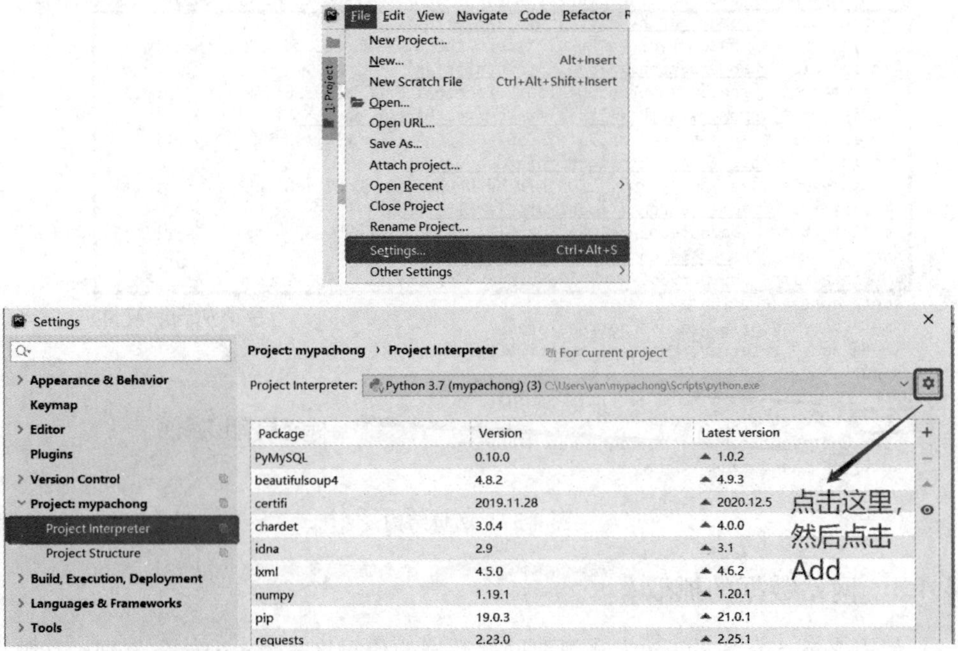

图 4-39　导入本地 Python 环境 1

笔记

在图 4-39 中，点击右边框中按钮，再点击“add”，弹出图 4-40。在图 4-40 中选择已安装的环境 Existing euvironment 选项，然后点击右边的按钮。弹出图 4-41 所示的界面。在图 4-41 中选取路径，点击“OK”。

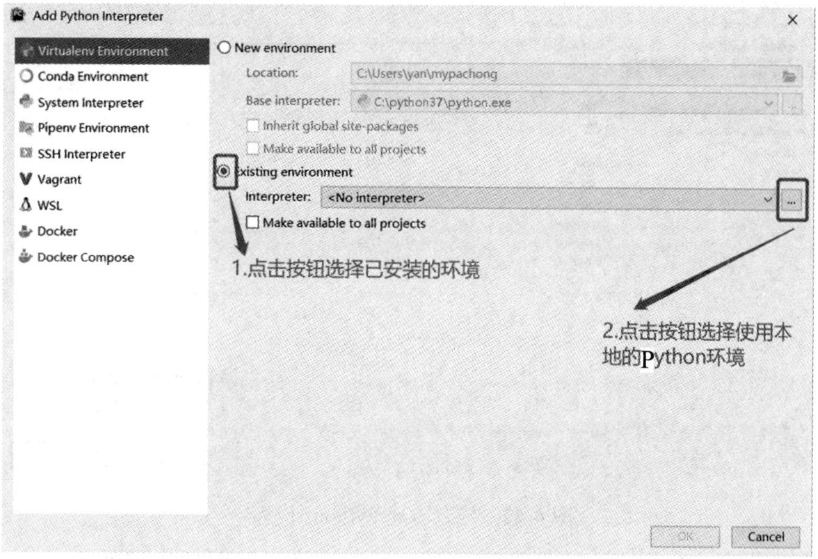

图 4-40　导入本地 Python 环境 2

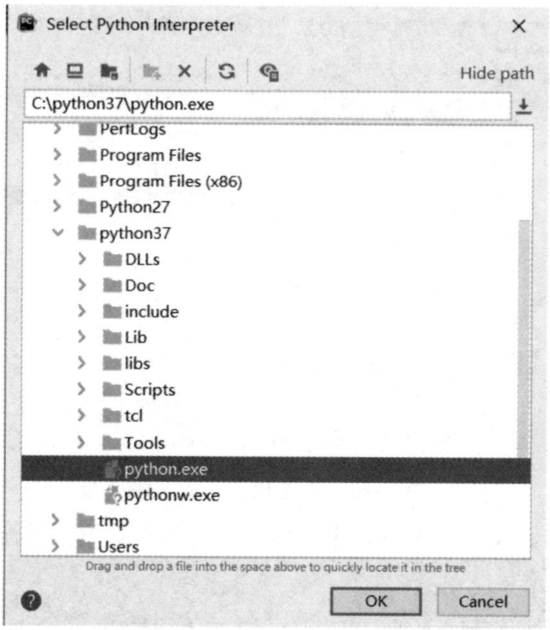

图 4-41　导入本地 Python 环境 3

返回上一级窗口，继续点击“OK”，则进入图 4-42 所示的界面。图 4-42 中会显示出已经自动加载的本地 Python 安装的开源库，点击“Apply”即可。

至此，本地 Python 环境已经导入完毕，后续就不用安装 Requests 和 Beautiful Soup 包了。

笔记

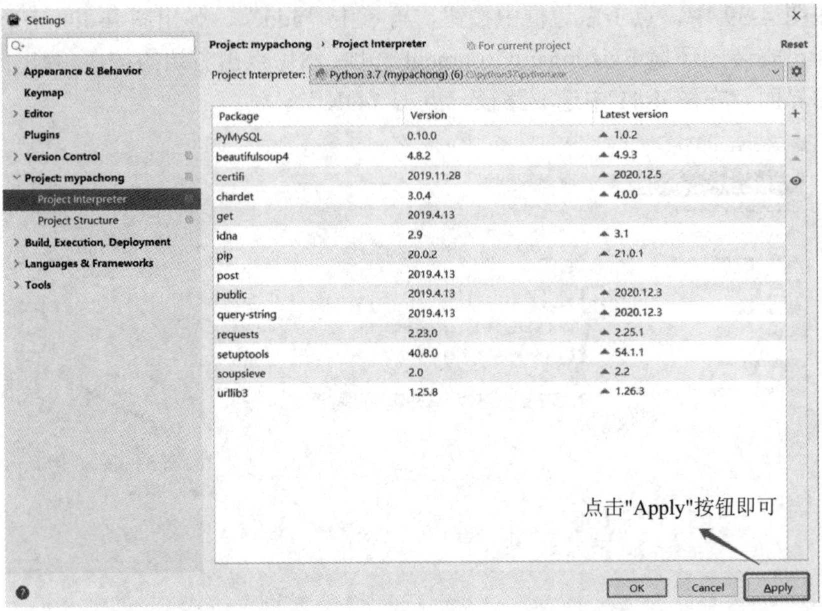

图 4-42　导入本地 Python 环境 4

(2) 在图 4-43 中，右键单击项目根目录，在弹出的窗口中选择 Python File，在弹出的窗口中，输入文件名 requestdemo，新建一个 Python 源文件。

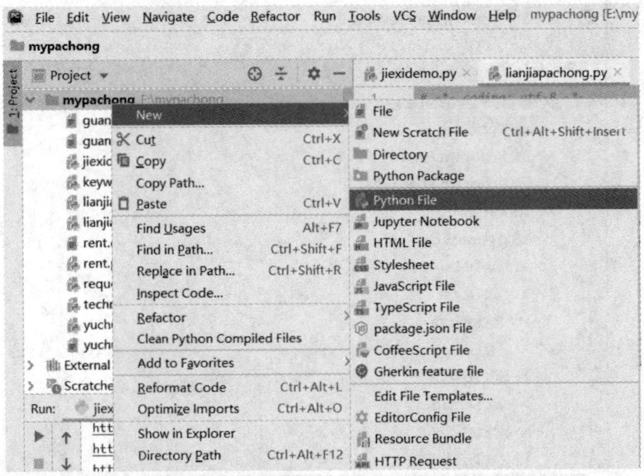

图 4-43　新建 Python 源文件

(3) 在 Python 源文件中输入以下代码，对腾讯首页网页的源代码进行爬取。

```
# -*- coding: utf-8 -*-
import requests          #导入 requests 包
url = 'https://www.qq.com/'
strhtml = requests.get(url)          #Get 方式获取网页数据
print(strhtml.text)
```

(4) 若前面第一步没有导入本地 Python 环境，则会出现如图 4-44(a)所示的报错框，提示没有安装 Request 包，此时点击“Install package requests”安装即可。

安装成功会弹出如图 4-44(b)所示的提示框。

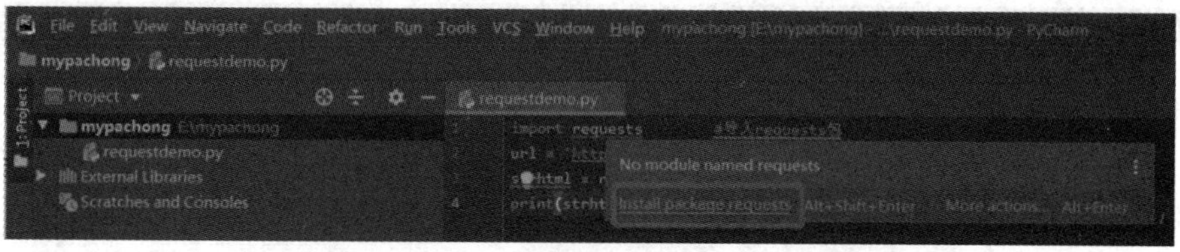
No module named requests
Install package requests

(a)

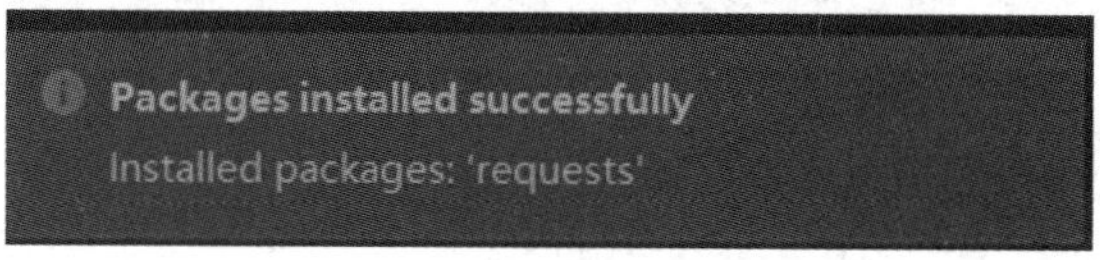
Packages installed successfully
Installed packages: 'requests'

(b)

图 4-44　安装 Request 包

(5) 在 requestdemo.py 上点击右键，点击 Run requestdemo 运行程序。程序运行后，我们可看到如图 4-45 所示的数据爬取结果(成功爬取了腾讯首页的源代码)，这就完成了网页数据的爬取。

Run: requestdemo
<meta charset="gb2312">
<meta http-equiv="X-UA-Compatible" content="IE=Edge" />
<meta name="baidu-site-verification" content="cNitg6enc2" />
<meta name="baidu_union_verify" content="4508fc7dced37cf569c36f88135276d2">
<meta name="theme-color" content="#FFF" />
<meta name="viewport" content="width=device-width, initial-scale=1" />
<meta name="format-detection" content="telephone=no">
<meta name="tencent-site-verification" content="c5424dba68b506ebc64888aab7aa860a"/>
<!-- <script src="//js.aq.qq.com/js/aq_common.js"></script> -->
<script type="text/javascript">
try {
if (location.search.indexOf('?pc') !== 0 && /Android|Windows Phone|iPhone|iPod/i.test(navigator.userAgent)) {
window.location.href = 'https://xw.qq.com?f=qqcom';
}
} catch (e) {}
</script><!--[if !IE]>|xGv00|2d5210e6c1b95e3bf4b8983f9cb00ab3<![endif]-->
<meta content="资讯,新闻,财经,房产,视频,NBA,科技,腾讯网,腾讯,QQ,Tencent" name="Keywords">

图 4-45　完成腾讯首页源代码爬取

4.4.4　网站数据的解析与数据清洗

4.4.3 节通过 Requests 库已经抓到网页源码，接下来利用 Beautiful Soup 包从源码中找到并提取数据。Beautiful Soup 包目前已经被移植到 bs4 库中。安装 Beautiful Soup 包前需要先安装 bs4 库。

(1) 在 mypachong 工程里面再新建一个 jiexidemo 文件，用来解析腾讯首页的部分信息。假设我们需要爬取腾讯网的菜单栏数据，如图 4-46 所示。爬取的数据需要进行数据清洗，再进行数据格式转换，最终转换为如下格式：

```
{
    'text':item.get_text(),
    'href':item.get('href')
}
```

其中，text 为单个菜单项的内容，比如新闻；href 为单个菜单项的超链接地址。

图 4-46　腾讯首页菜单栏

(2) 定位腾讯首页“新闻”菜单的数据标签。在键盘上按 F12 键，弹出开发者界面，按照图 4-47 中的步骤进行操作，则可以显示新闻所在的网页标签。

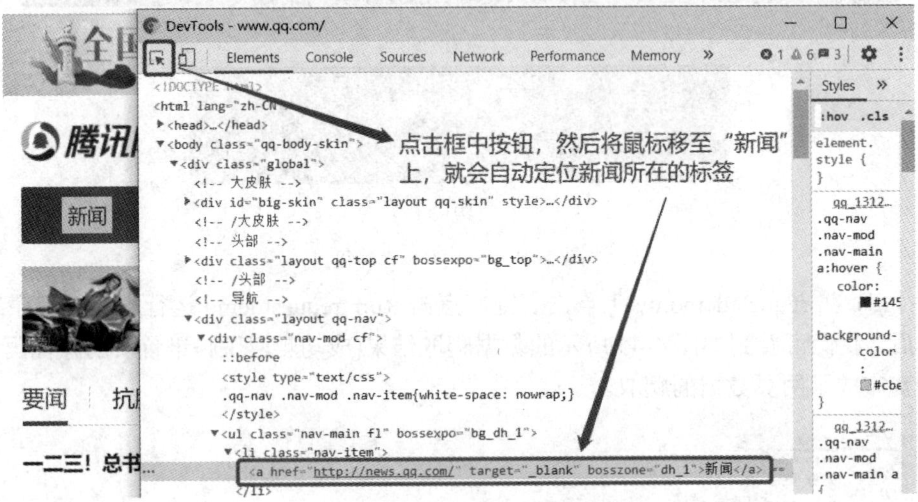

图 4-47　显示数据标签

(3) 在图 4-48 所示页面的“新闻”上点击右键，在弹出的菜单中选择“Copy”→“Copy selector”命令，便自动复制标签路径如下：

body > div.global > div.layout.qq-nav > div > ul > li:nth-child(1) > a

由于我们要获取所有菜单项的信息，所以我们把上面的路径进行修改，去掉 :nth-child(1)，更改后的路径如下：

body > div.global > div.layout.qq-nav > div > ul > li> a

这个路径就是我们后面编程要写入的菜单项的标签路径。

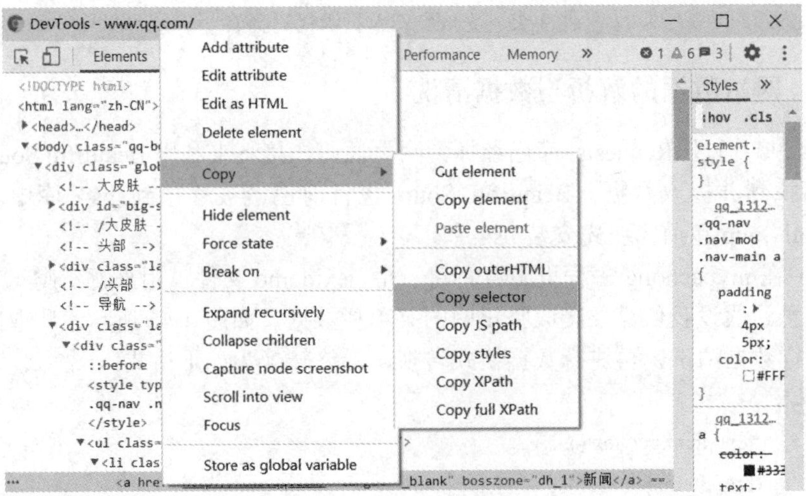

图 4-48　利用选择器定位数据标签

笔记

(4) 在 jiexidemo 文件中输入代码 utf-8-*-，系统会提示需要安装 Beautiful Soup 包，点击 Install package，BeautifulSoup4 安装即可完成。lxml 包用于解析 HTML。

```
# -*- coding: utf-8 -*-

import requests              #导入 requests 包

from bs4 import     BeautifulSoup


url='http://www.qq.com/'
strhtml=requests.get(url)
soup=BeautifulSoup(strhtml.text,'lxml')
data = soup.select('body > div.global > div.layout.qq-nav > div > ul > li>a')
array_list = []
for item in data:
    print(item.get('href'))
    result={
        'text':item.get_text(),
        'href':item.get('href')
    }
    array_list.append(result)
print(array_list)
```

(5) 在 jiexidemo.py 上点击右键，点击 Run jiexidemo 运行程序。程序运行后，我们可看到如图 4-49 所示的运行结果。结果显示，我们获取了腾讯首页所有菜单项的内容和超链接地址。

图 4-49　成功获取腾讯首页菜单项和超链接

笔记

4.4.5 数据的爬取与预处理

本节将以链家网二手房价数据为例，进行数据爬取和预处理。

爬虫功能：用于从链家网上爬取广州市某时二手房房价数据，并保存在 guangzhouershoufang.csv 文件里。

爬取数据项：房子所在区域，房子所在子区域，房子地址，房子具体描述，房子单价，房子总价，房子是否满 5 年/满 2 年。

各个数据项在链家网上的显示位置如图 4-50 所示。

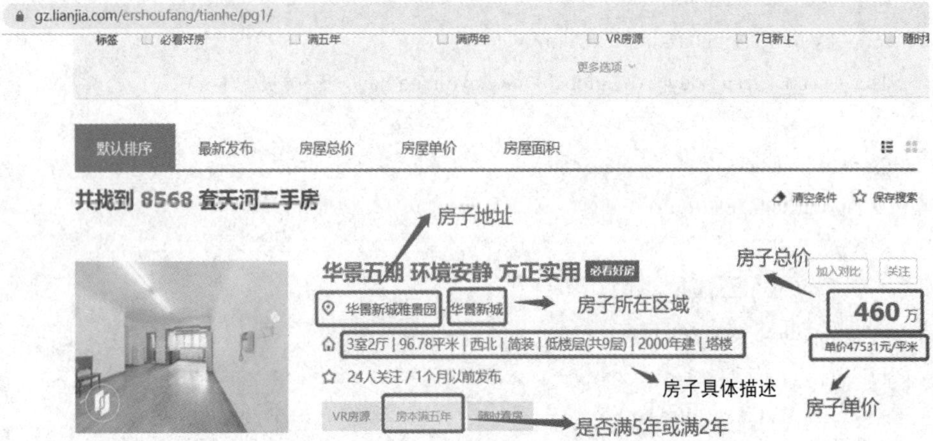

图 4-50 需要爬取的数据项

1. 准确定位需要爬取的数据标签

(1) 房子所在区域的数据标签为

```
body > div:nth-child(12) > div > div.position > dl:nth-child(2) > dd > div:nth-child(1) > div:nth-child(1) > a.selected'
```

(2) 房子所在子区域的数据标签为

```
#content > div.leftContent > ul > li > div.info.clear > div.flood > div >a:nth-child(3)
```

(3) 房子地址的数据标签为

```
#content > div.leftContent > ul > li > div.info.clear > div.flood > div >a:nth-child(2)
```

(4) 房子具体描述的数据标签为

```
#content > div.leftContent > ul > li > div.info.clear > div.address > div
```

(5) 房子单价的数据标签为

```
#content > div.leftContent > ul > li > div.info.clear > div.priceInfo >div.unitPrice > span
```

(6) 房子总价的数据标签为

```
#content > div.leftContent > ul > li > div.info.clear > div.priceInfo >div.totalPrice > span
```

(7) 房子是否满 5 年或满 2 年的数据标签为

满 5 年：

```
#content > div.leftContent > ul > li > div.info.clear > div.tag > span.taxfree
```

满 2 年：

```
#content > div.leftContent > ul > li> div.info.clear > div.tag > span.five
```

还有部分房源没有标识满 5 年或满 2 年，采集该项数据时设为“未知”。

2．数据爬取

新建文件 lianjiapachong.py，其中输入程序如下代码。读者可根据实际情况，酌情删除爬取的地区数量和网页数量。对于部分没有标识满 5 年或满 2 年的房源，采用“未知”进行数据补全。

```python
# -*- coding: utf-8 -*-
import requests
from bs4 import BeautifulSoup
import csv
import re
import random
import time

Url_head = "https://gz.lianjia.com/ershoufang/"
Filename = "guangzhouershoufang.csv"


def get_ip_list(url, headers):
    web_data = requests.get(url, headers=headers)
    soup = BeautifulSoup(web_data.text, 'lxml')
    ips = soup.find_all('tr')
    ip_list = []
    for i in range(1, len(ips)):
        ip_info = ips[i]
        tds = ip_info.find_all('td')
        ip_list.append(tds[1].text + ':' + tds[2].text)
    return ip_list


def get_random_ip(ip_list):
    proxy_list = []
    for ip in ip_list:
        proxy_list.append('http://' + ip)
    proxy_ip = random.choice(proxy_list)
    proxies = {'http': proxy_ip}
    return proxies
```

笔记

```
# 把每一页的记录写入 csv 文件
def write_csv(msg_list):
    out = open(Filename, 'a', newline='', encoding='utf-8-sig')
    csv_write = csv.writer(out, dialect='excel')
    for msg in msg_list:
        csv_write.writerow(msg)
    out.close()


# 访问网站每一页，解析数据
def acc_page_msg(page_url, headers, proxies):
    web_data = requests.get(page_url, headers=headers, proxies=proxies)
    soup = BeautifulSoup(web_data.text, 'lxml')
    address_list = []
    area_list = []
    sub_area_list = []
    desc_list = []
    unit_price_list = []
    total_price_list = []
    year_list = []
    msg_list = []
    area = soup.select('body > div:nth-child(12) > div > div.position > '
                       'dl:nth-child(2) > dd > div:nth-child(1) > '
                       'div:nth-child(1) > a.selected')
    for area_ele in area:
        area_list.append(area_ele.get_text())
    address = soup.select('#content > div.leftContent > ul > li > '
                          'div.info.clear > div.flood > div > a:nth-child(2)')
    for add in address:
        address_list.append(add.get_text())
    sub_area = soup.select('#content > div.leftContent > ul > li > '
                           'div.info.clear > div.flood > div > a:nth-child(3)')
    for sub in sub_area:
        sub_area_list.append(sub.get_text())
    desc = soup.select('#content > div.leftContent > ul > li >'
                       ' div.info.clear > div.address > div')
    for desc_ele in desc:
```

笔记

```
            desc_list.append(desc_ele.get_text())
        unit_price = soup.select('#content > div.leftContent > ul > li > '
                                 'div.info.clear > div.priceInfo > div.unitPrice > '
                                 'span')
        for unit in unit_price:
            unit_price_list.append(re.findall('\d+', unit.get_text())[0])
        total_price = soup.select('#content > div.leftContent > ul > li > '
                                  'div.info.clear > div.priceInfo > div.totalPrice > span')
        for total in total_price:
            total_price_list.append(float(total.get_text()) * 10000)
        year = soup.select('#content > div.leftContent > ul > li > div.info.clear > div.tag')
        for year_ele in year:
            flag = 0
            for year_ele_sub in year_ele:
                if year_ele_sub.get('class')[0] == 'taxfree':
                    flag = 1
                    year_list.append(year_ele_sub.get_text())
                    break
                elif year_ele_sub.get('class')[0] == 'five':
                    flag = 2
                    year_list.append(year_ele_sub.get_text())
                    break
            if flag == 0:
                year_list.append('未知')

        for i in range(len(address_list)):
            txt = (area_list[0], sub_area_list[i], address_list[i], desc_list[i], unit_price_list[i],
total_price_list[i],
                   year_list[i])
            msg_list.append(txt)
        # print(msg_list)
        # 写入 csv
        write_csv(msg_list)


# 获取所有页面 url
def get_pages_urls():
    urls = []
    # 天河区可访问页数 100
```

笔记

```
    for i in range(100):
        urls.append(Url_head + "tianhe/pg" + str(i + 1))
    ## 越秀区可访问页数 100
    for i in range(100):
        urls.append(Url_head + "yuexiu/pg" + str(i + 1))
    # 荔湾区可访问页数 100
    for i in range(100):
        urls.append(Url_head + "liwan/pg" + str(i + 1))
    # 海珠区可访问页数 100
    for i in range(100):
        urls.append(Url_head + "haizhu/pg" + str(i + 1))
    # 番禺区可访问页数 100
    for i in range(100):
        urls.append(Url_head + "panyu/pg" + str(i + 1))
    # 白云区可访问页数 100
    for i in range(100):
        urls.append(Url_head + "baiyun/pg" + str(i + 1))
    # 黄埔区可访问页数 100
    for i in range(100):
        urls.append(Url_head + "huangpugz/pg" + str(i + 1))
    # 从化区可访问页数 47
    for i in range(47):
        urls.append(Url_head + "conghua/pg" + str(i + 1))
    # 增城区可访问页数 100
    for i in range(100):
        urls.append(Url_head + "zengcheng/pg" + str(i + 1))
    # 花都区可访问页数 100
    for i in range(100):
        urls.append(Url_head + "huadou/pg" + str(i + 1))
    # 南沙区可访问页数 88
    for i in range(88):
        urls.append(Url_head + "nansha/pg" + str(i + 1))
    return urls


def run():
    url = 'https://www.kuaidaili.com/free/inha/'
    headers = {
    'User-Agent': 'Mozilla/5.0 (Windows NT 6.1; Win64; x64) '
```

笔记

```
                                        'AppleWebKit/537.36 (KHTML, like Gecko) '
                                        'Chrome/53.0.2785.143 Safari/537.36 '
        }
        ip_list = get_ip_list(url, headers=headers)
        proxies = get_random_ip(ip_list)
        print("开始爬虫")
        out = open(Filename, 'a', newline='')
        csv_write = csv.writer(out, dialect='excel')
        title = ("area", "subarea", "address", "description", "unitprice", "totalprice", "year")
        csv_write.writerow(title)
        out.close()
        url_list = get_pages_urls()
        for url in url_list:
            acc_page_msg(url, headers, proxies)
            time.sleep(1)
        print("结束爬虫")


    if __name__ == '__main__':
        run()
```

爬取的 csv 文件会生成在当前目录下，总共爬取到 30 964 条记录。图 4-51 为爬取的部分数据截图。

<table>
<tr><th>area</th><th>subarea</th><th>address</th><th>description</th><th>unitprice</th><th>totalprice</th><th>year</th></tr>
<tr><td>天河</td><td>华景新城</td><td>华景新城雅景园</td><td>3室2厅 | 96.78平米 | 西北 | 简装 | 低楼层(共9层) | 2000年建 | 塔楼</td><td>47531</td><td>4600000</td><td>房本满五年</td></tr>
<tr><td>天河</td><td>员村</td><td>美林海岸花园</td><td>2室1厅 | 73.06平米 | 东南 | 简装 | 18层 | 2003年建 | 塔楼</td><td>51328</td><td>3750000</td><td>房本满五年</td></tr>
<tr><td>天河</td><td>天河客运站</td><td>南兴花园(天河区)</td><td>3室2厅 | 83.06平米 | 南 北 | 简装 | 低楼层(共12层) | 2004年建 | 塔楼</td><td>31664</td><td>2630000</td><td>房本满五年</td></tr>
<tr><td>天河</td><td>燕塘</td><td>时代新世界</td><td>2室1厅 | 98.43平米 | 东南 | 精装 | 低楼层(共31层) | 塔楼</td><td>25399</td><td>2500000</td><td>房本满五年</td></tr>
<tr><td>天河</td><td>棠下</td><td>阳光假日园</td><td>2室1厅 | 77.69平米 | 北 | 精装 | 低楼层(共18层) | 2009年建 | 塔楼</td><td>44408</td><td>3450000</td><td>房本满五年</td></tr>
<tr><td>天河</td><td>东圃</td><td>金庭轩</td><td>2室2厅 | 62.5平米 | 南 | 简装 | 高楼层(共9层) | 1994年建 | 塔楼</td><td>32480</td><td>2030000</td><td>未知</td></tr>
<tr><td>天河</td><td>东圃</td><td>城市假日园</td><td>3室2厅 | 94.51平米 | 东北 | 简装 | 低楼层(共18层) | 2005年建 | 塔楼</td><td>45498</td><td>4300000</td><td>房本满五年</td></tr>
<tr><td>天河</td><td>体育中心</td><td>光华大厦</td><td>2室2厅 | 98.06平米 | 南 北 | 精装 | 中楼层(共26层) | 2000年建 | 塔楼</td><td>45891</td><td>4500000</td><td>房本满两年</td></tr>
<tr><td>天河</td><td>燕塘</td><td>瑞心苑</td><td>3室2厅 | 109.04平米 | 西南 | 精装 | 高楼层(共15层) | 2000年建 | 塔楼</td><td>48423</td><td>5280000</td><td>房本满五年</td></tr>
<tr><td>天河</td><td>天润路</td><td>金碧翡翠华庭</td><td>2室2厅 | 84.54平米 | 南 | 精装 | 低楼层(共31层) | 2007年建 | 塔楼</td><td>66833</td><td>5650000</td><td>未知</td></tr>
<tr><td>天河</td><td>黄村</td><td>中海康城</td><td>2室1厅 | 76平米 | 南 | 精装 | 高楼层(共21层) | 2002年建 | 塔楼</td><td>43422</td><td>3300000</td><td>房本满两年</td></tr>
<tr><td>天河</td><td>智慧城</td><td>万科云城米酷</td><td>1室1厅 | 36平米 | 北 | 精装 | 高楼层(共12层) | 2017年建 | 塔楼</td><td>29445</td><td>1060000</td><td>未知</td></tr>
<tr><td>天河</td><td>粤垦</td><td>金坤花园</td><td>2室2厅 | 74.27平米 | 南 | 简装 | 低楼层(共9层) | 1998年建 | 塔楼</td><td>35008</td><td>2600000</td><td>房本满五年</td></tr>
<tr><td>天河</td><td>珠江新城中</td><td>保利心语花园</td><td>3室2厅 | 110.44平米 | 北 | 精装 | 高楼层(共32层) | 2008年建 | 塔楼</td><td>84209</td><td>9300000</td><td>房本满五年</td></tr>
<tr><td>天河</td><td>东圃</td><td>旭景家园</td><td>3室2厅 | 85.43平米 | 南 北 | 精装 | 中楼层(共14层) | 2002年建 | 塔楼</td><td>40384</td><td>3450000</td><td>房本满两年</td></tr>
<tr><td>天河</td><td>珠江新城东</td><td>马赛国际公寓</td><td>2室2厅 | 77.24平米 | 东 | 精装 | 高楼层(共33层) | 2006年建 | 塔楼</td><td>46867</td><td>3620000</td><td>房本满五年</td></tr>
<tr><td>天河</td><td>天河南</td><td>六运小区</td><td>2室2厅 | 63.5平米 | 西北 | 精装 | 中楼层(共9层) | 1993年建 | 塔楼</td><td>54331</td><td>3450000</td><td>房本满五年</td></tr>
<tr><td>天河</td><td>华景新城</td><td>华景新城泽晖苑</td><td>2室2厅 | 82.56平米 | 西南 西北 | 简装 | 高楼层(共9层) | 1999年建 | 塔楼</td><td>49177</td><td>4060000</td><td>房本满两年</td></tr>
<tr><td>天河</td><td>天润路</td><td>金润大厦</td><td>1室1厅 | 47.23平米 | 北 | 简装 | 高楼层(共31层) | 塔楼</td><td>61402</td><td>2900000</td><td>房本满五年</td></tr>
<tr><td>天河</td><td>珠江新城东</td><td>马赛国际公寓</td><td>1室0厅 | 46.31平米 | 东 | 精装 | 低楼层(共33层) | 2006年建 | 塔楼</td><td>39949</td><td>1850000</td><td>房本满两年</td></tr>
<tr><td>天河</td><td>沙太南</td><td>天河北苑</td><td>3室2厅 | 78.27平米 | 东南 | 精装 | 中楼层(共9层) | 1998年建 | 塔楼</td><td>26192</td><td>2050000</td><td>未知</td></tr>
<tr><td>天河</td><td>燕塘</td><td>华文学院</td><td>2室1厅 | 80.02平米 | 西北 | 精装 | 低楼层(共9层) | 1999年建 | 塔楼</td><td>28743</td><td>2300000</td><td>房本满五年</td></tr>
<tr><td>天河</td><td>天河公园</td><td>翠湖山庄</td><td>2室1厅 | 73平米 | 东南 | 简装 | 高楼层(共26层) | 1999年建 | 塔楼</td><td>47946</td><td>3500000</td><td>房本满五年</td></tr>
<tr><td>天河</td><td>天河公园</td><td>叠翠台</td><td>2室2厅 | 74平米 | 北 | 精装 | 中楼层(共22层) | 2004年建 | 塔楼</td><td>55406</td><td>4100000</td><td>房本满两年</td></tr>
<tr><td>天河</td><td>天河公园</td><td>东方新世界熹园</td><td>2室2厅 | 82.29平米 | 西 | 精装 | 中楼层(共30层) | 2011年建 | 塔楼</td><td>76559</td><td>6300000</td><td>房本满五年</td></tr>
<tr><td>天河</td><td>珠江新城中</td><td>汇峰苑</td><td>1室1厅 | 44.93平米 | 东 | 精装 | 中楼层(共43层) | 2008年建 | 塔楼</td><td>77899</td><td>3500000</td><td>房本满五年</td></tr>
<tr><td>天河</td><td>天河公园</td><td>理想蓝堡国际花园</td><td>3室2厅 | 111平米 | 西南 | 精装 | 高楼层(共29层) | 2004年建 | 塔楼</td><td>66217</td><td>7350000</td><td>房本满五年</td></tr>
<tr><td>天河</td><td>龙口西</td><td>帝景苑</td><td>3室2厅 | 112平米 | 西南 | 精装 | 低楼层(共32层) | 2000年建 | 塔楼</td><td>59643</td><td>6680000</td><td>房本满五年</td></tr>
<tr><td>天河</td><td>天河公园</td><td>翠湖山庄</td><td>2室1厅 | 73.1平米 | 西南 | 精装 | 高楼层(共26层) | 1999年建 | 塔楼</td><td>47196</td><td>3450000</td><td>房本满五年</td></tr>
</table>

图 4-51　爬取的部分数据截图

3. 数据预处理

爬取数据完毕后，对 guangzhouershoufang.csv 的数据进行数据预处理。预处理主要实现对原始数据的过滤和格式变换。爬取的数据中有部分车位售卖信息，需要剔除。剔除车位售卖信息后，对剩余数据的 discription 字段进行分割处理，提取出户型、面积、朝向、装修、年代这 5 个字段的值，字段名分别为 huxing、mianji、chaoxiang、zhuangxiu、niandai。对于部分房屋没有年代的，用 0 填充。预处理后的文件名为 yuchuliguangzhouershoufang.csv。discription 字段分割结果如图 4-52 所示。

description
3室2厅 | 96.78平米 | 西北 | 简装 | 低楼层(共9层) | 2000年建 | 塔楼
2室1厅 | 73.06平米 | 东南 | 简装 | 18层 | 2003年建 | 塔楼
3室2厅 | 83.06平米 | 北 | 简装 | 低楼层(共12层) | 2004年建 | 塔楼
2室1厅 | 98.43平米 | 东南 | 精装 | 低楼层(共31层) | 塔楼
2室1厅 | 77.69平米 | 北 | 精装 | 低楼层(共18层) | 2009年建 | 塔楼
2室2厅 | 62.5平米 | 南 | 简装 | 高楼层(共9层) | 1994年建 | 塔楼
3室2厅 | 94.51平米 | 东北 | 简装 | 低楼层(共18层) | 2005年建 | 塔楼
2室2厅 | 98.06平米 | 南 北 | 精装 | 中楼层(共26层) | 2000年建 | 塔楼
3室2厅 | 109.04平米 | 西南 | 精装 | 高楼层(共15层) | 2000年建 | 塔楼
2室2厅 | 84.54平米 | 南 | 精装 | 低楼层(共31层) | 2007年建 | 塔楼
2室1厅 | 76平米 | 南 | 精装 | 高楼层(共21层) | 2002年建 | 塔楼
1室1厅 | 36平米 | 北 | 精装 | 高楼层(共12层) | 2017年建 | 塔楼
2室2厅 | 74.27平米 | 南 | 简装 | 低楼层(共9层) | 1998年建 | 塔楼

huxing	mianji	chaoxiang	zhuangxiu	niandai
3室2厅	96.78	西北	简装	2000
2室1厅	73.06	东南	简装	2003
3室2厅	83.06	北	简装	2004
2室1厅	98.43	东南	精装	0
2室1厅	77.69	北	精装	2009
2室2厅	62.5	南	简装	1994
3室2厅	94.51	东北	简装	2005
2室2厅	98.06	南 北	精装	2000
3室2厅	109.04	西南	精装	2000
2室2厅	84.54	南	精装	2007
2室1厅	76	南	精装	2002
1室1厅	36	北	精装	2017
2室2厅	74.27	南	简装	1998

图 4-52　预处理前后数据对比

新建 yuchuli.py 文件，在文件中输入以下程序代码：

```
# -*- coding: utf-8 -*-
import csv
import re

# 预处理爬取的数据
sFileName = 'guangzhouershoufang.csv'
dFileName = 'yuchuliguangzhouershoufang.csv'
area_list = []
sub_area_list = []
address_list = []
huxing_list = []
mianji_list = []
chaoxiang_list = []
zhuangxiu_list = []
niandai_list = []
unit_price_list = []
total_price_list = []
year_list = []
msg_list = []
```

笔记

```
i = 0
with open(sFileName, newline='', encoding='utf-8-sig') as csvfile:
    rows = csv.reader(csvfile)
    for row in rows:
        if i != 0 and (row[3].split("|")[0]).find("车位") == -1:
            # print(row[3].split("|")[0])
            area_list.append(row[0])
            sub_area_list.append(row[1])
            address_list.append(row[2])
            unit_price_list.append(row[4])
            total_price_list.append(row[5])
            year_list.append(row[6])
            # 分割字符串 row[3]分别获取户型，面积，朝向，装修，年代
            huxing_list.append(row[3].split("|")[0])
            mianji_list.append(re.search("\d+(\.\d+)?", row[3].split("|")[1]).group())
            chaoxiang_list.append(row[3].split("|")[2])
            zhuangxiu_list.append(row[3].split("|")[3])
            if re.findall('\d+', row[3].split("|")[5]):
                niandai_list.append(re.findall('\d+', row[3].split("|")[5])[0])
            else:
                niandai_list.append(0)
        i = i + 1
    for i in range(len(huxing_list)):
        txt = (area_list[i], sub_area_list[i], address_list[i], huxing_list[i],
                mianji_list[i], chaoxiang_list[i],zhuangxiu_list[i], niandai_list[i],
                unit_price_list[i], total_price_list[i], year_list[i])
        msg_list.append(txt)
    # print(msg_list)
    # 写入 csv
    out = open(dFileName, 'a', newline='', encoding='utf-8-sig')
    csv_write = csv.writer(out, dialect='excel')
    title = ("area", "subarea", "address", "huxing", "mianji", "chaoxiang",
             "zhuangxiu", "niandai", "unitprice","totalprice","year")
    csv_write.writerow(title)
    for msg in msg_list:
        csv_write.writerow(msg)
    out.close()
```

笔记

预处理后的 .csv 文件会生成在当前目录下，预处理过滤掉 3001 条数据，过滤后数据为 27 963 条。图 4-53 所示为部分预处理后的数据截图。

A	B	C	D	E	F	G	H	I	J	K
area	subarea	address	huxing	mianji	chaoxiang	zhuangxiu	niandai	unitprice	totalprice	year
天河	华景新城	华景新城雅景园	3室2厅	96.78	西北	简装	2000	47531	4600000	房本满五年
天河	员村	美林海岸花园	2室1厅	73.06	东南	简装	2003	51328	3750000	房本满五年
天河	天河客运站	南兴花园(天河区)	3室2厅	83.06	北	简装	2004	31664	2630000	房本满五年
天河	燕塘	时代新世界	2室1厅	98.43	东南	精装	0	25399	2500000	房本满五年
天河	棠下	阳光假日园	2室1厅	77.69	北	精装	2009	44408	3450000	房本满五年
天河	东圃	金庭轩	2室2厅	62.5	南	简装	1994	32480	2030000	未知
天河	东圃	城市假日园	3室2厅	94.51	东北	简装	2005	45498	4300000	房本满五年
天河	体育中心	光华大厦	2室2厅	98.06	南 北	精装	2000	45891	4500000	房本满两年
天河	燕塘	瑞心苑	3室2厅	109.04	西南	精装	2000	48423	5280000	房本满五年
天河	天润路	金碧翡翠华庭	2室2厅	84.54	南	精装	2007	66833	5650000	未知
天河	黄村	中海康城	2室1厅	76	南	精装	2002	43422	3300000	房本满两年
天河	智慧城	万科云城米酷	1室1厅	36	北	精装	2017	29445	1060000	未知
天河	粤垦	金坤花园	2室2厅	74.27	南	简装	1998	35008	2600000	房本满五年
天河	珠江新城中	保利心语花园	3室2厅	110.44	北	精装	2008	84209	9300000	房本满五年
天河	东圃	旭景家园	3室2厅	85.43	南 北	精装	2002	40384	3450000	房本满两年
天河	珠江新城东	马赛国际公寓	2室2厅	77.24	东	精装	2006	46867	3620000	房本满五年
天河	天河南	六运小区	2室2厅	63.5	西北	精装	1993	53544	3400000	房本满五年
天河	华景新城	华景新城泽晖苑	2室2厅	82.56	西南 西北	简装	1999	49177	4060000	房本满两年
天河	天润路	金润大厦	1室1厅	47.23	北	简装	0	60979	2880000	房本满五年
天河	珠江新城东	马赛国际公寓	1室0厅	46.31	东	精装	2006	39949	1850000	房本满两年
天河	沙太南	天河北苑	3室2厅	78.27	东南	精装	1998	26192	2050000	未知
天河	燕塘	华文学院	2室1厅	80.02	西北	精装	1999	28743	2300000	房本满五年
天河	天河公园	翠湖山庄	2室1厅	73	东南	简装	1999	47946	3500000	房本满五年
天河	天河公园	叠翠台	2室2厅	74	北	精装	2004	55406	4100000	房本满两年
天河	珠江新城中	汇峰苑	1室1厅	44.93	东	精装	2008	77899	3500000	房本满五年
天河	天河公园	东方新世界熹园	2室2厅	82.29	西	精装	2011	76559	6300000	房本满五年
天河	天河公园	理想蓝堡国际花园	3室2厅	111	西南	精装	2004	66217	7350000	房本满五年
天河	龙口西	帝景苑	3室2厅	112	西南	精装	2000	59643	6680000	房本满五年
天河	天河公园	翠湖山庄	2室1厅	73.1	西南	精装	1999	47196	3450000	房本满五年

图 4-53 预处理后的数据

能力拓展

进一步对 yuchuliguangzhouershoufang.csv 的数据进行预处理，对最后一列 year 的值进行映射，房产证满 5 年则值映射为 5，房产证满 2 年则值映射为 2，未知则值映射为 0。

小　结

本项目介绍了数据采集方式、方法、工具和案例，介绍了数据预处理的目的和方法，并详细介绍了 Python 网络爬虫的结构和类别，让学生自己搭建 Python 网络爬虫开发环境，并进行编码，实现从网上爬取房屋数据，对爬取的数据进行进一步数据预处理。通过网络爬虫案例，给学生展现了从数据采集到数据预处理的整个过程。

笔记

课后习题

1．常用的大数据采集工具有哪些？

2．数据预处理的作用是什么？有哪几种数据预处理的方法？

3．什么是爬虫？爬虫的作用是什么？

4．网页的基本结构包含哪些？

5．爬虫程序如何进行数据爬取？

笔记

项目五　数据计算与数据存储

项目概述

项目四中，通过编写爬虫程序进行数据采集和数据预处理，收集到了 27 963 条房屋信息，并保存在 .csv 文件中。但是在实际开发中，这样是很不安全的，万一 .csv 文件丢失或者被误删，所有数据就丢失了。所以，采集到的数据必须存储在一个稳定的介质中，即数据库。本项目首先利用 Spark 计算框架对房屋信息数据进行数据计算，然后把数据存储在 HBase 数据库中。

项目背景(需求)

在 .csv 文件里面，存在部分面积小于 40 平米的房屋，这部分房屋多为单身公寓，不是住宅小区，房屋价格变动较大且可能与该区域房屋均价偏离较远，会影响后续数据分析结果。因此需要对数据做处理，计算每个区域的房屋均价，并比较面积小于 40 平米的房屋单价和本区域房屋单价平均值，如果相差较大，则删除面积小于 40 平米的房屋。删除完毕后把剩余数据存储在 HBase 数据库中，以便后续数据分析使用。本项目需要用到以下软件，表 5-1 中为下载好的软件版本。

表 5-1　数据计算和数据存储相关软件

软件名称	软 件 示 例
Spark2.1.0	spark-2.1.0-bin-without-hadoop.tgz
HBase1.1.5	hbase-1.1.5-bin.tar.gz
Scala IDE	scala-SDK-4.7.0-vfinal-2.12-linux.gtk.x86_64.tar.gz

项目演示(体验)

(1) Spark 计算过程，如图 5-1 所示。

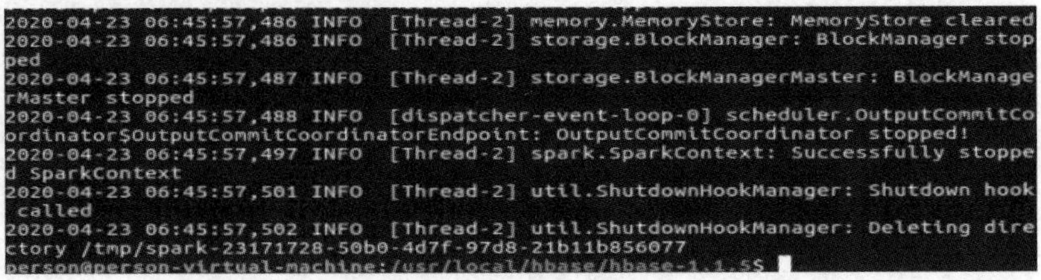

图 5-1　Spark 计算过程

笔记

(2) HBase 存储的总记录数，如图 5-2 所示。

```
Current count: 20000, row: 2830
Current count: 21000, row: 3730
Current count: 22000, row: 4630
Current count: 23000, row: 5530
Current count: 24000, row: 6430
Current count: 25000, row: 7330
Current count: 26000, row: 8230
Current count: 27000, row: 9130
27963 row(s) in 4.3240 seconds
```

图 5-2　HBase 存储的总记录数

(3) HBase 存储的单条数据情况，如图 5-3 所示。

```
hbase(main):012:0> scan 'houseinfo', {LIMIT=>1}
ROW                        COLUMN+CELL
 0                         column=info:address, timestamp=1587595549790, value=\xE9\x
                           AA\x8F\xE6\x99\xAF\xE8\x8A\xB1\xE5\x9B\xAD
 0                         column=info:area, timestamp=1587595549790, value=\xE5\xA4\
                           xA9\xE6\xB2\xB3
 0                         column=info:chaoxiang, timestamp=1587595549790, value= \xE
                           4\xB8\x9C\xE5\x8D\x97
 0                         column=info:huxing, timestamp=1587595549790, value=4\xE5\x
                           AE\xA42\xE5\x8E\x85
 0                         column=info:mianji, timestamp=1587595549790, value=133.54
 0                         column=info:niandai, timestamp=1587595549790, value=2008
 0                         column=info:subarea, timestamp=1587595549790, value=\xE6\x
                           A3\xA0\xE4\xB8\x8B
 0                         column=info:totalprice, timestamp=1587595549790, value=730
                           0000.0
 0                         column=info:unitprice, timestamp=1587595549790, value=5466
                           6
 0                         column=info:year, timestamp=1587595549790, value=\xE6\x88\
                           xBF\xE6\x9C\xAC\xE6\xBB\xA1\xE4\xBA\x94\xE5\xB9\xB4
 0                         column=info:zhuangxiu, timestamp=1587595549790, value= \xE
                           7\xB2\xBE\xE8\xA3\x85
```

图 5-3　HBase 存储的单条数据

思维导图

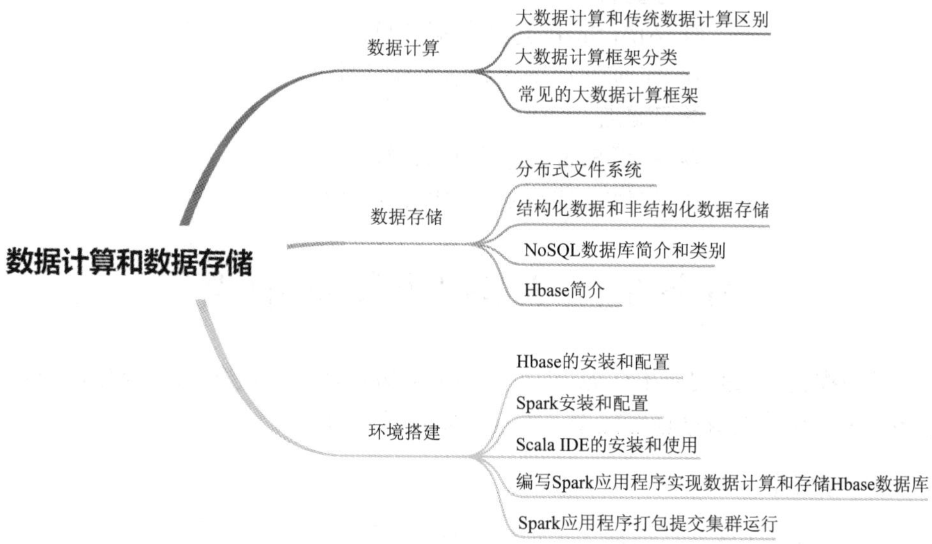

笔记

思政聚焦

大数据处理采用“分而治之”的原则，即把一个很大的数据处理任务分割成许多个小任务，并分发给大数据集群中的各个机器执行。大数据集群就好比一个团队，集群中的每台机器好比每个团队成员。因此，我们可以把这种工作方式类比为团队合作。

本项目主要内容

本项目学习内容包括：

(1) 大数据计算和传统数据计算的区别；
(2) 常见的大数据计算框架；
(3) NoSQL 数据库；
(4) 在 Hadoop 环境上安装 Spark 和 HBase；
(5) 利用 Spark 进行房屋信息计算处理，并存储在 HBase 数据库。

教学大纲

能力目标

◎ 能够在 Hadoop 环境上安装 Spark 和 HBase；
◎ 能够利用 Spark 进行房屋信息计算处理；
◎ 能够将数据存储在 HBase 数据库。

知识目标

◎ 了解大数据计算和传统数据计算的区别；
◎ 了解几种常见的大数据计算框架；
◎ 了解 NoSQL 数据库的概念和类型。

学习重点

◎ 利用 Spark 进行数据计算；
◎ 如何在 HBase 数据库存储数据。

学习难点

◎ 利用 Spark 进行数据计算；
◎ 如何在 HBase 数据库存储数据。

任务 5-1 大数据计算框架初识

任务描述：通过实施本任务，学生能够了解数据计算的概念、认识 MapReduce、Spark、Storm 等大数据计算框架，并能够掌握其运行原理。

知识准备

(1) 大数据计算和传统数据计算的区别。

笔记

(2) 大数据计算框架分类。

(3) 常见的大数据计算框架。

任务实施

5.1.1　大数据计算和传统数据计算的区别

数据计算是对数据依某种模式而建立起来的关系进行处理的过程，常见的加、减、乘、除就是数据计算。在大数据还未出现的时候，传统数据计算的核心思想是数据的集中式计算。在集中式计算中，所有的数据计算过程都由一个大型中央计算系统或一台高性能服务器完成，需要参与计算的数据全部由大型中央计算系统(服务器)中的数据库进行存储。如果有数据计算需求，则各 I/O 终端需要统一发送请求给大型中央计算系统(服务器)。由大型中央计算系统(服务器)进行统一计算后得出结果，又通过网络传输给各个 I/O 终端。

集中式计算的典型案例就是网络文件系统(NFS)和 Web 系统。一个 NFS 系统由一台文件服务器和若干个客户端计算机组成。在文件服务器上保存了所有文件数据。各客户端计算机通过网络和文件服务器通信。如果客户端需要在本地安装文件服务器上的网络文件，则所有的客户端统一发送请求给文件服务器。文件服务器统一处理各客户端的请求，并发送相应的网络文件给各个客户端。

在 Web 系统中，Web 服务器单独部署在一台服务器上，并和数据库相连接。各客户端通过网络连接到 Web 服务器，如果有请求则发送 HTTP 请求给 Web 服务器。Web 系统的客户端一般为瘦客户端，客户端只用来发送请求，获取服务端响应，解析响应，没有核心的业务逻辑处理功能，也不能私自连接数据库。Web 系统核心的业务逻辑计算和对数据库数据的操作都由 Web 服务器统一执行。最常见的 Web 系统客户端就是系统自带的各种浏览器。

在数据量不大的情况下，集中式计算模式完全可以满足需求。但是随着数据量的逐渐增大，我们需要通过纵向扩展方式不断增加大型中央计算系统(服务器)中的处理器数量、内存容量、磁盘容量等以增强服务器的计算能力，从而保证数据计算的速度。但即使这样做，也仍然存在以下三个问题。

(1) 随着数据量的逐渐增大，数据的网络传输时间大大增加，严重影响计算效率。比如，原本计算的数据为 100 MB，传输需要 1 分钟；现在有超过 10 GB 的数据，从各个终端传输数据到中央服务器就需要几十分钟，然后才能进行集中计算，时间成本太高。

(2) 随着数据量的逐渐增大，以往采用纵向扩展方式来提高计算性能终究会遇到瓶颈。因为单台机器的性能不可能无限扩充，即使我们把单台服务器扩充到极限，即能够 1 分钟处理 100 GB 数据，但是当数据增长到 200 GB 时，我们就无力为之了。

(3) 如果服务器故障停机或者断电，那么整个计算过程无法继续执行下去，整个计算系统将瘫痪，无法再用。

很显然，在大数据时代，纵向扩展的方式只能暂时缓解计算性能的问题，但

笔记

并不能从根本上解决。既然纵向扩展不行，那么我们就换一条路，有人就设想利用横向扩展方式来提高计算性能，即我们可以向服务端添加另一个计算节点(另一台服务器)，当计算数据量比较大时，我们可以把大的计算任务切分成小任务，分给两台服务器协同完成，然后汇总计算结果。例如，要计算 1～100 的和，那我们可以把计算 1～50 的和这个计算任务分配给第一台机器，把计算 51～100 的和这个计算任务分配给第二台机器。等两台机器都计算完毕后，把两台机器的计算结果汇总在一台机器上并再次相加得到最终结果。计算过程如图 5-4 所示。

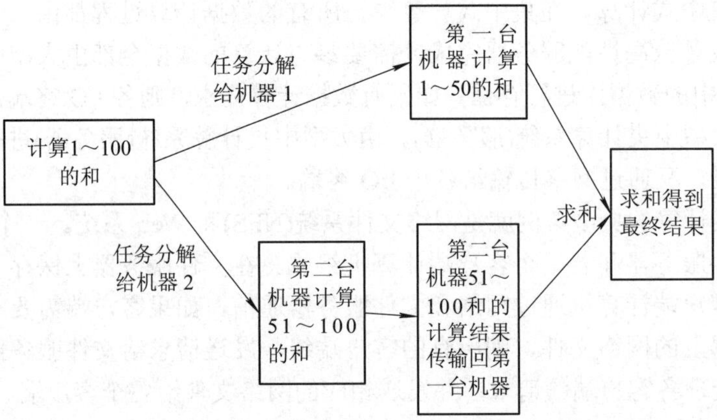

图 5-4　1～100 分布式计算过程

图 5-4 所示的这种计算方式称为分布式计算。分布式计算是由多个服务器组成一个计算集群来共同执行计算任务。尽管单个服务器的运算能力有限，但是将成百上千的服务器组成服务器集群后，整个系统计算性能大幅度提升，同时集群还具备强大的横向扩展功能，随着数据量的增大，还可以不断往集群中新增服务器。分布式计算的关键问题就在于如何进行任务分解，同时协调各个计算节点的资源分配和任务分配。这就需要一个“管家”。这个“管家”可以是集群中的某一台机器，也可以是集群中所有的机器。如果是某一台机器，那么这个集群的架构称之为主从架构。主从架构集群中只有 1 台机器总管整个集群，其他机器属于从属地位。如果是集群中所有机器，这个集群称之为 P2P 架构。P2P 架构集群中，各个机器地位同等，没有主从之分。“管家”机器在分配计算任务时并不是随机分配的，而是根据“数据向计算靠拢”的原则进行任务分配，即哪台机器存储了计算任务所需要的数据，那么这个计算任务就分配给此台机器。分布式计算在理论上能够满足大数据计算需求，但是技术实现比较困难。因此，在 2003 年之前，分布式计算发展非常缓慢，大多数企业仍然采用纵向方式扩容计算服务器，数据计算模式多为集中式计算。对于企业来说，集中式计算对单个服务器性能要求较高，服务器价格非常昂贵，大大增加了企业的购买成本。

在 2003—2006 年间，互联网巨头 Google 公司相继发表了 GFS(Google File System)、MapReduce 和 BigTable 三篇技术论文，提出了一套全新的分布式计算模型。其中 GFS 是谷歌分布式文件系统，MapReduce 是谷歌分布式计算框架，BigTable

笔记

是构建在 GFS 之上的数据存储系统。这三大组件共同构成了 Google 的分布式计算模型。

Google 的分布式计算模型大幅度简化了传统的分布式计算，降低了分布式计算技术实现难度，使分布式计算从理论到实际运用成为可能。在 Google 的分布式计算模型中，分布式计算节点可以选用廉价服务器甚至普通的 PC 机。如果需要提升集群的计算性能，只需增加廉价服务器的数量，这样整个计算集群构建的成本将会十分低廉。随后，谷歌在其计算中心成功搭建了一个分布式计算集群，并取得了良好的数据计算效果。至此，各互联网公司也开始利用 Google 的分布式计算模型搭建属于自己的分布式计算系统，分布式计算模式得以风靡世界。目前，在 Google、阿里巴巴等大型互联网企业的计算中心，分布式计算集群服务器数量已经达到了上千台之多，完全能够满足日常海量数据的计算负荷。

5.1.2 常见的大数据计算框架简介

通过项目二的表 2-2 可以知道大数据有 4 种计算模式，离线批处理，实时流计算，交互查询分析和图计算。其实，根据计算数据是否实时处理，又可以把计算模式总的分为两类，一类为批量计算包含离线计算、交互查询分析和图计算；另一类为流计算。具体分类如图 5-5 所示。

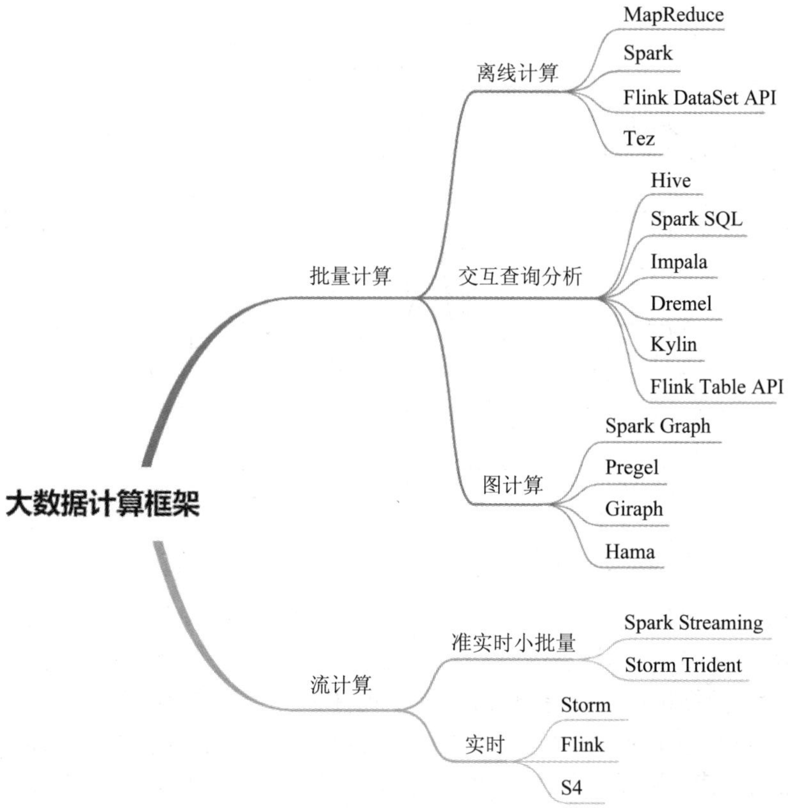

图 5-5 大数据计算框架分类

笔记

下面我们选取一些具有代表性的大数据计算框架来介绍。

1. 批量计算

1) MapReduce

MapReduce 是最早的大数据计算框架，是 Hadoop 大数据处理平台的两大核心组件之一。其原型是谷歌分布式计算模型中的 MapReduce 计算框架。MapReduce 计算框架只有 2 个操作，分别是 Map 和 Reduce，在一定程度上限制了 MapReduce 的表达能力。当然我们可以通过多个 MapReduce 的组合，表达复杂的计算问题，但实现过程太过复杂。MapReduce 采用 Java 语言编程，编写一个 MapReduce 应用程序需要实现 3 个 Java 类(Map 类、Reduce 类和驱动程序类)。MapReduce 一般适用于离线大批量数据计算，实时性不高，比如历史数据的分析、日志分析等。MapReduce 的计算过程是把大批量的数据按照某种特征进行分片，然后对各个分片进行并行计算，最后按照该特征合并所有并行计算的结果，从而得到最终结果。MapReduce 的架构在项目二已经介绍过了，下面我们结合词频统计的案例，介绍 MapReduce 数据计算过程。假设我要统计集群中的 HDFS 某目录下所有文件中各个单词出现的频率，具体步骤如图 5-6 所示。

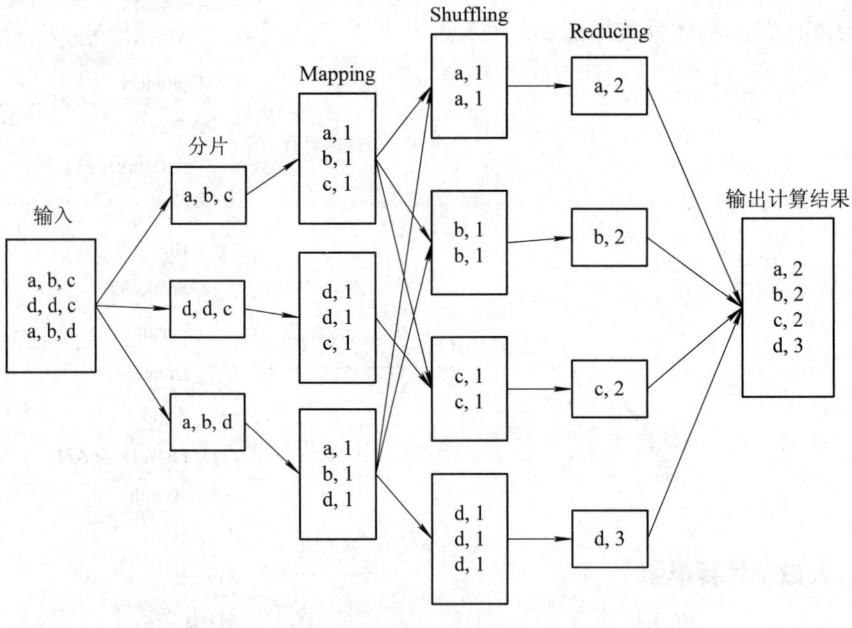

图 5-6　MapReduce 实现词频统计案例执行过程

MapReduce 的计算过程主要分为六个阶段，分别是输入数据、分片、Mapping、Shuffling、Reducing 和输出计算结果。下面简单介绍一下各个阶段所执行的任务。

(1) 输入数据阶段所执行的任务：程序从 HDFS 分布式文件系统上的某个目录读取数据。一般情况下，HDFS 目录里面的文件被分割成很多小文件存储在集群的不同机器上。读取数据文件采用就近原则，每个机器只读取自己存储的那部分数据，数据读取不涉及跨节点的数据复制。

(2) 分片阶段所执行的任务：程序按照一定的标准对数据分片，每个分片对应一个 Map 任务。例如图 5-6 的数据经过数据分片后形成 3 个数据片，每个数据片会启动一个 Map 任务进行后续处理。

(3) Mapping 阶段所执行的任务：对分片后的单词执行 Map 操作，把分片后单词转换成键值对的形式输出。

(4) Shuffling 阶段所执行的任务：对 Map 任务输出的键值对进行 Shuffle 操作，把相同键名的键值对分为一组。

(5) Reducing 阶段所执行的任务：当集群所有节点都执行完 Shuffle 操作后，对每个分组数据启动一个 Reduce 操作。把同一个分组中键名相同的数据合并为列表，并对每个列表的值进行相加。

(6) 输出最终计算结果：MapReduce 主要用来解决实时性要求不高的大批量数据集的数据计算问题，多用于对海量历史数据的分析。但是，目前 MapReduce 已经慢慢退出我们的视野，被其他更快速、方便的大数据计算框架取代。这是因为 MapReduce 数据计算延迟高。具体有以下两方面的问题。

问题 1：MapReduce 计算过程存在木桶效应，每个阶段都需要所有的计算机同步，影响了执行效率。比如启动 Reduce 任务时，需要集群中所有的计算机都执行完成 Shuffle 阶段，这样如果集群中有一台计算机性能较差，则会拖慢整个集群的计算过程，造成高延迟。

问题 2：MapReduce 每次数据处理的中间结果都要使用磁盘存储，下一次数据处理又要从磁盘读取，整个数据计算过程涉及大量的 I/O 磁盘读写操作。尤其在解决机器学习相关问题，需要迭代计算，这样高频次的 I/O 磁盘读写严重影响程序执行效率。

虽然 MapReduce 计算延迟高，但是 MapReduce 作为最早的大数据计算框架，具有里程碑式的意义，其影响着后期大数据计算框架的发展。

2) Tez

为克服 MapReduce 上述问题，有人提出了有向无环图(DAG)计算模型，核心思想是基于 MapReduce 计算框架，将 Map 和 Reduce 两个操作进一步拆分，分解后的子操作可以任意灵活组合，产生新的操作，这些操作经过一些控制程序组装后，可形成一个大的 DAG 作业。这样能够大幅度提升数据计算速度。Apache Tez 就是最早出现的 DAG 模型之一。

DAG 预先给程序设定了一个执行流程指示图，形成管道化作业。程序不需要每步执行完，再耗时等待下步如何执行。举个例子，假设我们要到超市去买菜，我不知道超市在哪里，如果用类似 MapReduce 的计算模式解决，我们需要等待问路→走一段→继续等待问路→再走一段→经过多次等待问路后最终到达超市。中间过程充满了等待时间，速度肯定慢。如果用类似 DAG 的计算模式解决，我们在去超市之前就有人给我们绘制了一张地图，告诉你怎么走，你可以按照地图指示一步步走到超市，而中间过程不必有等待，这样速度肯定快。

Tez 把 Map 和 Reduce 进一步拆分为很多子操作，这样可以表达所有复杂的 Map 和 Reduce 操作。一个 Tez 任务的执行由输入、执行、输出三个阶段组成，如图 5-7 所示。

笔记

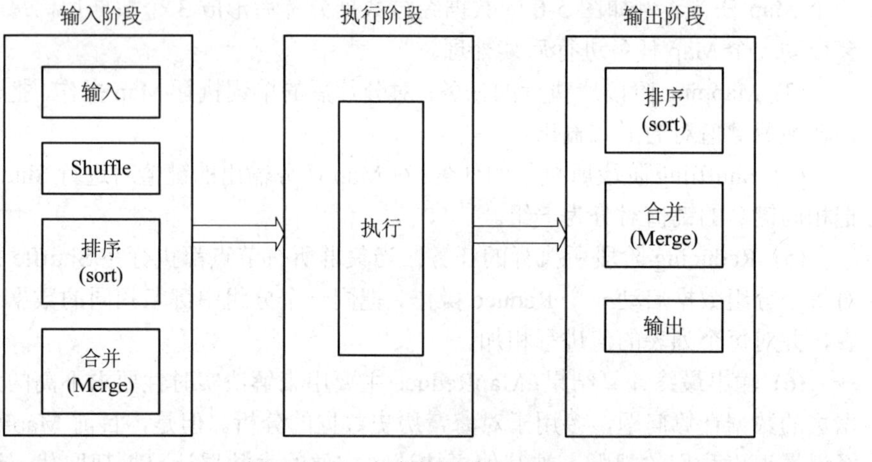

图 5-7 Tez 任务执行阶段

图 5-8 所示为 MapReduce 和 Tez 执行流程对比，从图中可以看出，Tez 在数据计算时可以将多个有关联的任务转换为一个任务，从而提升数据计算性能。

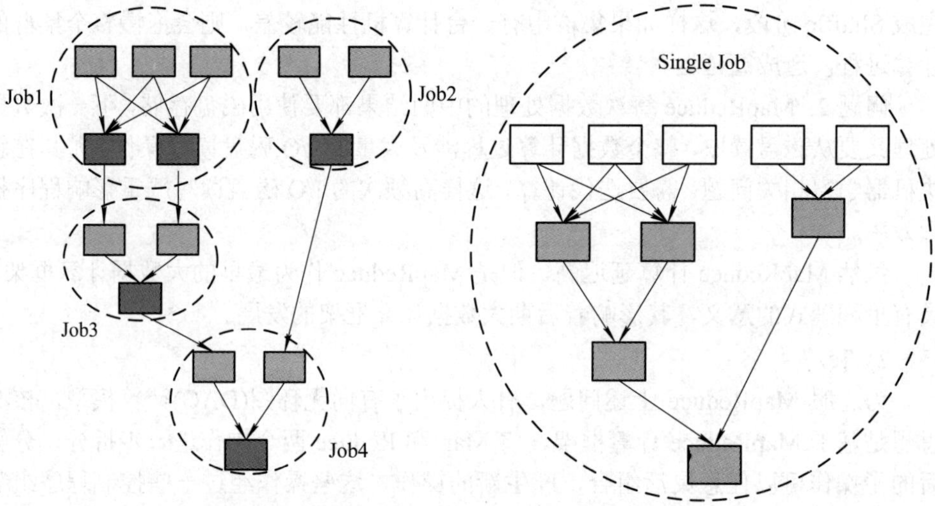

图 5-8 MapReduce(左)对比 Tez(右)

Tez 利用 DAG 机制解决了导致 MapReduce 计算延迟高的第一个问题，增强了数据计算任务执行流程的衔接性，大幅度提升了数据计算的速度。但是对于问题 2 仍然没有解决方案，所以大数据计算速度仍具有进一步提升的空间。

3) Spark

Spark 由加州大学伯克利分校 AMP 实验室开发。Spark 借鉴了 DAG 的机制，同时又提出了基于内存的分布式存储抽象模型 RDD(Resilient Distributed Datasets，弹性分布式数据集)，把中间数据有选择地加载并保存到内存中，除非内存放不下时数据才写入磁盘，极大地提高了计算性能，特别是在迭代计算的场合，这种计算模式减少了大量的磁盘 I/O 开销。Spark 完美解决了导致 MapReduce 的延迟高的第二个问题。使用 Spark 进行数据计算时，一般只需要进行 2 次磁盘 I/O 读写，即

笔记

在计算开始阶段从磁盘读取数据，在计算全部结束后把结果写入磁盘。这种计算模式非常适用于迭代计算和数据挖掘。在迭代计算中，Spark 和 MapReduce 计算过程对比如图 5-9 所示。与 MapReduce 相比，Spark 的运算效率要快 100 倍以上，如图 5-10 所示。

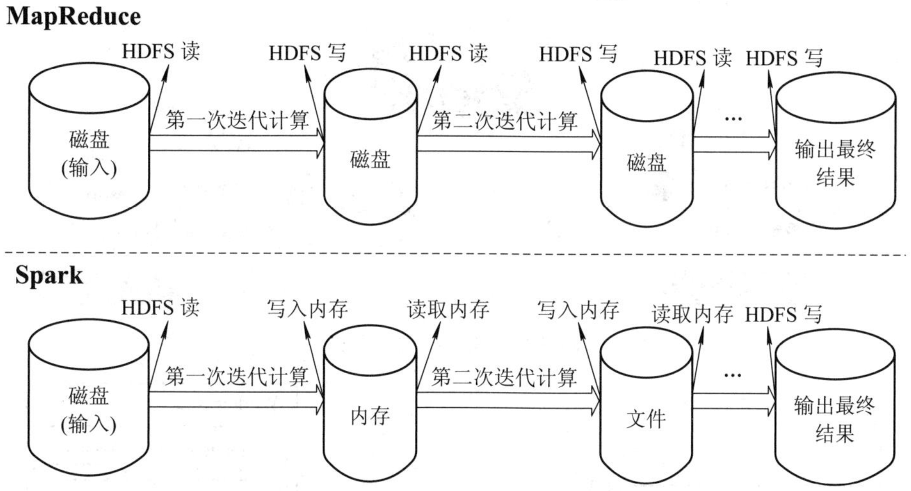

图 5-9　MapReduce 对比 Spark 计算过程

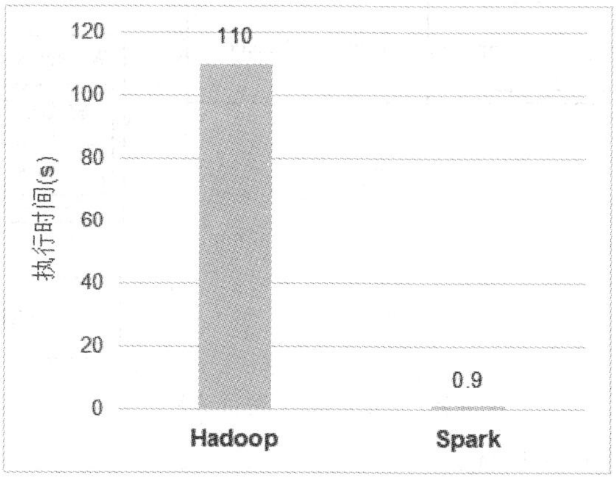

图 5-10　MapReduce 对比 Spark 计算时间

基于 Spark 批处理功能，Spark 演化出一系列的组件，满足不同大数据计算应用场景需求，这些组件共同构成了 Spark 生态系统，如图 5-11 所示。例如，专门用来做流计算的组件 Spark Streaming，用来做交互查询分析的组件 Spark SQL，用来做图计算的组件 GraphX，用来做机器学习的组件 MLlib 等。Spark 的宗旨就是“一个软件栈满足所有应用场景”。Spark 可以搭建在 Hadoop 平台之上，完美兼容 Hadoop 生态系统组件，比如 HBase、Hive、HDFS、Yarn、Zookeeper 等。目前，Spark 已经成为第三代大数据计算框架的代表技术。

Spark 整个架构包括集群资源管理器(Cluster Manager)、运行作业任务的工作节点(Worker Node)、每个应用的任务控制节点(Driver)和每个工作节点上负责具体任务的执行进程(Executor)。架构如图 5-12 所示。

笔记

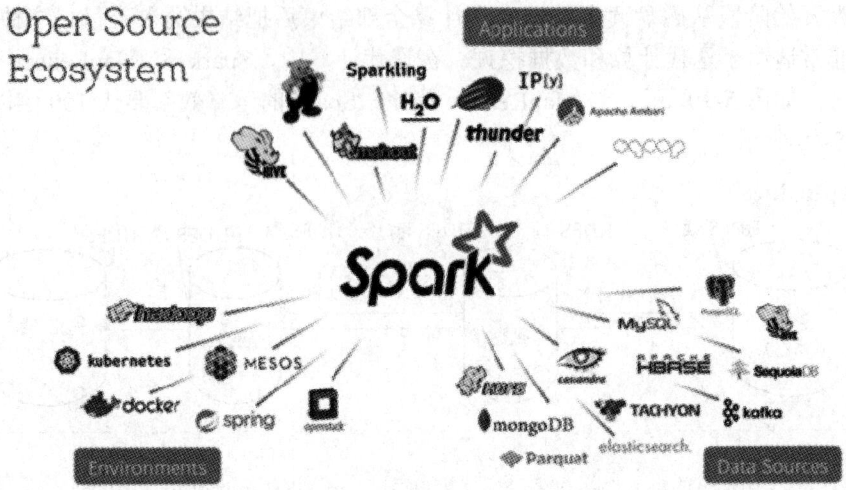

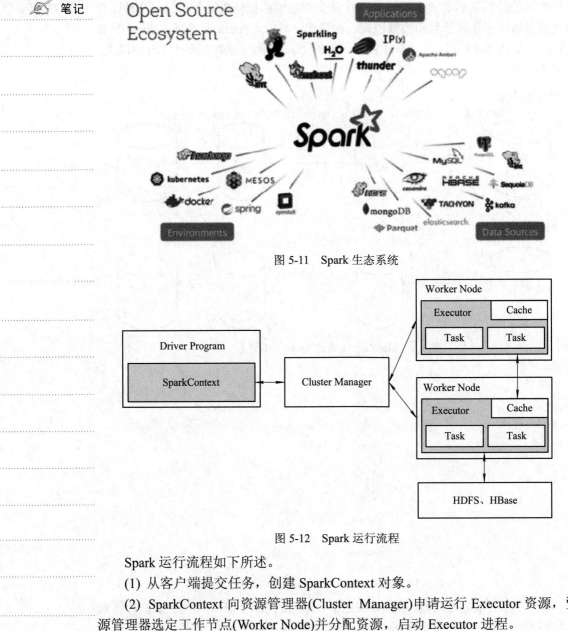

图 5-11 Spark 生态系统

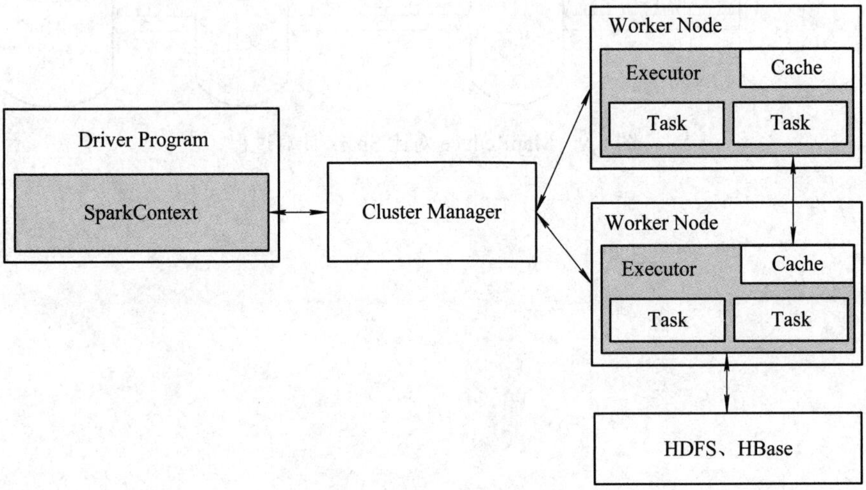

图 5-12 Spark 运行流程

Spark 运行流程如下所述。

(1) 从客户端提交任务，创建 SparkContext 对象。

(2) SparkContext 向资源管理器(Cluster Manager)申请运行 Executor 资源，资源管理器选定工作节点(Worker Node)并分配资源，启动 Executor 进程。

(3) Executor 进程向 SparkContext 申请任务(Task)。

(4) SparkContext 将应用程序分发给 Executor。

(5) SparkContext 构建 DAG 图，将大的任务分解成多个小任务，通过任务解析器发送给 Executor 运行具体任务。

(6) 所有 Executor 运行完任务后，把结果统一汇总给 SparkContext，客户端得到计算结果。

Spark 是基于 Scala 编程语言实现的，同时也支持 Python、Java、R 等编程语言。Spark 语法简洁，代码实现简单，比 MapReduce 代码量减少了很多，因为 Spark

笔记

为 RDD 提供了丰富的操作方法，其中不仅包括了 map 和 reduce 方法，还有 filter、flatMap、groupByKey、 reduceByKey、union、join、mapValues、sort、partionBy 等用于数据转换的操作和 count、collect、reduce、lookup、save 等用于收集或输出计算结果的操作。如果用 Spark 实现如图 5-6 的词频统计案例，则只需要调用 Spark 的 map 和 reduceByKey 两个转换操作就可以得到最终结果。首先通过 map 操作把原始数据转换成键值对形式，然后通过 reduceByKey 操作对所有键值对按键进行相加操作，代码量非常少。图 5-13 为 Spark 实现词频统计案例的计算过程。

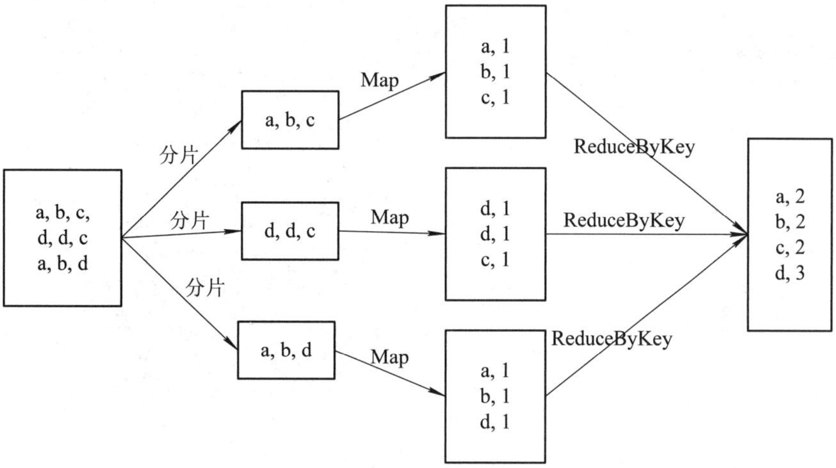

图 5-13　Spark 实现词频统计案例计算过程

Spark 中的 RDD 是一个高度受限的内存共享模型，是只读的，只能创建，不能修改。Spark 的容错性能比 MapReduce 更好。Spark 采用记录日志方式来进行容错控制，用日志的方式记录 RDD 之间的转换操作。由于 Spark 中的 RDD 只支持粗粒度转换并且只读，结合 DAG 机制使得 RDD 之间具有“父子关系”。当 RDD 的部分分区数据出错时，Spark 可以通过查看日志，准确定位出错的 RDD 分区，并根据 RDD 之间的父子关系图找到出错 RDD 的父 RDD 分区，并进行重新运算。

2. 流计算

1) Storm

Storm 是 Twitter 公司开发的一个分布式的流计算框架。Storm 软件核心部分使用 Clojure 开发，外围部分使用 Java 开发。Storm 只能用来做流计算，不能用来做批处理。Storm 实时性非常高，能够达到毫秒级的响应，一般用于实时性非常高的场景中，比如实时推荐、实时预警等。Storm 编程支持多种语言，比如 Java、Python、Clojure 等，Storm 架构为主从架构，主要由一个主节点 Nimbus 和若干个工作节点 Supervisor 组成。每个 Supervisor 上运行了多个任务工作进程 Worker。Worker 可以启动多个执行线程运行 Storm 的流计算任务 Topology。一个 Topology 就是一个有向无环图，由一些消息的发送者 Spout 和消息的处理者 Bolt 组成。Storm 整个架构如图 5-14 所示。

笔记

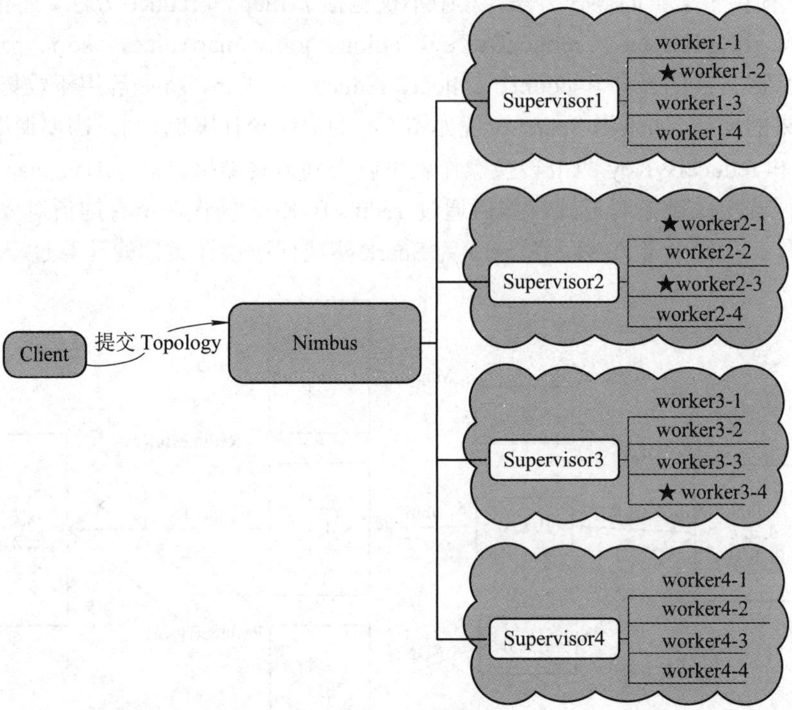

图 5-14 Storm 架构

Storm 运行流程为：当客户端向主节点(Nimbus)提交一个 Topology 时，Nimbus 会对 Topology 进行调度。Nimbus 根据 Topology 所需要的 Worker 进行分配，将其分配到各个 Supervisor 的节点上执行。Supervisor 启动工作进程，每个工作进程执行 Topology 的一个子集。如果把实时数据比作流水，Spout 可以理解为一个水龙头，Bolt 就是一个个水处理池。Storm 使用 Spout 从数据源拉取数据，数据组成一个元组(Tuple)后转交给 Bolt 处理单元处理。Bolt 接受到 Tuple 处理完后,可以继续交给下一个 Bolt 处理或停止。这样数据以 Tuple 的形式一个接一个地往下执行,就形成了一个 Topology。整个流计算处理过程就是实时数据不断地执行 Topology 任务处理的过程，如图 5-15 所示。

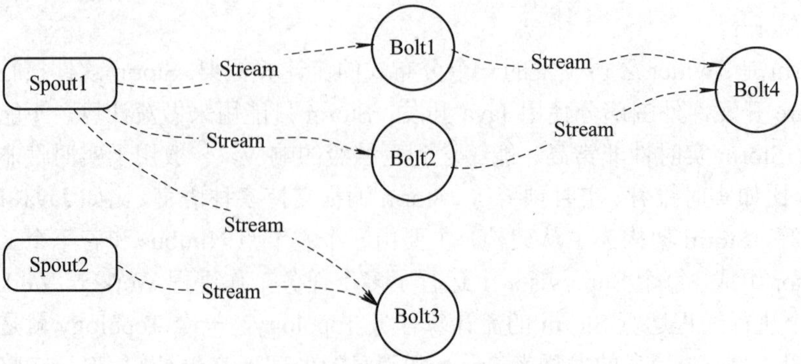

图 5-15 Topology 任务处理过程

笔记

2) Spark Streaming

Spark Streaming 是 Spark 核心 API 的一个扩展，是一个准实时的流计算框架。Spark Streaming 准实时的流计算流程如图 5-16 所示。从图 5-16 中我们可以看出，Spark Streaming 将接收到的实时流数据，按照一定时间间隔(一般为 1 秒)对数据进行拆分，然后将拆分的数据交给 Spark 进行批处理计算，最终得到计算结果。

Spark Streaming 的底层仍然是批处理操作，只是时间间隔很短，一般称为微批处理操作。Spark Streaming 不是完全实时流计算框架，只能算作准实时的流计算框架，但是这并不妨碍 Spark Streaming 的广泛应用，因为 80%实时流计算场景要求实时性能达到秒级，因此 Spark Streaming 完全满足。只有少数实时要求非常高的场景，才需要达到毫秒级，那就需要用 Storm 或者其他流计算框架。

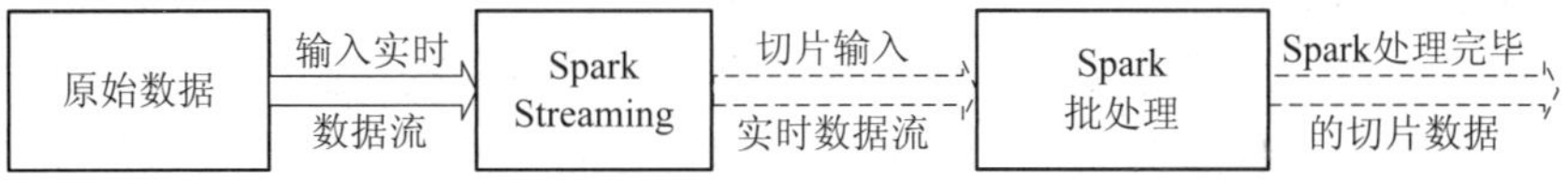

图 5-16　Spark Streaming 微批处理

Spark Streaming 在内部把输入实时数据按照时间切片(如 1 秒)分成一段一段，每个切片数据内部是连续的(连续数据流)，而切片之间的数据却是相互独立的(离散数据流)。每个切片被称为一个 DStream，每个 DStream 被看作包含一组 RDD 的序列。任何对 DStream 的操作都会转变为对底层 RDD 的批处理操作。图 5-17 展示了实时词频统计对 DStream 的操作。

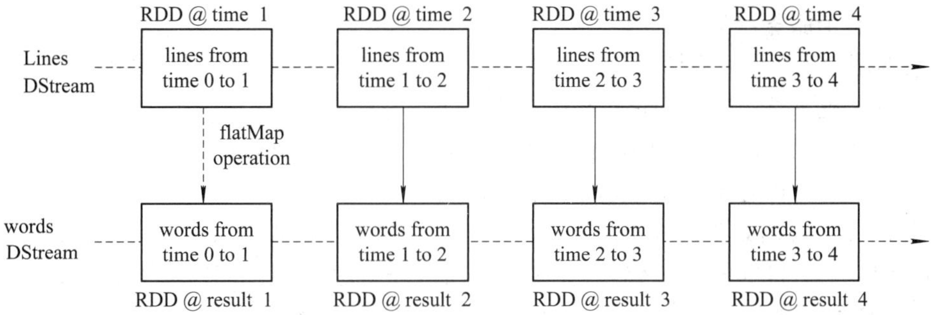

图 5-17　实时词频统计对 DStream 的操作

任务 5-2　大数据存储初识

任务描述：通过实施本任务，读者能够了解大数据中结构化数据和非结构化数据的存储，了解分布式文件系统概念和 NoSQL 数据库，掌握 HBase 的运行机制。

知识准备

(1) 分布式文件系统。

(2) 结构化数据和非结构化数据的存储。

笔记

(3) NoSQL 数据库。

(4) HBase 简介。

任务实施

5.2.1 分布式文件系统

在传统数据存储中，一个数据文件存储在单台服务器的磁盘中，但是当数据文件存储所需磁盘空间大于这台服务器的磁盘空间时，如何处理？

方案一：给这台服务器加磁盘。这只能解决燃眉之急，如果后续又有大容量数据文件要存储，是否还要继续加磁盘？服务器的体积是有限的，磁盘数量不可能无限制的增加下去，最终会达到一个瓶颈。

方案二：增加服务器数量。用远程共享目录的方式提供数据文件的网络化存储，把不同数据文件放入不同的机器中，如果存储空间不足，可继续加服务器数量，从理论上来说随着服务器数量增加，存储空间可以无限扩大。

综合上述 2 个方案，我们看到方案 2 的优势更大，方案 2 构建了一个数据文件分布式存储的雏形，这就是早期的分布式文件系统。这种分布式文件系统能够解决大容量的数据存储问题，但是在使用中也暴露出以下问题。

问题 1：服务器集群负载不均衡。如果某个数据文件是热门文件，有很多用户经常读取这个文件，假设某一台服务器存储了这个文件，那么，这台服务器的负载将会很高，而其他服务器没有什么压力。这就造成了各服务器的负载不均衡，降低了整个服务器集群资源利用率。

问题 2：数据可靠性低，安全性差。如果某个文件所在的机器出现故障，那么这个文件就损坏了，从而造成数据丢失。

问题 3：文件管理维护困难。假设有 100 台服务器，如果需要人工去管理文件，安排每个文件的存放位置，那么工作量非常大。

因此，我们需要一种工具来自动管理多台机器上的数据文件存储，并具有容错机制，同时能够解决负载均衡问题，这个工具就是分布式文件系统(HDFS)。

HDFS 来源于谷歌的 GFS 文件系统，由 Java 语言编写，是 Hadoop 生态系统的两大核心组件之一。HDFS 可让多台机器上的多个用户分享数据文件和底层存储空间。HDFS 解决了传统分布式文件系统的上述 3 个问题，解决方案如下所述。

解决方案 1：为了解决存储结点负载不均衡的问题，HDFS 把一个大文件分割成多个小文件，然后把这些小文件分别存储在不同服务器上。外界要读取文件时，需要从各个服务器同时读取小文件，最终合并成一个大文件。读取文件的压力不会全部集中在一台服务器上，而是分布在多个服务器上。这样可以避免对某热点文件的频繁读取带来的单机负载过高的问题。

解决方案 2：对于容错问题的解决，HDFS 会把分割形成的每个小文件进行多个备份，存储在不同的服务器上，如果某台服务器坏了，还可以读取其他服务器上的备份版本。

解决方案 3：为了管理存储文件，HDFS 由一个主节点(NameNode)记录维护文件存储的元数据，比如，HDFS 中哪个目录存了哪些文件，文件被分成了哪些块，每个块被放在哪台服务器上等。HDFS 提供了丰富的文件操作命令供用户使用，管理员只需要把文件利用 HDFS 相关命令上传，HDFS 会自动对文件进行分割存储，不需要管理员去了解底层存储机制。

HDFS 可以运行在通用硬件平台上，利用 HDFS 我们可以构建一个廉价的分布式存储集群。HDFS 的设计思想是“分而治之”，即将大文件和大批量数据文件分布式存储在大量独立的服务器上。HDFS 要求数据集“一次写入、多次查询”，每次查询都将涉及该数据集的大部分数据甚至全部数据，因此延迟较高，多应用在一些实时性和交互性要求不高的场合，比如海量历史日志数据的存储查询分析。HDFS 适合存储大容量数据文件，对于大量小文件的存储，HDFS 的优势并不明显。

HDFS 架构为主从架构，HDFS 集群拥有一个主节点(NameNode)和若干个从节点(DataNode)。NameNode 管理文件系统的元数据，DataNode 存储实际的数据。当用户需要获取文件时，通过 Client 向 NameNode 获取文件存储的元数据和文件的存储位置，然后和相关的 DataNode 进行文件的 I/O 读取。

5.2.2 NoSQL 数据库简介

HDFS 解决了大数据下的数据存储问题，但是 HDFS 只提供了对文件的操作，如果要对文件内部的数据进行一些操作，比如对数据的增删改查，HDFS 并没有提供相关的命令，需要编写专门的应用程序才能实现。要实现对数据的增删改查，可以用到数据库这个工具，比如常见的关系数据库。但是在大数据时代，面对快速增长的数据规模和日渐复杂的数据模型，关系型数据库已无法满足需求。问题主要体现在以下几个方面。

问题 1：关系数据库无法满足海量数据的高效率存储和访问。大数据时代，每分每秒都在产生大量的数据，数据量非常大，这些数据经过处理需要存储在数据库中，如果用关系数据库来存储，那需要具有高频的数据读写性能，但是关系数据库很难做到这一点，比如在一张数据记录上亿行的表中进行数据查询，关系数据库的效率是非常低的。

问题 2：关系数据库扩展性有限。传统关系数据库部署一般为单节点部署，如果数据量剧增，可以采用纵向扩充，加 CPU、加磁盘、加内存，但是终有尽头。如果采用横向扩展，关系数据库很难通过增加服务器结点来扩展性能和提高负载能力。纵使实现了，还有下面的问题 3 存在。

问题 3：关系数据库无法存储和处理半结构化数据和非结构化数据。我们知道关系数据库数据存储具有严格的结构性，所存储的数据结构和数据类型必须事先定义好。在大数据时代，数据是自动产生的，比如网站用户点击流数据、评论数据、地理位置数据、社交图谱、机器日志数据、视频数据、音频数据及传感器数据等。这些数据很多都没有固定的结构或只具有部分结构，或结构灵活多变，对于这类数据，显然用关系数据库无法进行存储。

综上，我们需要一种易扩展、大数据量、高性能和灵活数据模型的数据库来进行海量的数据存储和查询，这种数据库叫作非关系数据库 NoSQL。

笔记

NoSQL 数据库采用的数据模型不同于关系数据库模型，关系数据库数据模型是结构化的行和列，而 NoSQL 数据库数据模型采用的是类似键值、列族、文档等非关系模型。同时 NoSQL 数据库弱化了关系型数据库的四大原则，即数据的原子性、一致性、隔离性和持久性。

在数据存储方面，关系型数据库中的表存储的都是一些格式化的数据结构。关系型数据库中每条记录(行)称为元组，每个元组的字段(列)的组成都一样，即使有一些元组不需要某些字段，但数据库依然会为每个元组分配所有的字段。而 NoSQL 数据库数据存储不需要固定的表结构，每一个元组可以有不一样的字段，并且可以根据需要增加键值对。这样数据的存储结构就可以满足对非结构化数据和半结构化数据的存储，同时也可以减少一些时间和空间的占用。由于数据结构不固定，数据之间无关系，使得 NoSQL 数据库非常容易扩展，增强了数据库的横向扩展能力。

NoSQL 数据库种类繁多，归结起来，可以划分为四种类型，分别是键值数据库、列式数据库、文档数据库和图形数据库。NoSQL 数据库种类具体介绍如表 5-2 所示。

表 5-2 NoSQL 数据库类型

类型	特 点	产品代表
键值数据库	数据存储为 key-value 形式，使用哈希表存储数据，数据查询时通过表中的 Key(键)用来定位 Value(值)，Value 可以用来存储任意类型的数据，包括整型、字符型、数组、对象等	Redis
列式数据库	数据按列存储，每行列数可变，方便存储结构化和半结构化数据。列可以单独存储，方便做数据压缩，对针对某一列或者某几列的查询具有速度优势	HBase、Cassandra、Hypertable
文档数据库	文档数据库主要用于存储和检索文档数据，文档数据库通过键来定位一个文档。在文档数据库中，文档是数据库的最小单位。文档格式包括 XML、JSON 等，也可以使用二进制格式，如 PDF、Office 文档等。一个文档可以包含复杂的数据结构，每个文档可以具有完全不同的结构	MongoDB
图形数据库	图形数据库以图形为基础，使用图作为数据模型来存储数据，图形数据库适用于保存和处理高度相互关联的数据，适用于社交网络、依赖分析、模式识别、推荐系统、路径寻找等场景	Neo4J

5.2.3 HBase 简介

HBase 是基于 Hadoop 的面向列的 NoSQL 数据库，其前身是谷歌的 BigTable，属于 Hadoop 生态系统的一个组件。HBase 的出现解决了 HDFS 存储数据无法进行

笔记

实时查询计算的问题，HBase 构建在 HDFS 之上，数据的底层存储仍然采用 HDFS。本项目的数据存储就选用 HBase 数据库。

HBase 是一个稀疏、多维度、有序的映射表。HBase 的数据存储模式如表 5-3 所示。从表中可以看出，HBase 的数据存储在数据单元中，每个数据单元是通过行键、列簇、列限定符和时间戳共同组成的索引来标识的。每个单元的值是一个未经解释的字符串，没有数据类型。HBase 中的每一行由一个唯一的行键和一个或多个列簇组成，一个列簇中可以包含任意多个列。在一张表中，每行所包含的列簇是相同的，但是每个列簇中列数可以不同，列簇支持动态扩展，可以随时添加新的列。因此对于整个映射表的每行数据而言，有些列的值可以为空。所以，HBase 是稀疏的，非常方便存储非结构化数据和半结构化数据。

表 5-3　HBase 的数据存储模式

行　键	时间戳	列　　簇
"com.cnn.www"	t3	contents:html="<html>..."
	t2	contents:html="<html>..."
	t1	contents:html="<html>..."
"com.cnn.www"	t5	anchor:cnnsi.com="CNN"
	t4	anchor:my.look.ca="CNN.com"

对 HBase 数据的操作只有新增，删除和查询，没有更新操作，这和 HBase 的底层仍然用 HDFS 存储有关。HDFS 为保证数据读取的吞吐量，实行“一次写，多次读”的原则，不允许在原有数据上更新。如果外界传输了新的数据进来，HBase 并不会删除该数据旧的版本，而是生成一个新的版本并加上时间戳，数据原有的版本仍然保留。在应用中，用户可以对保留的版本数量进行设置。在查询数据时，用户可以自定义选择获取离某个时间点最近版本的数据，或者一次获取数据的所有版本。如果不给定时间戳，那么默认查询到的是离当前时间最近的那一个版本的数据。

HBase 数据如何存放在 HDFS 上呢？假设有一张表，HBase 会根据行键的值对该表中的行进行分区，每个行区间构成一个分区 Region，分区内包含了位于这个行区间内的所有数据。默认一张表的初始分区数为 2 个，随着表中数据不断增加，Regionbn 也不断增大，当增大到超过阈值的时候，一个 Region 就会分为两个 Region。表中的行越来越多，Region 就越来越多。这么多 Region 需要一个“管家”来管理，这个管家就是 RegionServer。RegionServer 的管理原则为每个 RegionServer 负责管理一个或多个 Region。不同的 Region 可以分布在不同的 RegionServer 上，但一个 Region 不会拆分到多个 RegionServer 上。RegionServer 管理 Region 如图 5-18 所示。

Region 并不是数据存储的最小单元。Region 往下还可以细分，每个 Region 又由一个或者多个 Store 组成，每个 Store 保存一个列族的数据。每个 Store 又由一个 MemStore 和零或多个 StoreFile 组成，StoreFile 以文件格式保存在 HDFS 上，如图 5-19 所示。

笔记

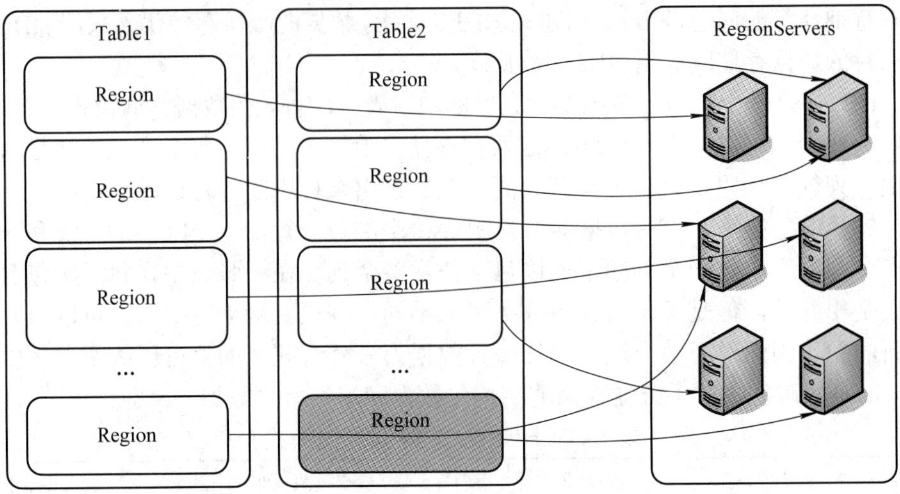

图 5-18 RegionServer 管理 Region

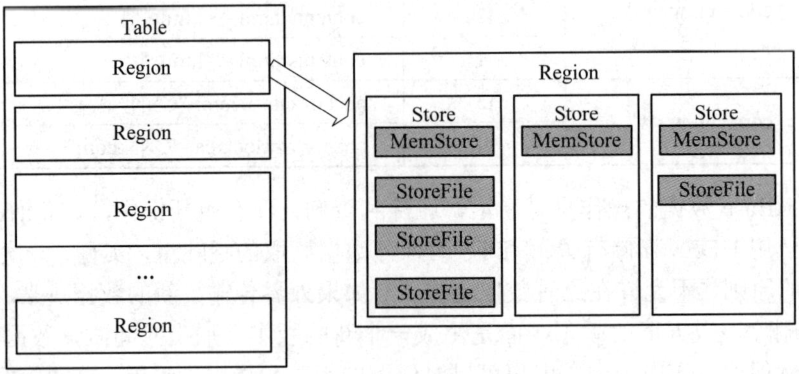

图 5-19 HDFS 上存储 HBase 数据

由于 HBase 架构在 HDFS 之上，所以 HBase 也是主从架构。HBase 集群架构如图 5-20 所示，整个架构主要由 Master、RegionServer 和 Zookeeper 组成。Master 作为主节点主要负责表和数据的管理工作，包括表的增删查和数据存储 Region 的协调分配。RegionServer 负责维护 Master 分配的一个或多个 Region 的数据读写操作。Zookeeper 主要负责实时监控 RegionServer 的状态，并上报给 Master。这样，Master 就可以随时知道各个 RegionServer 的工作状态，进行统一管理。

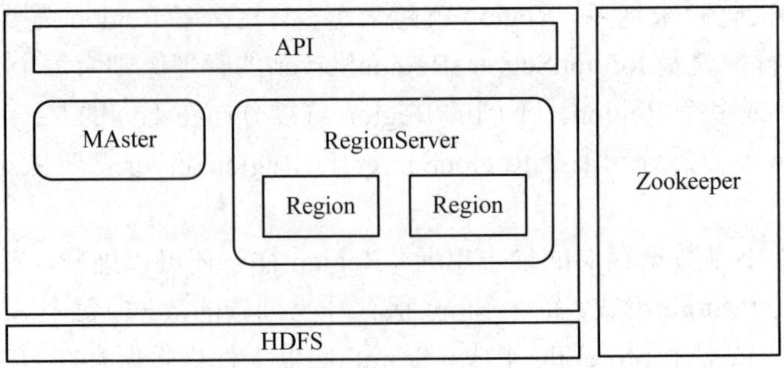

图 5-20 HDFS 架构

笔记

任务 5-3 Spark 和 HBase 开发环境的搭建

任务描述：通过实施本任务，学生能够在项目三的基础上安装 Spark 和 HBase，并进行相关配置。

知识准备

(1) 安装 HBase 并配置。

(2) 安装 Spark 并配置。

任务实施

5.3.1 HBase 的安装和配置

HBase 是在 Hadoop 集群之上安装的。项目三我们安装的 Hadoop 版本为 2.7.1，由于 HBase 安装版本必须和 Hadoop 版本兼容，因此，本书提供的 HBase 为 1.1.5 版本，安装文件为 hbase-1.1.5-bin.tar.gz。下面为 HBase 的安装步骤。

(1) 将 hbase-1.1.5-bin.tar.gz 复制到路径/home/person/soft 目录下。具体操作如图 5-21 所示。

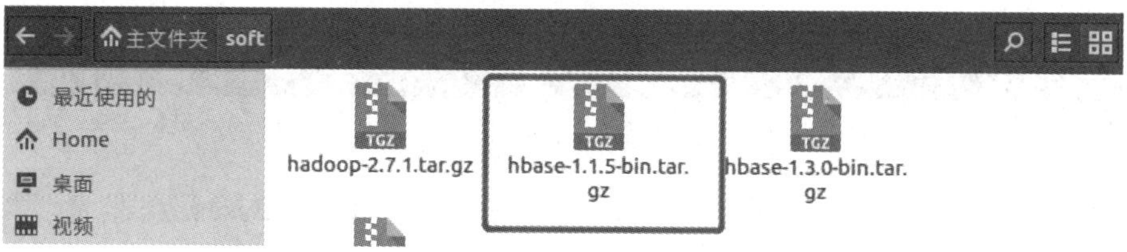

图 5-21 复制 hbase 到 soft 目录下

(2) 在/usr/local 路径下新建文件夹 hbase，打开命令行终端，输入命令 cd /，切换到根目录下，然后输入命令 sudo mkdir /usr/local/hbase，新建 hbase 文件夹。之后解压安装包 hbase-1.1.5-bin.tar.gz 到 hbase 文件夹下。解压命令为 sudo tar -zxf /home/person/soft/hbase-1.1.5-bin.tar.gz -C /usr/local/hbase。具体操作如图 5-22 所示。

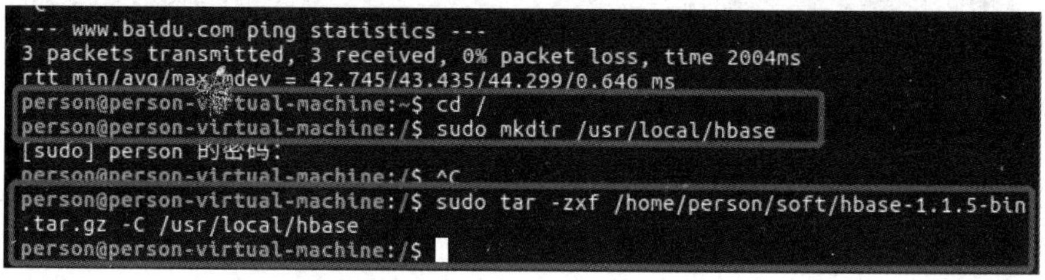
--- www.baidu.com ping statistics ---
3 packets transmitted, 3 received, 0% packet loss, time 2004ms
person@person-virtual-machine:~$ cd /
person@person-virtual-machine:/$ sudo mkdir /usr/local/hbase
[sudo] person 的密码:
person@person-virtual-machine:/$ sudo tar -zxf /home/person/soft/hbase-1.1.5-bin
.tar.gz -C /usr/local/hbase
person@person-virtual-machine:/$

图 5-22 解压 hbase 压缩包

(3) hbase 路径添加到环境变量。输入命令 sudo gedit ~/.bashrc，进入环境变量编辑页面，如图 5-23 所示。在~/.bashrc 文件尾行添加 export PATH=$PATH:/

笔记

usr/local/hbase/hbase-1.1.5/bin，然后保存关闭文件，如图 5-24 所示。

```
person@person-virtual-machine:/$ sudo gedit ~/.bashrc
```

图 5-23　打开环境变量编辑页面

```
打开(O) ▾  🖫          *.bashrc                保存(S)
                        ~/

# Alias definitions.
# You may want to put all your additions into a separate file like
# ~/.bash_aliases, instead of adding them here directly.
# See /usr/share/doc/bash-doc/examples in the bash-doc package.

if [ -f ~/.bash_aliases ]; then
    . ~/.bash_aliases
fi

# enable programmable completion features (you don't need to enable
# this, if it's already enabled in /etc/bash.bashrc and /etc/profile
# sources /etc/bash.bashrc).
if ! shopt -oq posix; then
  if [ -f /usr/share/bash-completion/bash_completion ]; then
    . /usr/share/bash-completion/bash_completion
  elif [ -f /etc/bash_completion ]; then
    . /etc/bash_completion
  fi
fi
export JAVA_HOME=/usr/lib/java/jdk1.8.0_162
export JRE_HOME=${JAVA_HOME}/jre
export CLASSPATH=.:${JAVA_HOME}/lib:${JRE_HOME}/lib
export PATH=${JAVA_HOME}/bin:$PATH
export PATH=$PATH:/usr/local/hadoop/hadoop-2.7.1/sbin:/usr/local/hadoop/hadoop-2.7.1/bin
export PATH=$PATH:/usr/local/hbase/hbase-1.1.5/bin
```

图 5-24　编辑环境变量

(4) 编辑完成后，输入命令 source ~/.bashrc，使配置生效，如图 5-25 所示。

```
person@person-virtual-machine:/$ source ~/.bashrc
person@person-virtual-machine:/$
```

图 5-25　环境变量生效

(5) 然后输入命令：hbase version，看看是否能打印出 HBase 版本信息，若能够打印出来，会出现如图 5-26 所示的界面，则 HBase 安装成功。

```
person@person-virtual-machine:/$ hbase version
2020-04-16 01:34:47,710 INFO  [main] util.VersionInfo: HBase 1.1.5
2020-04-16 01:34:47,712 INFO  [main] util.VersionInfo: Source code repository gi
t://diocles.local/Volumes/hbase-1.1.5/hbase revision=239b80456118175b340b2e562a5
568b5c744252e
2020-04-16 01:34:47,712 INFO  [main] util.VersionInfo: Compiled by ndimiduk on S
un May  8 20:29:26 PDT 2016
2020-04-16 01:34:47,712 INFO  [main] util.VersionInfo: From source with checksum
 7ad8dc6c5daba19e4aab081181a2457d
person@person-virtual-machine:/$
```

图 5-26　打印 HBase 版本信息

(6) HBase 有三种运行模式，分别是单机模式、伪分布式模式和分布式模式。这里配置伪分布式运行模式。输入命令 sudo gedit /usr/local/hbase/hbase-1.1.5/conf/hbase-env.sh，打开 hbase-env.sh 文件。具体操作如图 5-27 所示。

```
person@person-virtual-machine:~$ sudo gedit  /usr/local/hbase/hbase-1.1.5/conf/h
base-env.sh
```

图 5-27　打开 hbase-env.sh 文件

笔记

(7) 在 hbase-env.sh 文件的开头，添加 JAVA_HOME，HBASE_CLASSPATH，HBASE_MANAGES_ZK 这三个变量的配置。其中，JAVA_HOME 为安装的 Java 路径。HBASE_CLASSPATH 设置为 Hadoop 安装目录下的 etc/hadoop 目录。HBASE_MANAGES_ZK 为开启 Zookeeper 管理。具体设置如图 5-28 所示。

```
打开(O) ▾   *hbase-env.sh  /usr/local/hbase/hbase-1.1.5/conf   保存(S)
export JAVA_HOME=/usr/lib/java/jdk1.8.0_162
export HBASE_CLASSPATH=/usr/local/hadoop/hadoop-2.7.1/etc/hadoop
export HBASE_MANAGES_ZK=true
#
#/**
# * Licensed to the Apache Software Foundation (ASF) under one
# * or more contributor license agreements.  See the NOTICE file
# * distributed with this work for additional information
# * regarding copyright ownership.  The ASF licenses this file
# * to you under the Apache License, Version 2.0 (the
# * "License"); you may not use this file except in compliance
# * with the License.  You may obtain a copy of the License at
# *
# *     http://www.apache.org/licenses/LICENSE-2.0
# *
# * Unless required by applicable law or agreed to in writing, software
# * distributed under the License is distributed on an "AS IS" BASIS,
# * WITHOUT WARRANTIES OR CONDITIONS OF ANY KIND, either express or implied.
# * See the License for the specific language governing permissions and
# * limitations under the License.
# */

# Set environment variables here.

# This script sets variables multiple times over the course of starting an hbase
process,
sh ▾  制表符宽度：8 ▾   行 2，列 65  ▾  插入
```

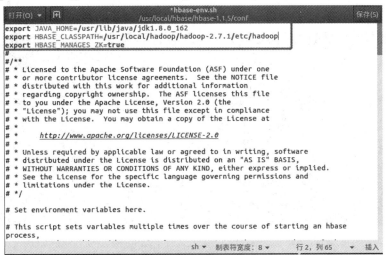

图 5-28 编辑 hbase-env.sh 文件

(8) 配置 hbase-site.xml 文件，输入命令 sudo gedit /usr/local/hbase/hbase-1.1.5/conf/hbase-site.xml，打开 hbase-site.xml 文件。具体操作如图 5-29 所示。

```
person@person-virtual-machine:~$ sudo gedit  /usr/local/hbase/hbase-1.1.5/conf/h
base-site.xml
```

图 5-29 打开 hbase-site.xml 文件

(9) 修改 hbase-site.xml 文件里面的 hbase.rootdir 属性，指定 HBase 数据在 HDFS 上的存储路径。假设当前 Hadoop 集群运行在伪分布式模式下的本机上运行，且 NameNode 运行在 9000 端口。将 hbase.cluter.distributed 属性设置为 true。保存并关闭文件。具体修改如图 5-30 所示。

```
打开(O) ▾   *hbase-site.xml  /usr/local/hbase/hbase-1.1.5/conf   保存(S)
 * or more contributor license agreements.  See the NOTICE file
 * distributed with this work for additional information
 * regarding copyright ownership.  The ASF licenses this file
 * to you under the Apache License, Version 2.0 (the
 * "License"); you may not use this file except in compliance
 * with the License.  You may obtain a copy of the License at
 *
 *     http://www.apache.org/licenses/LICENSE-2.0
 *
 * Unless required by applicable law or agreed to in writing, software
 * distributed under the License is distributed on an "AS IS" BASIS,
 * WITHOUT WARRANTIES OR CONDITIONS OF ANY KIND, either express or implied.
 * See the License for the specific language governing permissions and
 * limitations under the License.
 */
-->
<configuration>
        <property>
                <name>hbase.rootdir</name>
                <value>hdfs://localhost:9000/hbase</value>
        </property>
        <property>
                <name>hbase.cluster.distributed</name>
                <value>true</value>
        </property>
</configuration>
```

图 5-30 编辑 hbase-site.xml 文件

笔记

(10) 由于 HBase 运行需要依赖 HDFS，因此，先启动 HDFS，再启动 HBase。输入命令 ssh localhost，登录 ssh。然后输入命令 cd /usr/local/hadoop/hadoop-2.7.1，进入 hadoop 目录。再输入命令 ./sbin/start-dfs.sh，启动 HDFS。启动完毕后可以输入 jps 查看，如果能看到如图 5-31 所示的 DataNode、NameNode、Jps 和 SecondaryNameNode 四个进程在线，就表示启动成功。

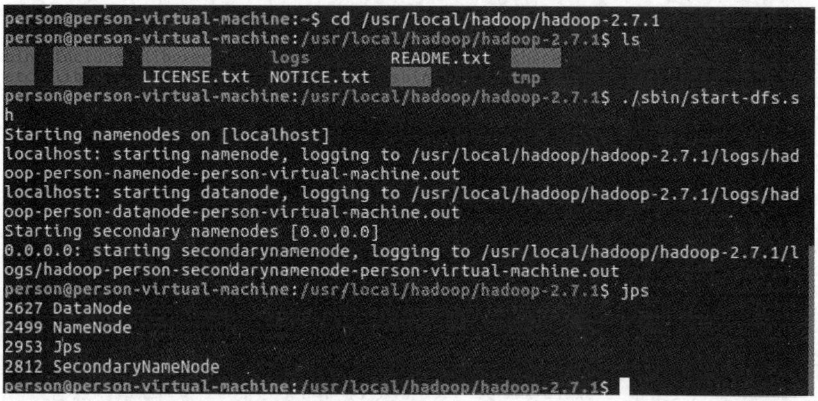
person@person-virtual-machine:~$ cd /usr/local/hadoop/hadoop-2.7.1
person@person-virtual-machine:/usr/local/hadoop/hadoop-2.7.1$ ls
logs README.txt
LICENSE.txt NOTICE.txt tmp
person@person-virtual-machine:/usr/local/hadoop/hadoop-2.7.1$ ./sbin/start-dfs.s
h
Starting namenodes on [localhost]
localhost: starting namenode, logging to /usr/local/hadoop/hadoop-2.7.1/logs/had
oop-person-namenode-person-virtual-machine.out
localhost: starting datanode, logging to /usr/local/hadoop/hadoop-2.7.1/logs/had
oop-person-datanode-person-virtual-machine.out
Starting secondary namenodes [0.0.0.0]
0.0.0.0: starting secondarynamenode, logging to /usr/local/hadoop/hadoop-2.7.1/l
ogs/hadoop-person-secondarynamenode-person-virtual-machine.out
person@person-virtual-machine:/usr/local/hadoop/hadoop-2.7.1$ jps
2627 DataNode
2499 NameNode
2953 Jps
2812 SecondaryNameNode
person@person-virtual-machine:/usr/local/hadoop/hadoop-2.7.1$

图 5-31 成功启动 HDFS

(11) 输入命令 cd/切换到根目录，再输入命令 cd /usr/local/hbase/hbase-1.1.5，切换到 hbase 目录下，输入命令 bin/start-hbase.sh，启动 HBase。这时候，显示报错了，报错界面如图 5-32 所示，报错的原因是权限不够。

person@person-virtual-machine:~$ cd /
person@person-virtual-machine:/$ cd /usr/local/hbase/hbase-1.1.5
person@person-virtual-machine:/usr/local/hbase/hbase-1.1.5$ bin/start-hbase.sh
localhost: starting zookeeper, logging to /usr/local/hbase/hbase-1.1.5/bin/../lo
gs/hbase-person-zookeeper-person-virtual-machine.out
localhost: /usr/local/hbase/hbase-1.1.5/bin/hbase-daemon.sh: 行 189: /usr/local/
hbase/hbase-1.1.5/bin/../logs/hbase-person-zookeeper-person-virtual-machine.out:
权限不够
localhost: head: 无法打开'/usr/local/hbase/hbase-1.1.5/bin/../logs/hbase-person-
zookeeper-person-virtual-machine.out' 读取数据: 没有那个文件或目录
starting master, logging to /usr/local/hbase/hbase-1.1.5/bin/../logs/hbase-perso
n-master-person-virtual-machine.out
/usr/local/hbase/hbase-1.1.5/bin/hbase-daemon.sh: 行 189: /usr/local/hbase/hbase
-1.1.5/bin/../logs/hbase-person-master-person-virtual-machine.out: 权限不够
head: 无法打开'/usr/local/hbase/hbase-1.1.5/bin/../logs/hbase-person-master-pers
on-virtual-machine.out' 读取数据: 没有那个文件或目录
starting regionserver, logging to /usr/local/hbase/hbase-1.1.5/bin/../logs/hbase
-person-1-regionserver-person-virtual-machine.out
/usr/local/hbase/hbase-1.1.5/bin/hbase-daemon.sh: 行 189: /usr/local/hbase/hbase
-1.1.5/bin/../logs/hbase-person-1-regionserver-person-virtual-machine.out: 权限

图 5-32 启动 Hbase 报错界面

(12) 设置 hbase 文件夹下的权限给当前用户 person，输入命令 sudo su，切换当前用户为 root。然后输入命令 sudo chmod -R a+w /usr/local/hadoop/hadoop-2.7.1/，设置用户权限。之后输入命令 su person，切换回原来的用户。输入命令 bin/start-hbase.sh，再次启动 HBase。这时我们看到 HBase 成功启动。具体操作如图 5-33 所示。

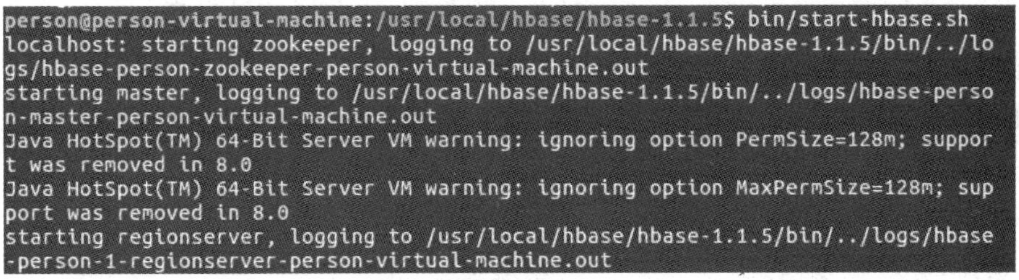

图 5-33　启动 HBase 成功

(13) 输入 jps 再次查看，看到如图 5-34 所示的界面，界面显示比图 5-31 多了三个进程，这三个进程就是 HBase 的进程。

图 5-34　增加 HBase 三个进程

(14) 输入命令 bin/hbase shell，进入 HBase shell 命令行。输入 list，查看 HBase 当前的表，如图 5-35 所示。从图中 5-35 我们看到当前只有一个表 TABLE。退出 hbase shell 命令行用 exit()。输入命令 bin/stop-hbase.sh，可以停止 HBase。

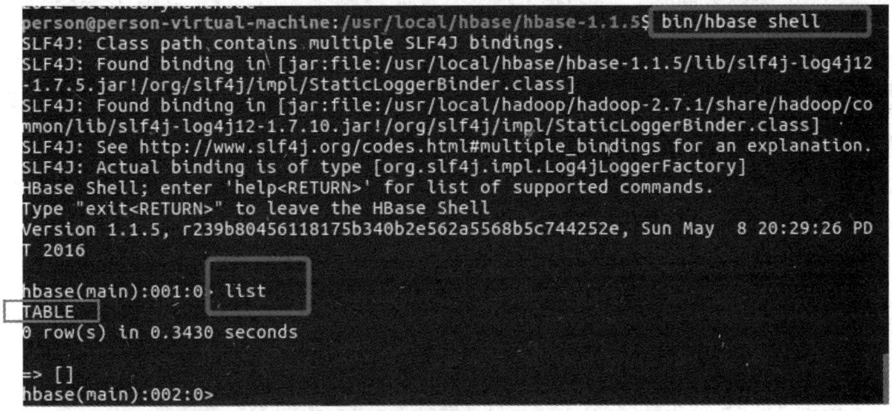

图 5-35　HBase shell 界面下的查询及退出操作

至此 HBase 安装及伪分布式配置完成。如果要关闭集群，则要先输入命令 bin/stop-hbase.sh，关闭 HBase。然后再输入命令 cd /usr/local/hadoop/hadoop-2.7.1，切换到 hadoop 目录下，输入命令./sbin/stop-dfs.sh，关闭 HDFS。

5.3.2　Spark 的安装和配置

Spark 是安装在 hadoop 集群之上的一个计算框架，为了兼容 Hadoop2.7.1，本书提供的 Spark 版本为 2.1.0 版本，安装文件为 spark-2.1.0-bin-without-hadoop.tgz。下面为 Spark 的安装步骤。

笔记

(1) 将 spark-2.1.0-bin-without-hadoop.tgz 文件复制到 Linux 路径/home/person/soft 目录下。具体操作如图 5-36 所示。

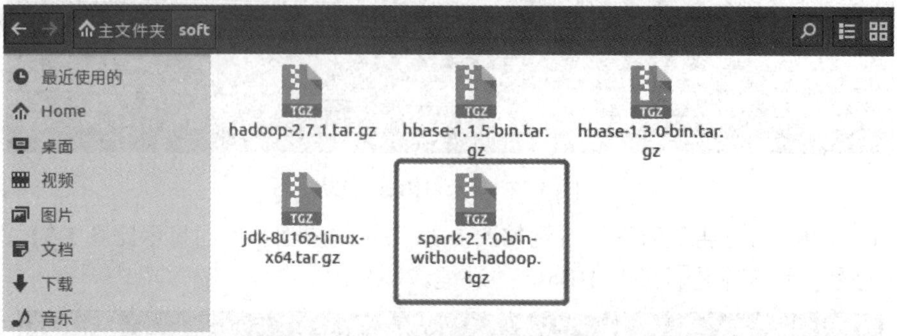
主文件夹 soft
最近使用的
Home
桌面
视频
图片
文档
下载
音乐
hadoop-2.7.1.tar.gz
hbase-1.1.5-bin.tar.gz
hbase-1.3.0-bin.tar.gz
jdk-8u162-linux-x64.tar.gz
spark-2.1.0-bin-without-hadoop.tgz

图 5-36 复制 Spark 安装文件到 soft 目录下

(2) 在/usr/local 路径下新建文件夹 spark，重新开一个命令行终端，输入命令 cd /，切换到根目录下，然后输入命令 sudo mkdir /usr/local/spark，新建 spark 文件夹。之后解压安装包 spark-2.1.0-bin-without-hadoop.tgz 至 spark 文件夹下。解压命令为 sudo tar -zxf /home/person/soft/spark-2.1.0-bin-without-hadoop.tgz -C/usr/local/spark。具体操作如图 5-37 所示。

person@person-virtual-machine:~$ sudo mkdir /usr/local/spark
[sudo] person 的密码:
person@person-virtual-machine:~$ sudo tar -zxf /home/person/soft/spark-2.1.0-bin
-without-hadoop.tgz -C /usr/local/spark
person@person-virtual-machine:~$

图 5-37 解压 Spark 安装文件

(3) 设置 spark 文件夹下的权限给当前用户 person，输入命令 sudo su，切换当前用户为 root。然后输入命令 sudo chmod -R a+w /usr/local/spark/spark-2.1.0-bin-without-hadoop/，设置用户权限。之后输入命令 su person，切换回原来的用户。具体操作如图 5-38 所示。

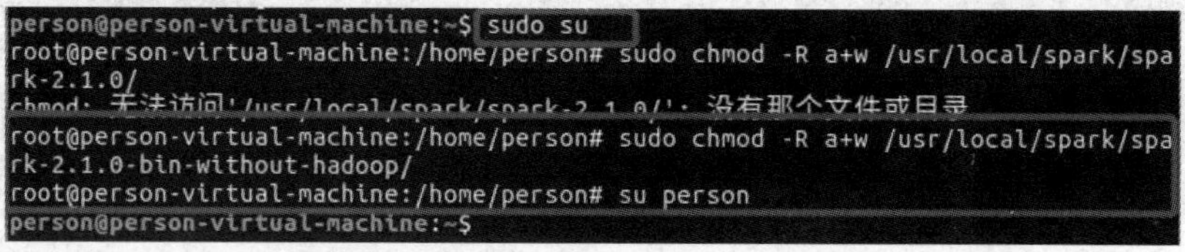
person@person-virtual-machine:~$ sudo su
root@person-virtual-machine:/home/person# sudo chmod -R a+w /usr/local/spark/spa
rk-2.1.0/
chmod: 无法访问'/usr/local/spark/spark-2.1.0/': 没有那个文件或目录
root@person-virtual-machine:/home/person# sudo chmod -R a+w /usr/local/spark/spa
rk-2.1.0-bin-without-hadoop/
root@person-virtual-machine:/home/person# su person
person@person-virtual-machine:~$

图 5-38 设置用户权限

(4) 这时候 Spark 已经安装成功了，但是还不能对 HDFS 上的文件进行读写，还需要修改配置文件 spark-env.sh。具体操作如图 5-39 所示。输入命令 cd /usr/local/spark/spark-2.1.0-bin-without-hadoop，切换到 spark-2.1.0-bin-without-hadoop 目录下，然后输入命令 cp ./conf/spark-env.sh.template ./conf/spark-env.sh。

person@person-virtual-machine:/usr/local/spark/spark-2.1.0-bin-without-hadoop$ c
p ./conf/spark-env.sh.template ./conf/spark-env.sh
person@person-virtual-machine:/usr/local/spark/spark-2.1.0-bin-without-hadoop$

图 5-39 复制 spark-env.sh.template 模板

(5) 输入命令 sudo gedit conf/spark-env.sh，打开 spark-env.sh 文件。具体操作

笔记

如图 5-40 所示。

图 5-40　打开 spark-env.sh 文件

(6) 在 spark-env.sh 文件第一行添加配置信息 export SPARK_DIST_CLASSPATH=$(/usr/local/hadoop/hadoop-2.7.1/bin/hadoop classpath)，保存并关闭文件。这时候 Spark 就可以读写 HDFS 上的文件了。具体操作如图 5-41 所示。

图 5-41　编辑 spark-env.sh 文件

(7) 检查 Spark 是否安装成功。在不需要启动 Spark 的情况下，只需要运行 Spark 自带的例子 SparkPi。SparkPi 用于计算圆周率。输入命令 bin/run-example SparkPi 2>&1 | grep "Pi"，如图 5-42 所示。

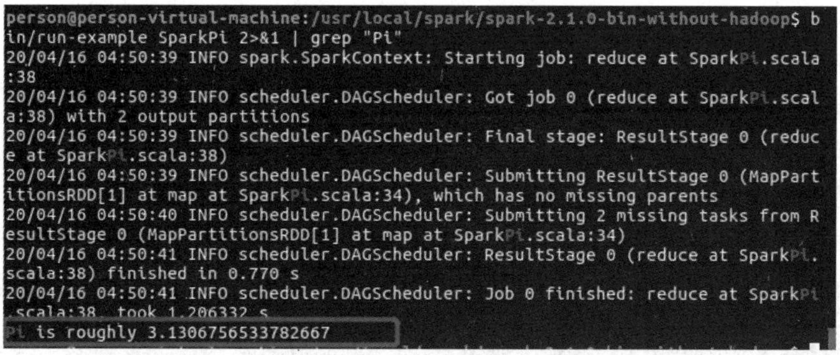

person@person-virtual-machine:/usr/local/spark/spark-2.1.0-bin-without-hadoop$ b
in/run-example SparkPi 2>&1 | grep "Pi"
20/04/16 04:50:39 INFO spark.SparkContext: Starting job: reduce at SparkPi.scala
:38
20/04/16 04:50:39 INFO scheduler.DAGScheduler: Got job 0 (reduce at SparkPi.scal
a:38) with 2 output partitions
20/04/16 04:50:39 INFO scheduler.DAGScheduler: Final stage: ResultStage 0 (reduc
e at SparkPi.scala:38)
20/04/16 04:50:39 INFO scheduler.DAGScheduler: Submitting ResultStage 0 (MapPart
itionsRDD[1] at map at SparkPi.scala:34), which has no missing parents
20/04/16 04:50:40 INFO scheduler.DAGScheduler: Submitting 2 missing tasks from R
esultStage 0 (MapPartitionsRDD[1] at map at SparkPi.scala:34)
20/04/16 04:50:41 INFO scheduler.DAGScheduler: ResultStage 0 (reduce at SparkPi.
scala:38) finished in 0.770 s
20/04/16 04:50:41 INFO scheduler.DAGScheduler: Job 0 finished: reduce at SparkPi
.scala:38, took 1.206332 s
Pi is roughly 3.1306756533782667

图 5-42　运行 SparkPi 程序

(8) 输入命令./bin/spark-shell，进入 spark-shell 交互解释器，如图 5-43 所示。

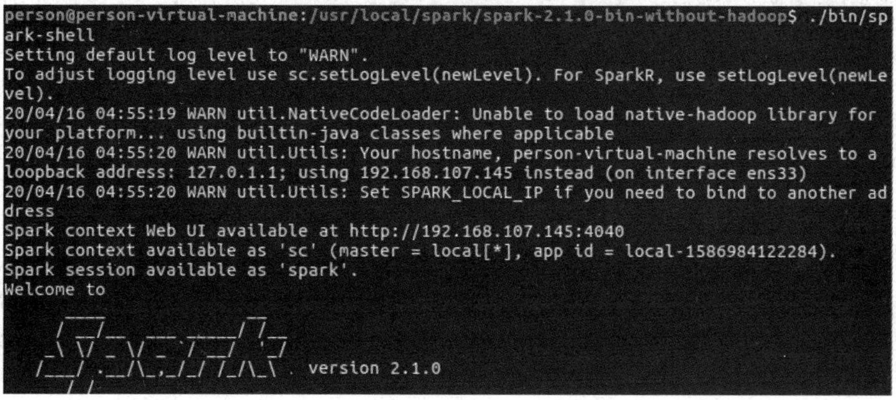

person@person-virtual-machine:/usr/local/spark/spark-2.1.0-bin-without-hadoop$ ./bin/sp
ark-shell
Setting default log level to "WARN".
To adjust logging level use sc.setLogLevel(newLevel). For SparkR, use setLogLevel(newLe
vel).
20/04/16 04:55:19 WARN util.NativeCodeLoader: Unable to load native-hadoop library for
your platform... using builtin-java classes where applicable
20/04/16 04:55:20 WARN util.Utils: Your hostname, person-virtual-machine resolves to a
loopback address: 127.0.1.1; using 192.168.107.145 instead (on interface ens33)
20/04/16 04:55:20 WARN util.Utils: Set SPARK_LOCAL_IP if you need to bind to another ad
dress
Spark context Web UI available at http://192.168.107.145:4040
Spark context available as 'sc' (master = local[*], app id = local-1586984122284).
Spark session available as 'spark'.
Welcome to
version 2.1.0

图 5-43　进入 spark shell 界面

笔记

(9) 检查 Spark 是否能够读取 HDFS 上的文件。从项目三图 3-78 可以得知 core-site.xml 文件已经存在 HDFS 上了，因此我们读取 core-site.xml 文件内容。在 spark-shell 输入命令 val file=sc.textFile("hdfs://localhost:9000/input/core-site.xml")，如果没有报错，然后输入命令 file.count()，得到 core-site.xml 文件的单词个数。具体运行如图 5-44 所示。要退出 spark-shell，则输入 quit。

scala> val file=sc.textFile("hdfs://localhost:9000/input/core-site.xml")
file: org.apache.spark.rdd.RDD[String] = hdfs://localhost:9000/input/core-site.xml MapPartitionsRDD[1] at textFile at <console>:24
scala> file.count()
res0: Long = 30
scala>

图 5-44　Spark 成功读取 HDFS 文件

(10) 把 HBase 的 lib 目录下的一些 jar 包复制到 Spark 的 jars 目录下，使 Spark 能读写 HBase，需要拷贝的包有：所有以 hbase 开头的 jar、guava-2.0.1.jar、htrace-core-3.1.0-incubating.jar、protobuf-java-2.5.0.jar 和 metrics-core-2.2.0.jar。具体操作步骤如图 5-45 所示。打开一个新的命令行终端，输入命令 cd/usr/local/spark/spark-2.1.0-bin-without-hadoop/jars，切换到 spark 的 jars 目录下。输入命令 mkdir hbase，创建 hbase 文件夹。输入命令 cd hbase，切换到 hbase 目录下。然后把相关的 jar 包拷贝到 hbase 文件夹下，拷贝 jar 包依次输入命令如下：

```
cp /usr/local/hbase/hbase-1.1.5/lib/hbase*.jar ./
cp /usr/local/hbase/hbase-1.1.5/lib/guava-12.0.1.jar ./
cp /usr/local/hbase/hbase-1.1.5/lib/htrace-core-3.1.0-incubating.jar ./
cp /usr/local/hbase/hbase-1.1.5/lib/protobuf-java-2.5.0.jar ./
cp /usr/local/hbase/hbase-1.1.5/lib/metrics-core-2.2.0.jar ./
```

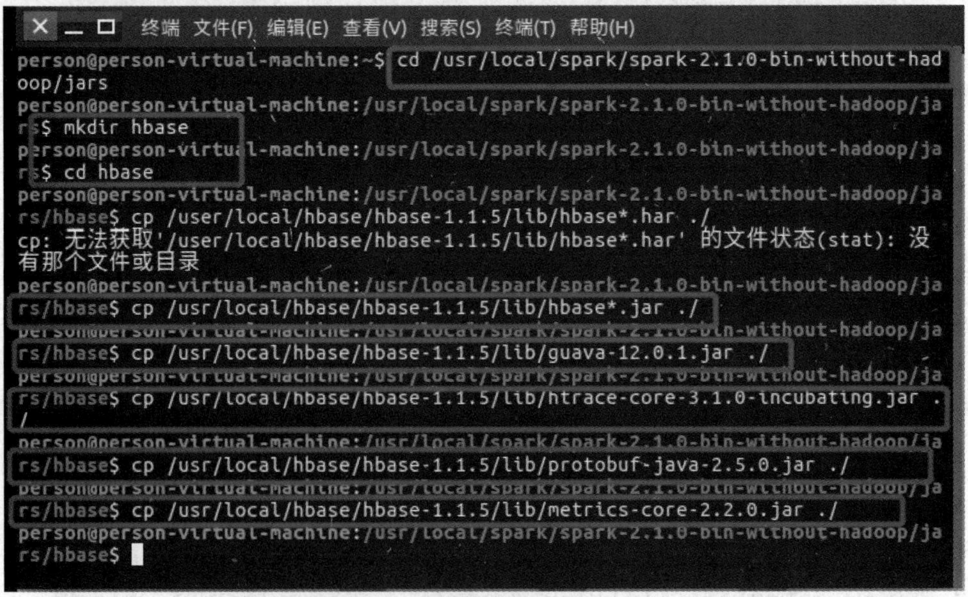
终端 文件(F) 编辑(E) 查看(V) 搜索(S) 终端(T) 帮助(H)
person@person-virtual-machine:~$ cd /usr/local/spark/spark-2.1.0-bin-without-hadoop/jars
person@person-virtual-machine:/usr/local/spark/spark-2.1.0-bin-without-hadoop/jars$ mkdir hbase
person@person-virtual-machine:/usr/local/spark/spark-2.1.0-bin-without-hadoop/jars$ cd hbase
person@person-virtual-machine:/usr/local/spark/spark-2.1.0-bin-without-hadoop/jars/hbase$ cp /user/local/hbase/hbase-1.1.5/lib/hbase*.har ./
cp: 无法获取'/user/local/hbase/hbase-1.1.5/lib/hbase*.har' 的文件状态(stat): 没有那个文件或目录
rs/hbase$ cp /usr/local/hbase/hbase-1.1.5/lib/hbase*.jar ./
rs/hbase$ cp /usr/local/hbase/hbase-1.1.5/lib/guava-12.0.1.jar ./
rs/hbase$ cp /usr/local/hbase/hbase-1.1.5/lib/htrace-core-3.1.0-incubating.jar ./
rs/hbase$ cp /usr/local/hbase/hbase-1.1.5/lib/protobuf-java-2.5.0.jar ./
rs/hbase$ cp /usr/local/hbase/hbase-1.1.5/lib/metrics-core-2.2.0.jar ./
person@person-virtual-machine:/usr/local/spark/spark-2.1.0-bin-without-hadoop/jars/hbase$

图 5-45　拷贝和 hbase 相关的 jar 包到 spark 的 jars 目录下

任务 5-4　Spark 应用程序的编写

任务描述：通过实施本任务，读者能够利用 Scala IDE For Eclipse 工具编写 Spark 应用程序并用 Maven 打 jar 包，将打好的 jar 包提交给任务 5-3 所搭建的 Spark 集群运行，实现基于 Spark 的数据计算，并将计算后的数据存储 HBase 数据库。

知识准备

(1) Linux 下安装和使用 Scala IDE For Eclipse。

(2) 编写 Spark 应用程序。

(3) 利用 Maven 对 Spark 应用程序打 jar 包。

(4) jar 包如何提交 Spark 集群运行？

任务实施

5.4.1　Linux 下 Scala IDE For Eclipse 工具的安装和配置

Scala IDE For Eclipse 是一款集成了 Scala 插件的 eclipse，专门用于 Spark 编程开发，使用非常方便快捷。本书提供现成的 Linux 版本下的 Scala IDE 压缩包文件，文件名为 scala-SDK-4.7.0-vfinal-2.12-linux.gtk.x86_64.tar.gz，直接解压即可使用。也可以进入官网 http://scala-ide.org/download/sdk.html，根据自己的平台选择相应版本下载。安装和使用 Scala IDE For Eclipse 步骤如下：

(1) 把 scala-SDK-4.7.0-vfinal-2.12-linux.gtk.x86_64.tar.gz 文件拷贝到目录 /home/person/soft 下，在 soft 文件夹下空白区域点击右键，选择在“终端打开”，打开命令行终端，命令行终端当前目录就是 soft 目录。输入命令 sudo tar -zxvf scala-SDK-4.7.0-vfinal-2.12-linux.gtk.x86_64.tar.gz -C /usr/local，将压缩包解压到 /usr/local 目录下。具体操作如图 5-46 所示。

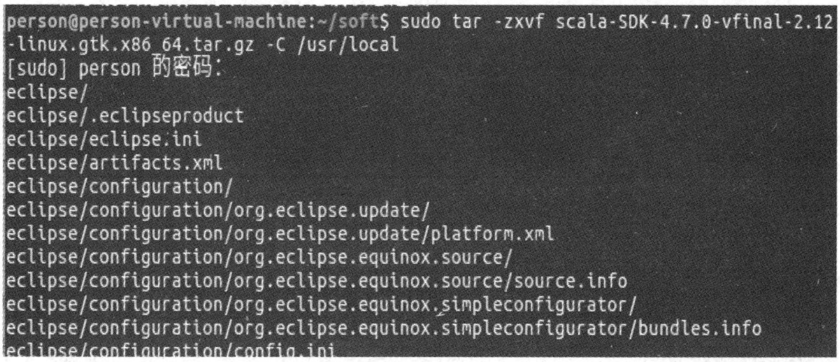

图 5-46　解压 Scala IDE 压缩文件

(2) 启动 Scala IDE。输入命令 cd/usr/local，切换到 local 目录下，继续输入命令./eclipse/eclipse，启动 Scala IDE，如图 5-47 所示。Scala IDE 第一次启动会弹出

笔记

如图 5-48 所示的界面，要求设置工作空间，可以自行设定或者按默认设置，点击“launch”，打开 Scala IDE。

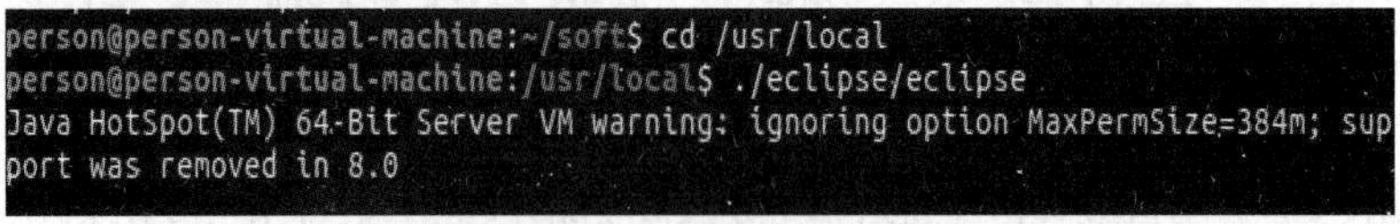

图 5-47　启动 Scala IDE

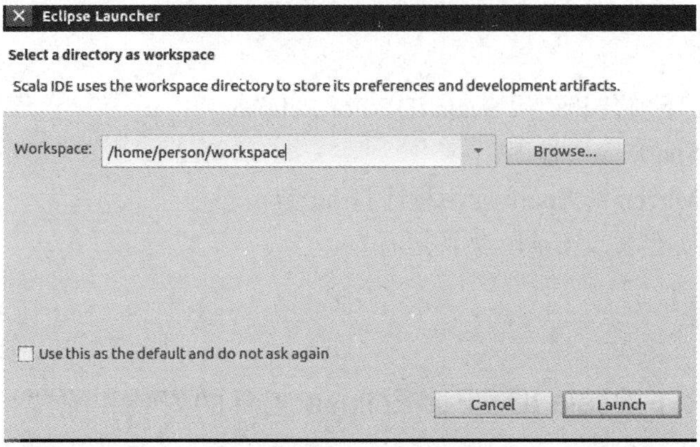

图 5-48　打开 Scala IDE

(3) 打开 Scala IDE 后，这里需要额外配置 Maven 相关包的下载路径，因为 Maven 相关包的默认下载路径是国外网站，速度非常慢，我们改成从国内镜像网站阿里云下载。从图形界面进入 .m2 文件夹下，路径为/home/person/.m2。注意：.m2 文件夹为隐藏文件夹，默认看不见，需按 Ctrl+H 键才能显示。在 .m2 文件夹下建立 settings.xml 文件，如图 5-49 所示。在 settings.xml 文件输入以下内容并保存。

```
<settings>
 <localRepository>/home/person/.m2/repository</localRepository>
 <servers>
     <server>
         <id>archiva.internal</id>
         <username>admin</username>
         <password>admin123</password>
     </server>
     <server>
         <id>archiva.snapshots</id>
         <username>admin</username>
         <password>admin123</password>
     </server>
 </servers>
 <mirrors>
    <mirror>
```

笔记

```
        <id>alimaven</id>
        <name>aliyun maven</name>
        <url>http://maven.aliyun.com/nexus/content/groups/public/</url>
        <mirrorOf>central</mirrorOf>
      </mirror>
    </mirrors>
  </settings>
```

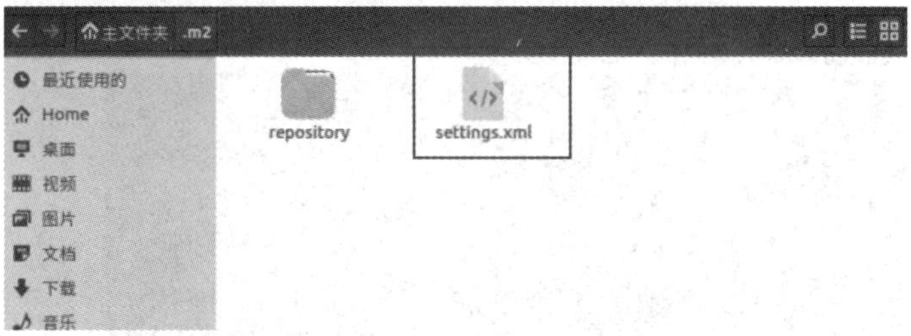

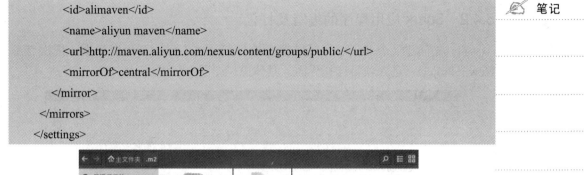

图 5-49　建立 settings.xml 文件

(4) 设置 Maven 的 User Settings 为新建的 settings.xml 文件。在 Scala IDE 点击 Window→preferences，如图 5-50 所示。弹出对话框点击 Maven→User Settings，在图 5-51 右边的界面中，点击“User Settings”下方的“Browse”按钮，设置路径为刚才编写的 settings.xml。设置路径若看不见隐藏文件，需按 Ctrl+H 键才能显示。设置完毕后点击下方“Apply and Close”按钮。

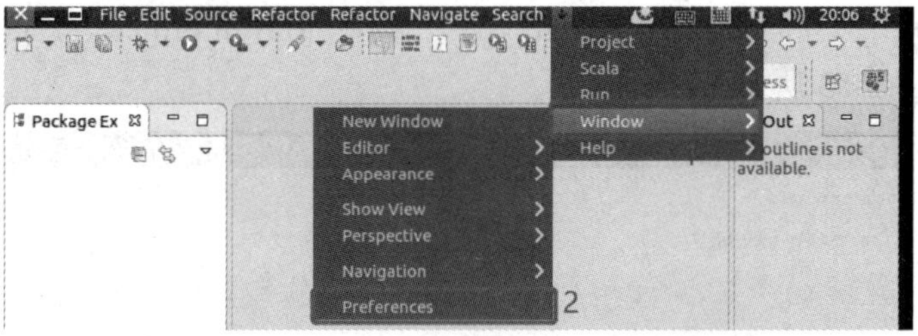

图 5-50　进入 Maven User Settings 设置页面

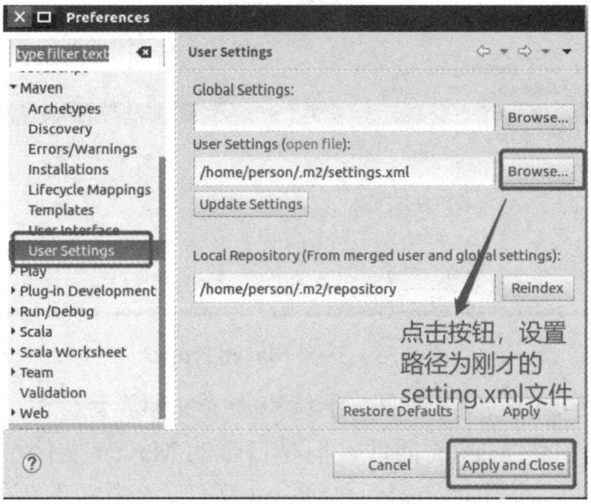

图 5-51　设置 Maven User Settings 路径

笔记

5.4.2 Spark 应用程序的编写及打包

(1) 先创建一个 Project。在左侧空白区域点击右键，弹出对话框，依次点击 New→Project，进入项目选择界面。具体操作如图 5-52 所示。

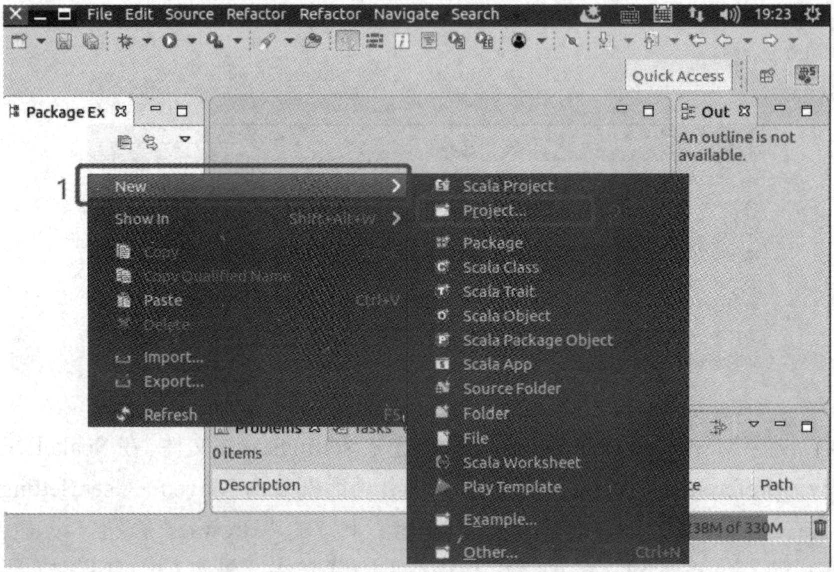

图 5-52 创建项目

(2) 在弹出的界面上双击 Maven 文件，选择“Maven Project”，点击“Next”。具体操作如图 5-53 所示。

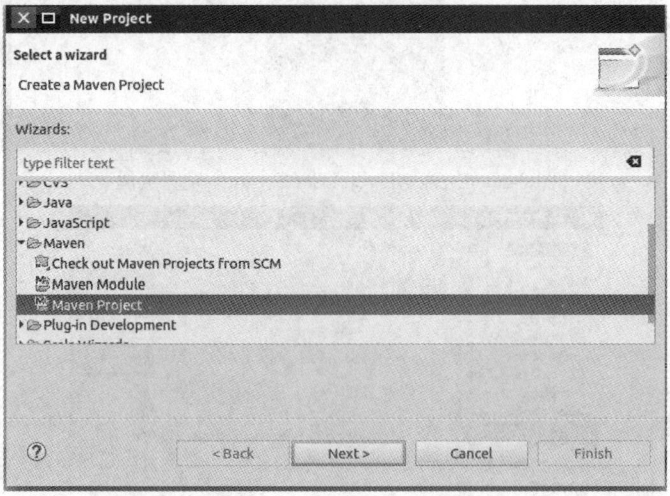

图 5-53 选择 Maven Project

(3) 进入如图 5-54 所示的界面，继续点击“Next”。

(4) Scala IDE 自带 Maven 插件，但是自带的 Maven 插件不能应用到 Scala 项目，因此需要再下载一个针对 Scala 的 Maven 插件。点击右下角的“Add Archetype”按钮，添加 Maven 项目模板。具体操作如图 5-55 所示。

笔记

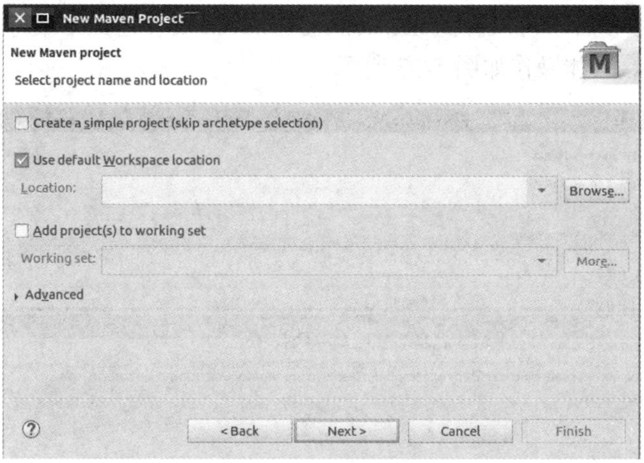

图 5-54　点击“Next”

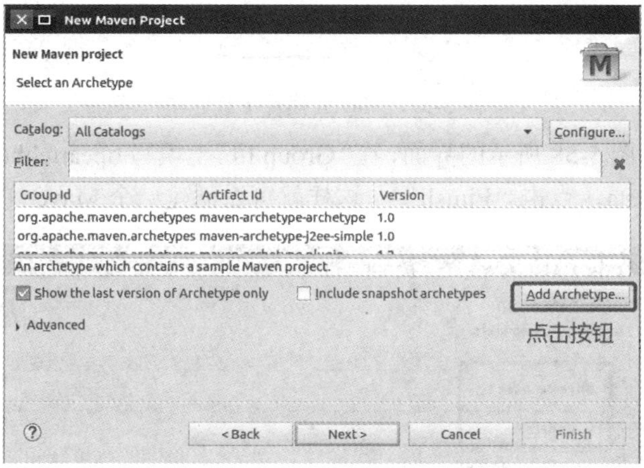

图 5-55　添加 Maven 项目模板

(5) 在“Add Archetype”窗口中输入如下信息，在“Archetype Group Id”栏输入 net.alchim31.maven，在“Archetype Artifact Id”栏输入 scala-archetype-simple，在“Archetype Version”栏输入 1.6，点击“OK”。具体操作如图 5-56 所示。

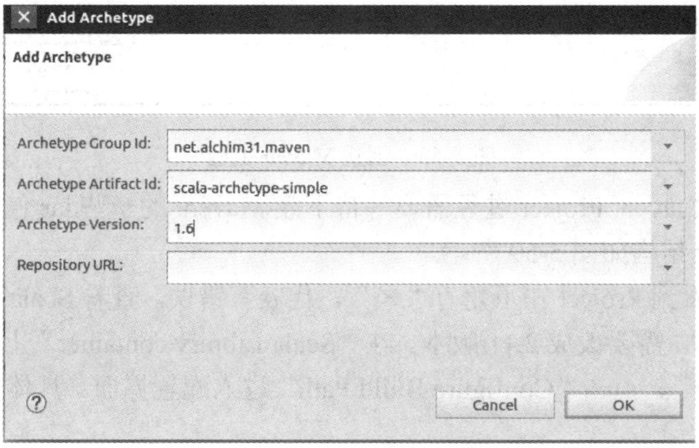

图 5-56　填写 Add Archetype 信息

笔记

(6) 等待数秒后，可以看到 net.alchim31.maven 文件已经下载好了，选择它，点击“Next”。具体操作如图 5-57 所示。

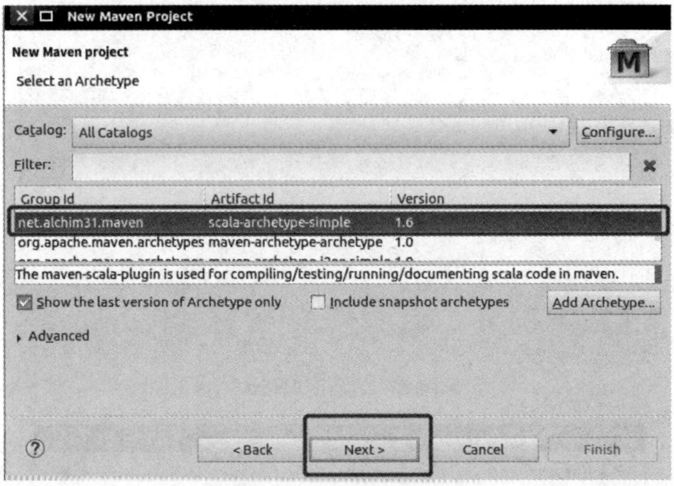

图 5-57 Maven 插件下载完毕

(7) 进入如图 5-58 所示的界面，在“Group Id”上填写 opeartehbase，在“Artifact Id”填写 writedata，点击“Finish”。这样就可以创建一个 Maven Project。

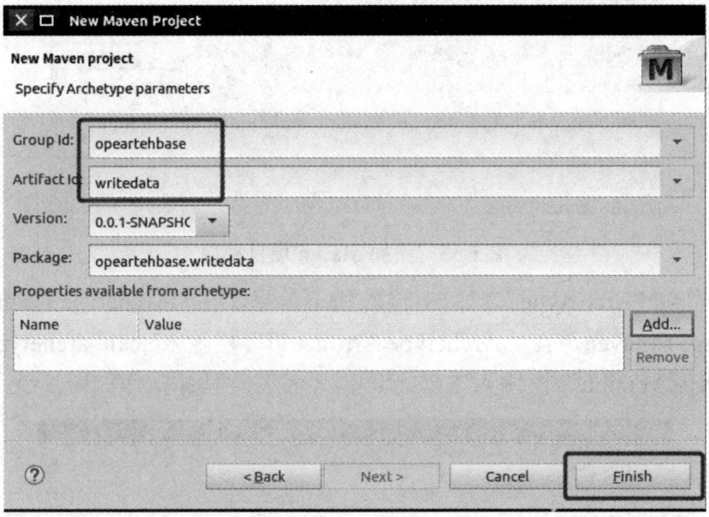

图 5-58 创建 Maven 工程

(8) 创建 Maven Project 过程需要等待下载 Maven 的一些 jar 包。创建完毕以后整个 Project 结构如图 5-59 所示。

(9) 我们看到 Project 左下角有“×”，代表有错误。查看 Scala 版本，发现默认是 2.12 版本，需要改成 2.11 版本。在“Scala Library container”上点击右键，点击“Build Path”，点击“Configure Build Path”进入配置界面。具体操作如图 5-60 所示。

笔记

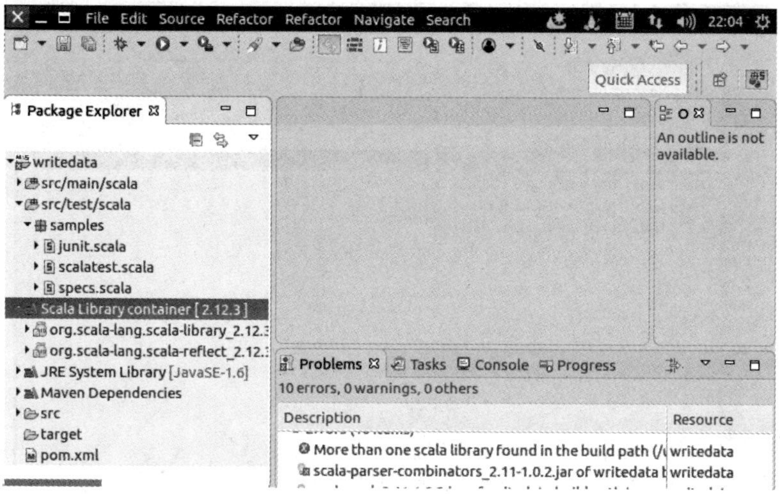

图 5-59　Maven 项目创建完成

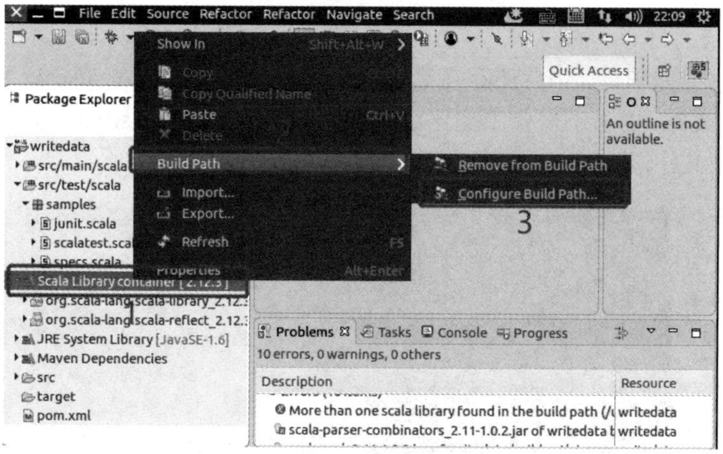

图 5-60　打开 Scala 版本设置界面

(10) 双击“Scala Library container”，在弹出的窗口中选择“latest 2.11 bundle(dynamic)”，点击“Finish”。具体操作如图 5-61 和图 5-62 所示。

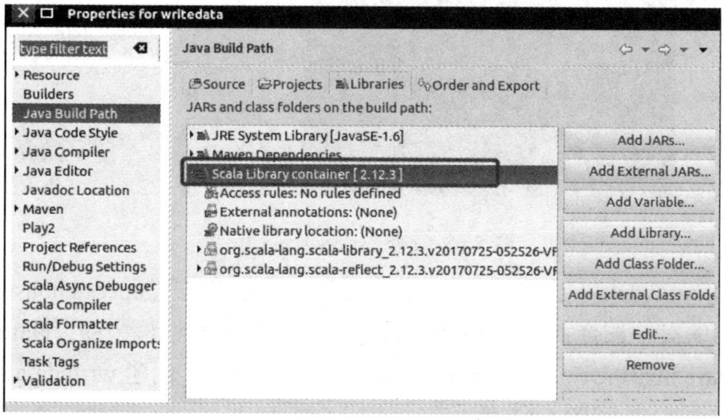

图 5-61　双击 Scala Library container

笔记

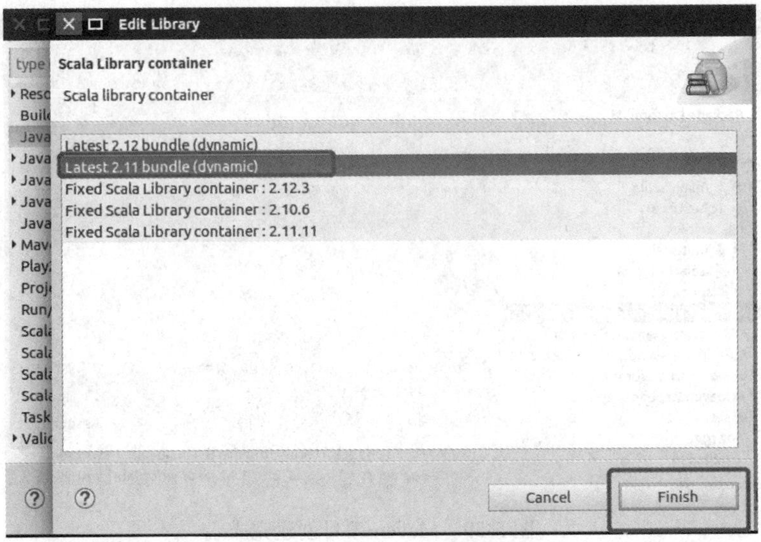

图 5-62 修改 Scala 版本为 2.11

(11) 修改完毕后，仍然还存在错误，错误定位在项目 src/test/scala 文件夹下的 specs.scala 文件，由于不需要用到这个文件，右键点击“specs.scala”，选择“Delete”直接删除该文件，后续就不会再报错了。具体操作如图 5-63 所示。

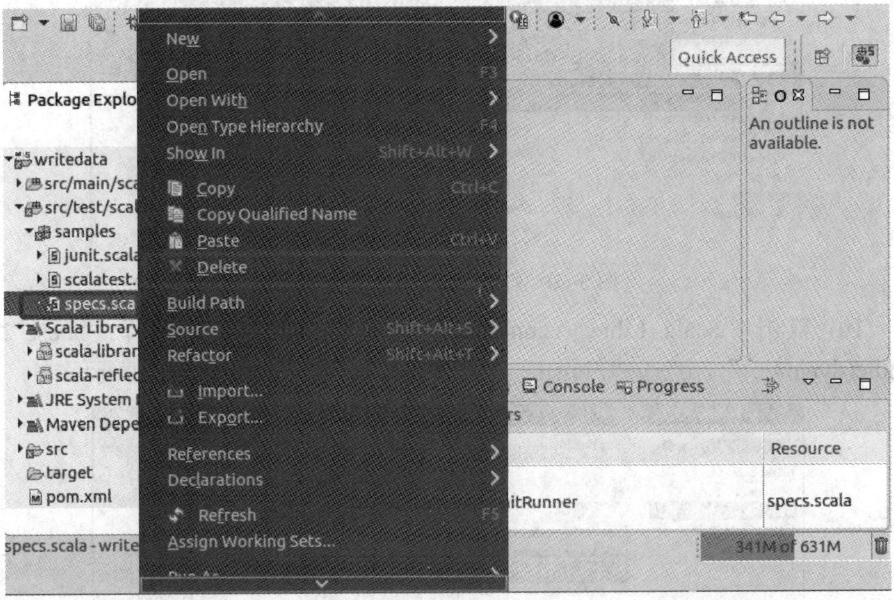

图 5-63 删除 specs.scala 文件

(12) 在 writedata 目录的 src/main/scala 下，右键点击“operatehbase.writedata”包。在弹出的菜单选择 New→Scala Object。在弹出的对话框中的“Name”文本框中输入 opeartehbase.writedata.writedata，点击“Finish”。创建 writedata.scala 文件。具体操作如图 5-64 和图 5-65 所示。

笔记

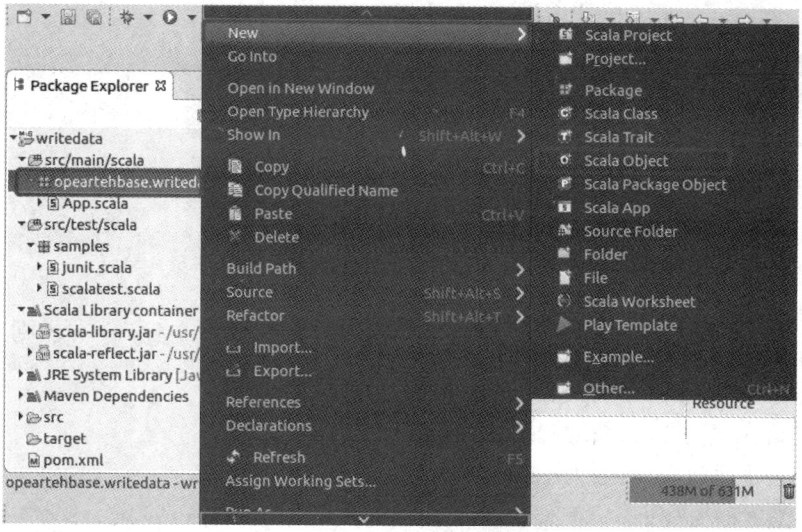

图 5-64　新建 writedata.scala 文件

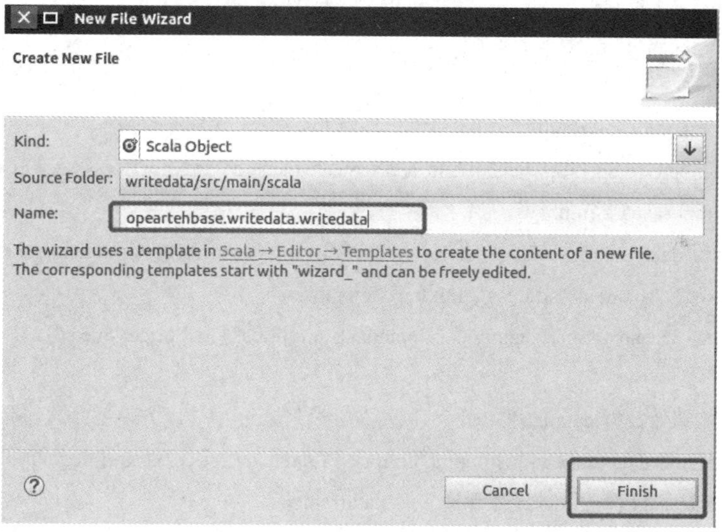

图 5-65 新建 writedata.scala 文件完毕

(13) 将如下代码复制到 writedata.scala 文件内。点击保存按钮。

```
package opeartehbase.writedata
import util.control.Breaks._
import org.apache.spark.SparkContext
import org.apache.spark.SparkContext._
import org.apache.spark.SparkConf
import org.apache.hadoop.io.LongWritable
import org.apache.spark.sql.SparkSession
import org.apache.spark.sql.types._
import org.apache.spark.sql.Dataset
```

笔记

```
import org.apache.spark.sql.Row
import org.apache.spark.rdd.RDD
import org.apache.spark.sql.functions._
/*import org.apache.hadoop.io.Text
import org.apache.hadoop.mapred.OutputFormat*/
import org.apache.hadoop.hbase.HBaseConfiguration
import org.apache.hadoop.hbase.mapreduce.TableOutputFormat
import org.apache.hadoop.mapreduce.Job
import org.apache.hadoop.hbase.io.ImmutableBytesWritable
import org.apache.hadoop.hbase.client.Result
import org.apache.hadoop.hbase.client.Put
import org.apache.hadoop.hbase.util.Bytes
/*先将 filter 分成 n 个区的 dataframe，然后对每个区的 dataframe 求均值，保存在数组中，
数组下标和 dataframe 对应，之后过滤掉和均值偏离比较远的数据(均值 list 做 for 循环外层，以
匹配 dataframe 第 1 条数据的 area)，再合并 n 个区的 dataframe */
object writedata {

    def main(args: Array[String]) {
      val spark = SparkSession.builder().appName("writehbase").master("local").getOrCreate()
      import spark.implicits._
      val data= spark.read.format("csv").load("E:\\mypachong\\ yuchuliguang zhouershoufang.
csv").toDF("area", "subarea","address","huxing","mianji",
          "chaoxiang","zhuangxiu","niandai","unitprice","totalprice","year")

      //把原始数据 data 的“单价”列数据类型转成 int 型，以方便后面的计算
      val filterdata=data.withColumn("unitprice", data("unitprice").cast(IntegerType))
      //filterdata 按照区域过滤形成多个 dataframe
      val tianhedata=filterdata.filter(data("area")===("天河"))
      val haizhudata=filterdata.filter(data("area")===("海珠"))
      val liwandata=filterdata.filter(data("area")===("荔湾"))
      val yuexiudata=filterdata.filter(data("area")===("越秀"))
      val baiyundata=filterdata.filter(data("area")===("白云"))
      val huangpudata=filterdata.filter(data("area")===("黄埔"))
      val huadudata=filterdata.filter(data("area")===("花都"))
      val zengchengdata=filterdata.filter(data("area")===("增城"))
      val conghuadata=filterdata.filter(data("area")===("从化"))
      val nanshadata=filterdata.filter(data("area")===("南沙"))

     //把 filterdata 按照区域分组并计算每个区域的房价平均值，均值列名设为
```

笔记

```
//avgeunitprice，然后转为 list
val list= filterdata.groupBy("area").agg(avg("unitprice").as("avgeunitprice")).collectAsList()
//去除 list 的第一个元素(表头)
var list1=list.subList(0, list.size()-1)

/*过滤每个区域的房屋数据，房子需满足以下 2 个条件之一：
    过滤条件 1：房子面积大于 40 平米。
    过滤条件 2：若房子面积小于 40 平米，则需满足公式(单价-区域均值)/区域均值
<0.05。*/
for(i <- 0 to list1.size-1){
  breakable{

    if(!(tianhedata.toDF().take(1).isEmpty)&&list1.get(i).get(0). equals(tianhe
data.collect().drop(1)(0))){
      tianhedata.filter(tianhedata("mianji")>=40||(tianhedata("mianji")< 40&&(sqrt
(tianhedata("unitprice")-list1.get(i).get(1)))/list1.get(i).get(1)<0.05))
      list1=list1.subList(1, list1.size())
      break
    }
    if(!(haizhudata.toDF().take(1).isEmpty)&&list1.get(i).get(0). equals(haizhudata.
collect().drop(1)(0))){
      haizhudata.filter(haizhudata("mianji")>=40||(haizhudata("mianji")<
40&&(sqrt(haizhudata("unitprice")-list1.get(i).get(1)))/list1.get(i).get(1)<0.05))
       list1=list1.subList(1, list1.size())
       break
    }
    if(!(liwandata.toDF().take(1).isEmpty)&&list1.get(i).get(0).equals (liwandata.
collect().drop(1)(0))){
      liwandata.filter(liwandata("mianji")>=40||(liwandata("mianji")< 40&&(sqrt
(liwandata("unitprice")-list1.get(i).get(1)))/list1.get(i).get(1)<0.05))
       list1=list1.subList(1, list1.size())
       break
    }
    if(!(yuexiudata.toDF().take(1).isEmpty)&&list1.get(i).get(0).equals (yuexiudata.
collect().drop(1)(0))){
      yuexiudata.filter(yuexiudata("mianji")>=40||(yuexiudata("mianji")<40&&
(sqrt(yuexiudata("unitprice")-list1.get(i).get(1)))/list1.get(i).get(1)<0.05))
      list1=list1.subList(1, list1.size())
      break
```

笔记

```
        }
        if(!(baiyundata.toDF().take(1).isEmpty)&&list1.get(i).get(0).equals (baiyundata.
collect().drop(1)(0))){
            baiyundata.filter(baiyundata("mianji")>=40||(baiyundata("mianji")<
40&&(sqrt(baiyundata("unitprice")-list1.get(i).get(1)))/list1.get(i).get(1)<0.05))
            list1=list1.subList(1, list1.size())
            break
        }
        if(!(huangpudata.toDF().take(1).isEmpty)&&list1.get(i).get(0). equals
(huangpudata.collect().drop(1)(0))){
            huangpudata.filter(huangpudata("mianji")>=40||(huangpudata("mianji")
<40&&(sqrt(huangpudata("unitprice")-list1.get(i).get(1)))/list1.get(i).get(1)<0.05))
            list1=list1.subList(1, list1.size())
            break
        }
        if(!(huadudata.toDF().take(1).isEmpty)&&list1.get(i).get(0).equals(huadudata.
collect().drop(1)(0))){
            huadudata.filter(huadudata("mianji")>=40||(huadudata("mianji")< 40&&(sqrt
(huadudata("unitprice")-list1.get(i).get(1)))/list1.get(i).get(1)<0.05))
            list1=list1.subList(1, list1.size())
            break
        }
        if(!(zengchengdata.toDF().take(1).isEmpty)&&list1.get(i). get(0).equals
(zengchengdata.collect().drop(1)(0))){
            zengchengdata.filter(zengchengdata("mianji")>=40||(zengchengdata
("mianji")<40&&(sqrt(zengchengdata("unitprice")-list1.get(i).get(1)))/list1.get(i).get(1)<0.05))
            list1=list1.subList(1, list1.size())
            break
        }
        if(!(conghuadata.toDF().take(1).isEmpty)&&list1.get(i).get(0).equals
(conghuadata.collect().drop(1)(0))){
            conghuadata.filter(conghuadata("mianji")>=40||(conghuadata("mianji")<
40&&(sqrt(conghuadata("unitprice")-list1.get(i).get(1)))/list1.get(i).get(1)<0.05))
            list1=list1.subList(1, list1.size())
            break
        }
        if(!(nanshadata.toDF().take(1).isEmpty)&&list1.get(i).get(0).equals
(nanshadata.collect().drop(1)(0))){
            nanshadata.filter(nanshadata("mianji")>=40||(nanshadata("mianji")< 40&&
```

笔记

```
(sqrt(nanshadata("unitprice")-list1.get(i).get(1)))/list1.get(i).get(1)<0.05))
                list1=list1.subList(1, list1.size())
                break
            }

        }


    }
     //合并过滤后每个区域的 dataframe 为 totaldata
    val totaldata=tianhedata.union(haizhudata)
                          .union(liwandata).union(yuexiudata)
                          .union(baiyundata).union(huangpudata)
                          .union(huadudata).union(zengchengdata)
                          .union(conghuadata).union(nanshadata)
    //print("filterdata count"+filterdata.count())
    //为 totaldata 添加自增 id，作为行键
    val schema: StructType = totaldata.schema.add(StructField("id", LongType))
    // DataFrame 转 RDD，然后调用  zipWithIndex
    val totaldatardd: RDD[(Row, Long)] = totaldata.rdd.zipWithIndex()
    val totaldatarrowdd: RDD[Row] = totaldatardd.map(tp => Row.merge(tp._1, Row(tp._2)))
    // 将添加了索引的 RDD  转化为 DataFrame
    val totaldatawithid = spark.createDataFrame(totaldatarrowdd, schema)
    //数据写入 hbase
    val tablename = "houseinfo"
    val sc=spark.sparkContext
    sc.hadoopConfiguration.set(TableOutputFormat.OUTPUT_TABLE, tablename)
    val job = new Job(sc.hadoopConfiguration)
    job.setOutputKeyClass(classOf[ImmutableBytesWritable])
    job.setOutputValueClass(classOf[Result])
    job.setOutputFormatClass(classOf[TableOutputFormat[ImmutableBytesWritable]])
    val totaldatawithidrdd = totaldatawithid.toDF().rdd.map{arr=>{
    val put = new Put(Bytes.toBytes(arr(11).toString())) //行键的值
     put.addImmutable(Bytes.toBytes("info"),Bytes.toBytes("area"), Bytes.toBytes(arr
(0).toString()))   //info:area 列的值
     put.addImmutable(Bytes.toBytes("info"), Bytes.toBytes("subarea"), Bytes.toBytes
(arr(1).toString()))   //info:subarea 列的值
     put.addImmutable(Bytes.toBytes("info"),Bytes.toBytes("address"), Bytes.toBytes
(arr(2).toString()))   //info:address 列的值
     put.addImmutable(Bytes.toBytes("info"),Bytes.toBytes("huxing"), Bytes.toBytes
```

笔记

```
(arr(3).toString()))  //info:huxing 列的值
        put.addImmutable(Bytes.toBytes("info"),Bytes.toBytes("mianji"), Bytes.toBytes
(arr(4).toString()))  //info:mianji 列的值
        put.addImmutable(Bytes.toBytes("info"),Bytes.toBytes("chaoxiang"),
Bytes.toBytes(arr(5).toString()))  //info:chaoxiang 列的值
        put.addImmutable(Bytes.toBytes("info"),Bytes.toBytes("zhuangxiu"), Bytes.to
Bytes(arr(6).toString()))  //info:zhuangxiu 列的值
        put.addImmutable(Bytes.toBytes("info"),Bytes.toBytes("niandai"), Bytes.toBytes
(arr(7).toString()))  //info:niandai 列的值
        put.addImmutable(Bytes.toBytes("info"),Bytes.toBytes("unitprice"), Bytes.toBytes
(arr(8).toString()))  //info:unitprice 列的值
        put.addImmutable(Bytes.toBytes("info"),Bytes.toBytes("totalprice"), Bytes.toBytes
(arr(9).toString()))  //info:totalprice 列的值
        put.addImmutable(Bytes.toBytes("info"),Bytes.toBytes("year"), Bytes.toBytes
(arr(10).toString()))  //info:year 列的值
        (new ImmutableBytesWritable, put)
    }}
    totaldatawithidrdd.saveAsNewAPIHadoopDataset(job.getConfiguration())

  }
  }
```

(14) 将如下代码复制到 writedata 工程目录下的 pom.xml 文件。点击保存按钮。等待 pom 文件中的 jar 包下载完毕。

```
<project    xmlns="http://maven.apache.org/POM/4.0.0"    xmlns:xsi= "http://www.w3.org/
2001/XMLSchema-instance"    xsi:schemaLocation="http://maven.apache.org/POM/4.0.0    http://
maven.apache.org/maven-v4_0_0.xsd">
    <modelVersion>4.0.0</modelVersion>
    <groupId>opeartehbase</groupId>
    <artifactId>writedata</artifactId>
    <version>0.0.1-SNAPSHOT</version>
    <name>${project.artifactId}</name>
    <description>My wonderful scala app</description>
    <inceptionYear>2015</inceptionYear>
    <properties>
      <scala.version>2.11</scala.version>
      <spark.version>2.1.0</spark.version>
      <hadoop.version>2.7.1</hadoop.version>
      <hbase.version>1.1.5</hbase.version>
    </properties>
```

笔记

```
<repositories>
  <repository>
  <id>nexus-aliyun</id>
  <name>Nexus aliyun</name>
  <layout>default</layout>
  <url>https://maven.aliyun.com/repository/public</url>
  <snapshots>
      <enabled>false</enabled>
  </snapshots>
  <releases>
      <enabled>true</enabled>
  </releases>
  </repository>
</repositories>

<pluginRepositories>
  <pluginRepository>
      <id>aliyun-plugin</id>
      <url>https://maven.aliyun.com/repository/public</url>
      <releases>
          <enabled>true</enabled>
      </releases>
      <snapshots>
          <enabled>false</enabled>
      </snapshots>
  </pluginRepository>
</pluginRepositories>

<dependencies>
<dependency>
          <groupId>org.apache.spark</groupId>
          <artifactId>spark-core_${scala.version}</artifactId>
          <version>${spark.version}</version>
      </dependency>
    <dependency>
       <groupId>org.apache.spark</groupId>
       <artifactId>spark-sql_2.11</artifactId>
       <version>2.1.0</version>
   </dependency>
```

笔记

```
<dependency>
    <groupId>org.apache.hadoop</groupId>
    <artifactId>hadoop-client</artifactId>
    <version>${hadoop.version}</version>
</dependency>

<dependency>
    <groupId>org.apache.hadoop</groupId>
    <artifactId>hadoop-common</artifactId>
    <version>${hadoop.version}</version>
</dependency>

<dependency>
    <groupId>org.apache.hadoop</groupId>
    <artifactId>hadoop-hdfs</artifactId>
    <version>${hadoop.version}</version>
</dependency>
<dependency>
    <groupId>org.apache.hbase</groupId>
    <artifactId>hbase-client</artifactId>
    <version>${hbase.version}</version>
</dependency>
<dependency>
    <groupId>org.apache.hbase</groupId>
    <artifactId>hbase-server</artifactId>
    <version>${hbase.version}</version>
</dependency>

<dependency>
    <groupId>org.apache.hbase</groupId>
    <artifactId>hbase-common</artifactId>
    <version>${hbase.version}</version>
</dependency>
 <dependency>
   <groupId>junit</groupId>
   <artifactId>junit</artifactId>
   <version>4.4</version>
   <scope>test</scope>
 </dependency>
 <dependency>
```

笔记

```
                <groupId>org.specs</groupId>
                <artifactId>specs</artifactId>
                <version>1.2.5</version>
                <scope>test</scope>
            </dependency>
        </dependencies>

        <build>
          <sourceDirectory>src/main/scala</sourceDirectory>
          <testSourceDirectory>src/test/scala</testSourceDirectory>
          <plugins>
            <plugin>
              <groupId>org.scala-tools</groupId>
              <artifactId>maven-scala-plugin</artifactId>
              <executions>
                <execution>
                  <goals>
                    <goal>compile</goal>
                    <goal>testCompile</goal>
                  </goals>
                </execution>
              </executions>
              <configuration>
                <scalaVersion>${scala.version}</scalaVersion>
                <args>
                  <arg>-target:jvm-1.5</arg>
                </args>
              </configuration>
            </plugin>
            <plugin>
              <groupId>org.apache.maven.plugins</groupId>
              <artifactId>maven-eclipse-plugin</artifactId>
              <configuration>
                <downloadSources>true</downloadSources>
                <buildcommands>
                  <buildcommand>ch.epfl.lamp.sdt.core.scalabuilder</buildcommand>
                </buildcommands>
                <additionalProjectnatures>
                  <projectnature>ch.epfl.lamp.sdt.core.scalanature</projectnature>
                </additionalProjectnatures>
```

笔记

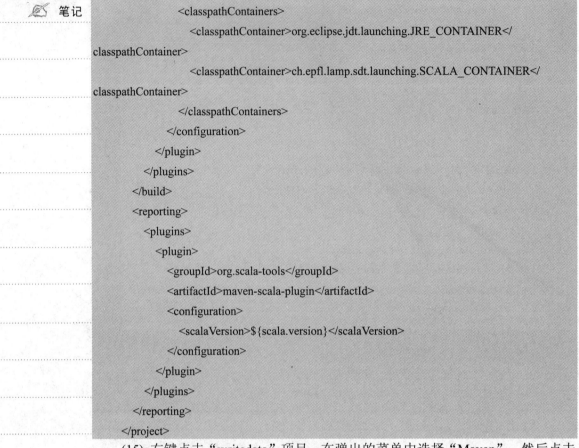

```
                <classpathContainers>
                    <classpathContainer>org.eclipse.jdt.launching.JRE_CONTAINER</
classpathContainer>
                    <classpathContainer>ch.epfl.lamp.sdt.launching.SCALA_CONTAINER</
classpathContainer>
                </classpathContainers>
            </configuration>
        </plugin>
    </plugins>
</build>
<reporting>
    <plugins>
        <plugin>
            <groupId>org.scala-tools</groupId>
            <artifactId>maven-scala-plugin</artifactId>
            <configuration>
                <scalaVersion>${scala.version}</scalaVersion>
            </configuration>
        </plugin>
    </plugins>
</reporting>
</project>
```

(15) 右键点击“writedata”项目，在弹出的菜单中选择“Maven”，然后点击“Updata Project”，如图 5-66 所示。在弹出界面继续点“OK”，进行 Project 重构。重构完成后可以看到 writedata 下再也没有代表错误的红色了，如图 5-67 所示。

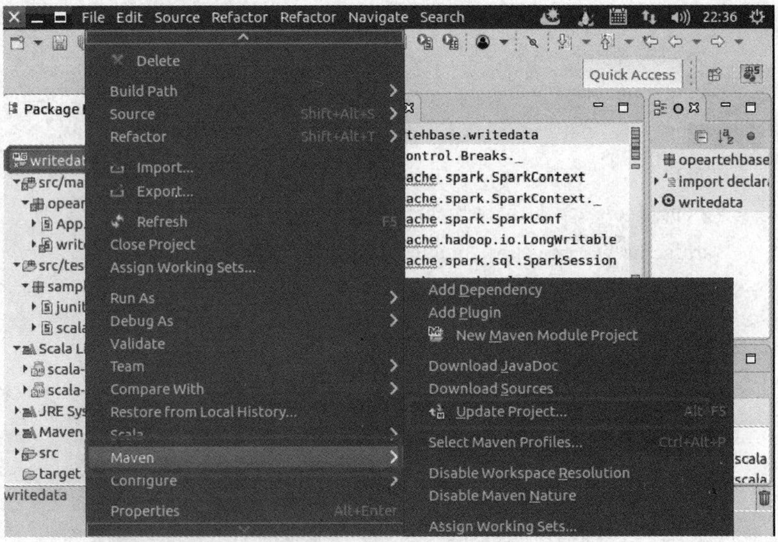

图 5-66 writedata Project 重构

笔记

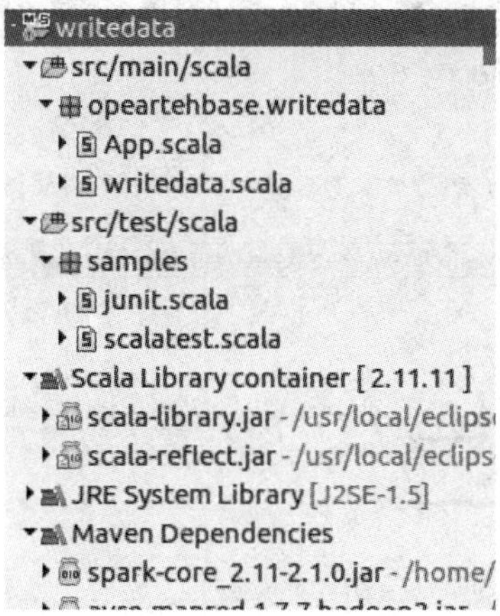

图 5-67　writedata Project 重构完成且无报错

(16) 右键点击“pom.xml”，在弹出的菜单中选择 Run AS→Maven build 进行代码编译，在弹出的窗口 Goals 输入 compile，然后点击“run”按钮编译项目，如果在控制台 Console 里出现 BUILD SUCCESS，则编译成功。具体操作如图 5-68、图 5-69 和图 5-70 所示。

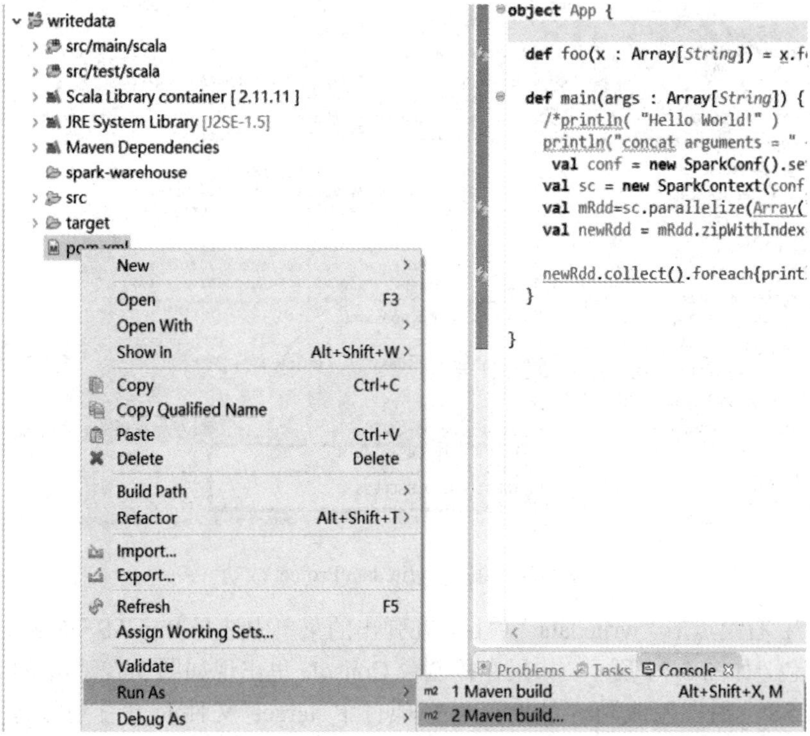

图 5-68　点击 Run AS→Maven build

笔记

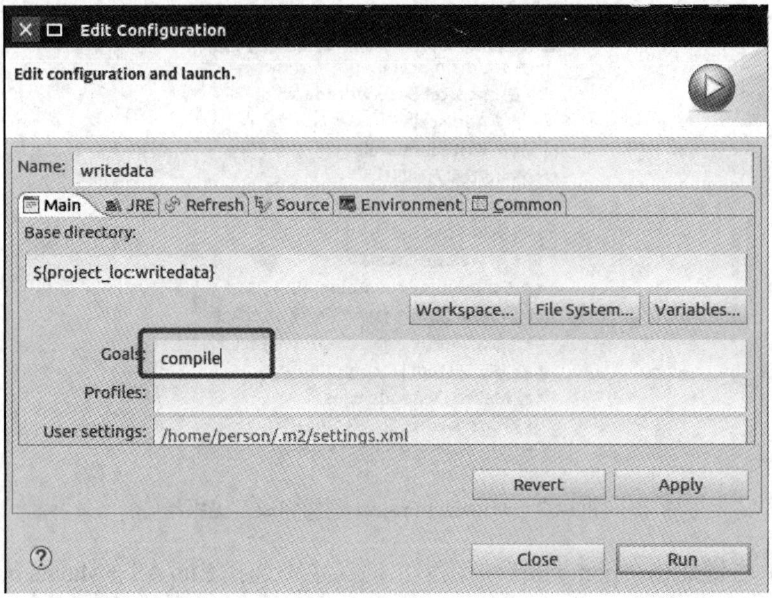

图 5-69 编译 writedata Project

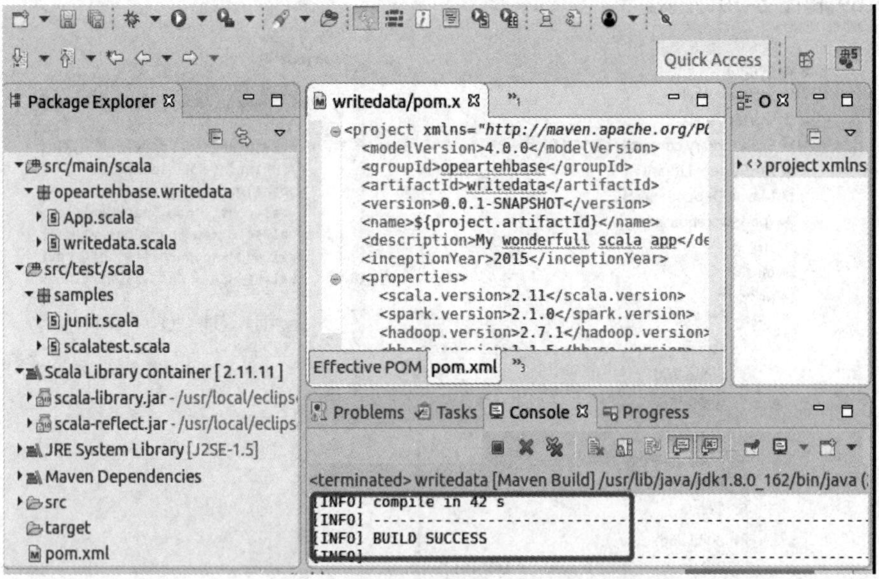

图 5-70 编译 writedata Project 成功

(17) 右键点击“writedata”项目，在弹出的菜单中选择 Run AS→Maven install 进行打包，如图 5-71 所示。如果在控制台 Console 里出现如图 5-72 所示的 BUILD SUCCESS，则打包成功。我们可以在项目中 target 文件夹下看到打包文件为 writedata-0.0.1-SNAPSHOT.jar。该文件保存在 Scala IDE 工作空间的 writedata 工程的 target 目录下，如图 5-73 所示。

笔记

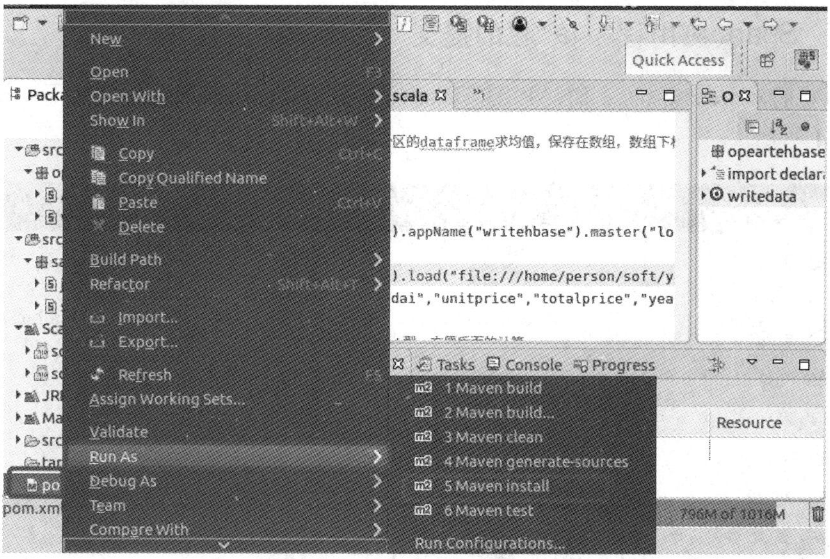

图 5-71　Maven 打包 writedata Project

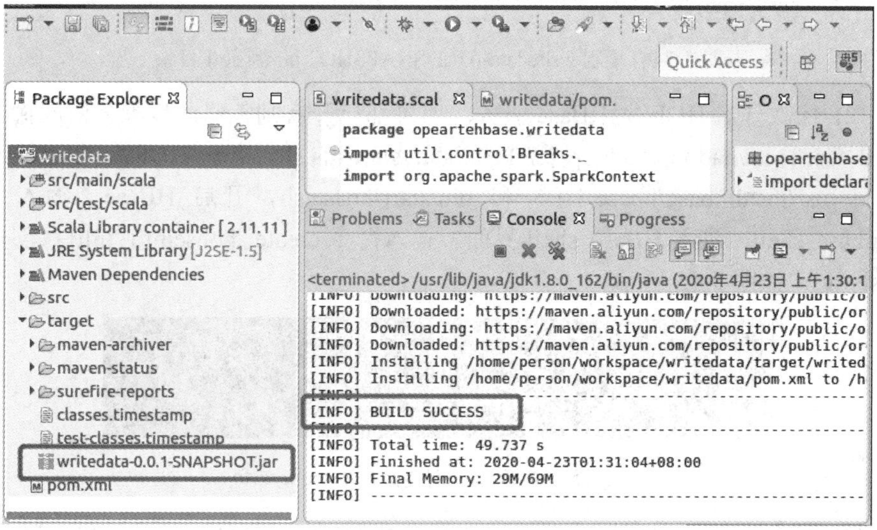

图 5-72　maven 打包 writedata Project 成功

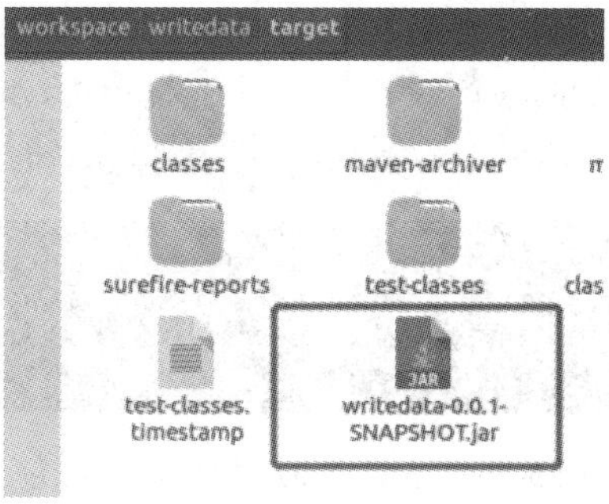

图 5-73　打出的 jar 包所在的目录

笔记

5.4.3 Spark 应用程序 jar 包的提交

(1) 把 writedata-0.0.1-SNAPSHOT.jar 拷贝到 home/person/soft 目录下。操作如图 5-74 所示。

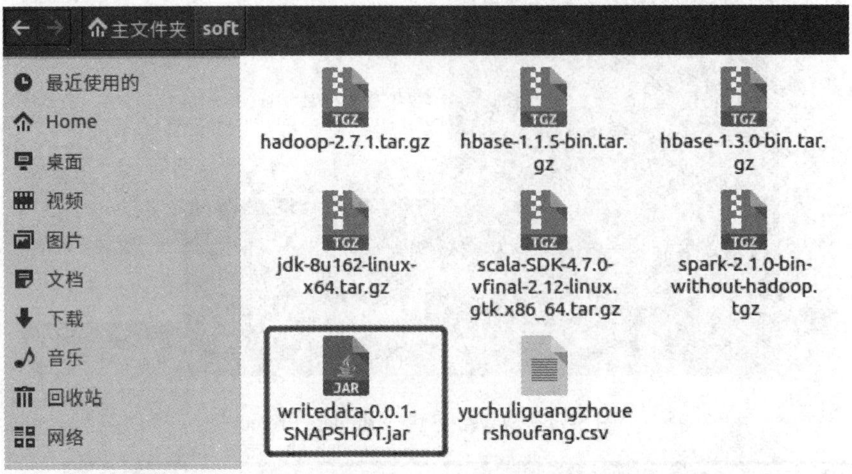

图 5-74　复制 writedata-0.0.1-SNAPSHOT.jar 到 soft 目录

(2) 依次开启 HDFS，HBase 服务。如果都已开启则忽略此步骤。依次输入命令 cd /usr/local/hadoop/hadoop-2.7.1 和./sbin/start-dfs.sh，开启 HDFS。依次输入命令 cd /usr/local/hbase/hbase-1.1.5 和 bin/start-hbase.sh，开启 HBase。输入命令 bin/hbase shell，进入 HBase shell 界面。输入命令 create 'houseinfo','info'，创建表 houseinfo，如图 5-75 所示。

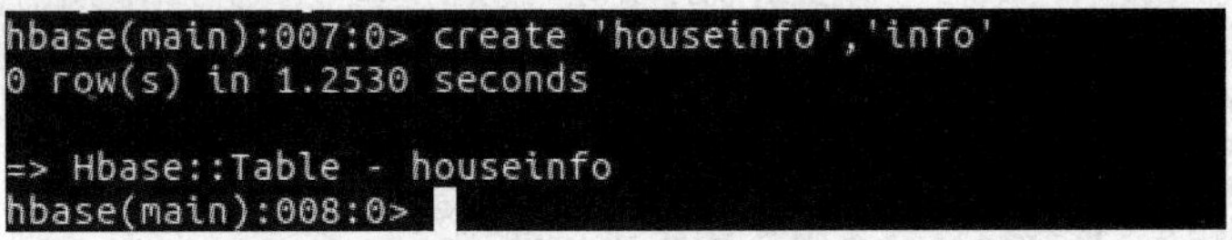

hbase(main):007:0> create 'houseinfo','info'
0 row(s) in 1.2530 seconds
=> Hbase::Table - houseinfo
hbase(main):008:0>

图 5-75　在 HBase 创建数据表 houseinfo

(3) 在 Spark 上运行 writedata-0.0.1-SNAPSHOT.jar 文件。输入如图 5-76 所示的命令：

```
/usr/local/spark/spark-2.1.0-bin-without-hadoop/bin/spark-submit --driver-class-path
/usr/local/spark/spark-2.1.0-bin-without-hadoop/jars/hbase/*:/usr/local/hbase/hbase-1.1.5/conf
--class "opeartehbase.writedata.writedata" /home/person/soft/writedata-0.0.1-SNAPSHOT.jar
```

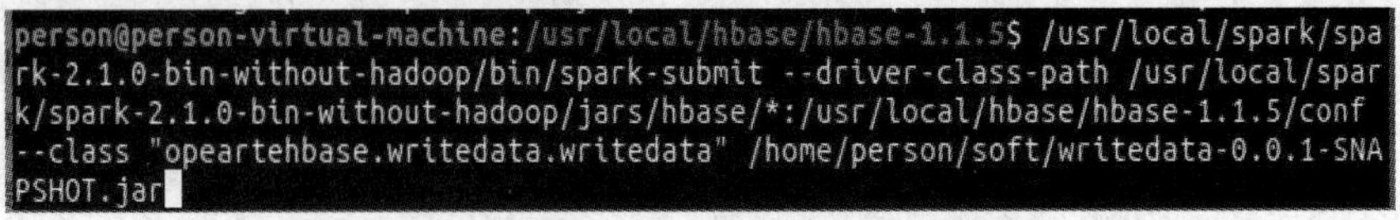

图 5-76　提交 Spark 集群运行 jar 包

(4) 等待程序运行完毕，运行完毕界面如图 5-77 所示。

笔记

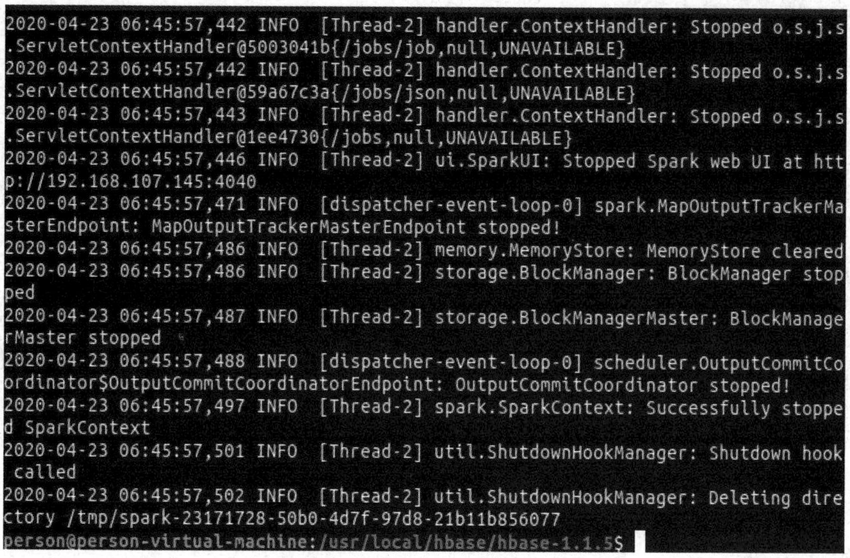

```
2020-04-23 06:45:57,442 INFO  [Thread-2] handler.ContextHandler: Stopped o.s.j.s
.ServletContextHandler@5003041b{/jobs/job,null,UNAVAILABLE}
2020-04-23 06:45:57,442 INFO  [Thread-2] handler.ContextHandler: Stopped o.s.j.s
.ServletContextHandler@59a67c3a{/jobs/json,null,UNAVAILABLE}
2020-04-23 06:45:57,443 INFO  [Thread-2] handler.ContextHandler: Stopped o.s.j.s
.ServletContextHandler@1ee4730{/jobs,null,UNAVAILABLE}
2020-04-23 06:45:57,446 INFO  [Thread-2] ui.SparkUI: Stopped Spark web UI at htt
p://192.168.107.145:4040
2020-04-23 06:45:57,471 INFO  [dispatcher-event-loop-0] spark.MapOutputTrackerMa
sterEndpoint: MapOutputTrackerMasterEndpoint stopped!
2020-04-23 06:45:57,486 INFO  [Thread-2] memory.MemoryStore: MemoryStore cleared
2020-04-23 06:45:57,486 INFO  [Thread-2] storage.BlockManager: BlockManager stop
ped
2020-04-23 06:45:57,487 INFO  [Thread-2] storage.BlockManagerMaster: BlockManage
rMaster stopped
2020-04-23 06:45:57,488 INFO  [dispatcher-event-loop-0] scheduler.OutputCommitCo
ordinator$OutputCommitCoordinatorEndpoint: OutputCommitCoordinator stopped!
2020-04-23 06:45:57,497 INFO  [Thread-2] spark.SparkContext: Successfully stoppe
d SparkContext
2020-04-23 06:45:57,501 INFO  [Thread-2] util.ShutdownHookManager: Shutdown hook
 called
2020-04-23 06:45:57,502 INFO  [Thread-2] util.ShutdownHookManager: Deleting dire
ctory /tmp/spark-23171728-50b0-4d7f-97d8-21b11b856077
person@person-virtual-machine:/usr/local/hbase/hbase-1.1.5$
```

图 5-77　程序运行完毕

(5) 在 HBase shell 界面检查数据是否成功存储。在 HBase shell 命令下输入 count 'houseinfo'，查看表有多少条记录并核对。还可以输入命令 scan 'houseinfo', {LIMIT=>1}，查看第一条记录的值。具体结果如图 5-78 和图 5-79 所示。从图中可以看到，数据已经成功存储在 HBase 里了。

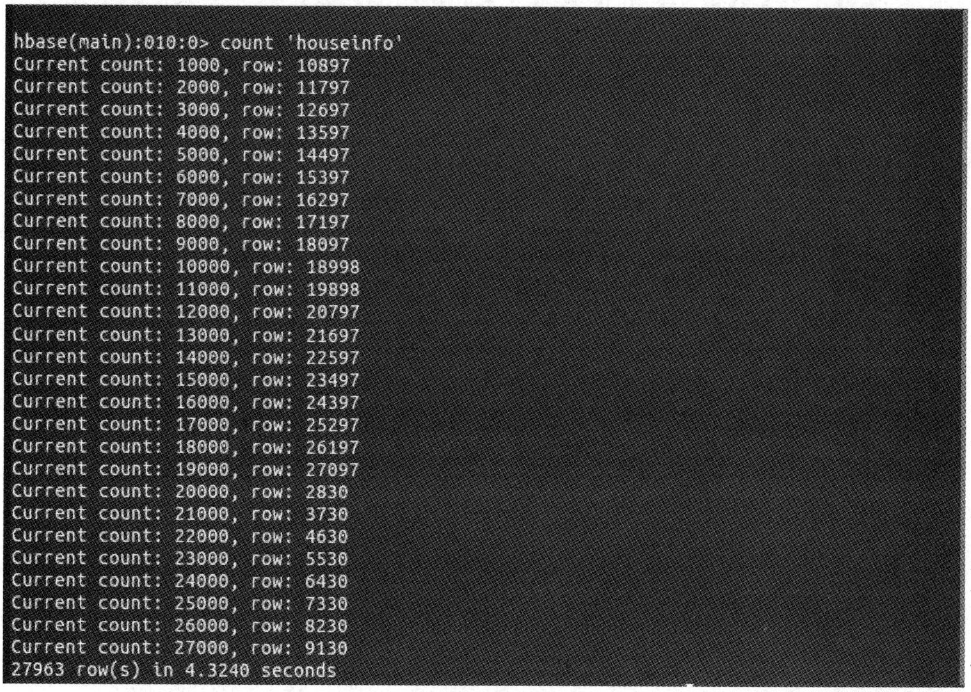

```
hbase(main):010:0> count 'houseinfo'
Current count: 1000, row: 10897
Current count: 2000, row: 11797
Current count: 3000, row: 12697
Current count: 4000, row: 13597
Current count: 5000, row: 14497
Current count: 6000, row: 15397
Current count: 7000, row: 16297
Current count: 8000, row: 17197
Current count: 9000, row: 18097
Current count: 10000, row: 18998
Current count: 11000, row: 19898
Current count: 12000, row: 20797
Current count: 13000, row: 21697
Current count: 14000, row: 22597
Current count: 15000, row: 23497
Current count: 16000, row: 24397
Current count: 17000, row: 25297
Current count: 18000, row: 26197
Current count: 19000, row: 27097
Current count: 20000, row: 2830
Current count: 21000, row: 3730
Current count: 22000, row: 4630
Current count: 23000, row: 5530
Current count: 24000, row: 6430
Current count: 25000, row: 7330
Current count: 26000, row: 8230
Current count: 27000, row: 9130
27963 row(s) in 4.3240 seconds
```

图 5-78　HBase 查看结果——总记录数

笔记

```
hbase(main):012:0> scan 'houseinfo', {LIMIT=>1}
ROW                    COLUMN+CELL
 0                     column=info:address, timestamp=1587595549790, value=\xE9\x
                       AA\x8F\xE6\x99\xAF\xE8\x8A\xB1\xE5\x9B\xAD
 0                     column=info:area, timestamp=1587595549790, value=\xE5\xA4\
                       xA9\xE6\xB2\xB3
 0                     column=info:chaoxiang, timestamp=1587595549790, value= \xE
                       4\xB8\x9C\xE5\x8D\x97
 0                     column=info:huxing, timestamp=1587595549790, value=4\xE5\x
                       AE\xA42\xE5\x8E\x85
 0                     column=info:mianji, timestamp=1587595549790, value=133.54
 0                     column=info:niandai, timestamp=1587595549790, value=2008
 0                     column=info:subarea, timestamp=1587595549790, value=\xE6\x
                       A3\xA0\xE4\xB8\x8B
 0                     column=info:totalprice, timestamp=1587595549790, value=730
                       0000.0
 0                     column=info:unitprice, timestamp=1587595549790, value=5466
                       6
 0                     column=info:year, timestamp=1587595549790, value=\xE6\x88\
                       xBF\xE6\x9C\xAC\xE6\xBB\xA1\xE4\xBA\x94\xE5\xB9\xB4
 0                     column=info:zhuangxiu, timestamp=1587595549790, value= \xE
                       7\xB2\xBE\xE8\xA3\x85
```

图 5-79 HBase 查看结果——单条记录数据

能力拓展

利用 Spark 读取存储到 HBase 中的数据。

小 结

本项目介绍了大数据计算框架的分类和常用的大数据计算框架，大数据存储方式(分布式文件系统和 NoSQL 数据库)。详细介绍了 Spark 计算框架和 HBase 数据库的安装配置和使用方法，让读者在项目三 Hadoop 环境的基础上搭建 Spark+HBase 开发环境，并进行编码实现房屋数据的计算和存储，给读者展现了数据计算和数据存储的整个过程。

课 后 习 题

1. 大数据计算框架的类别有哪些？常见的大数据计算框架有哪些？
2. 画出 HDFS 架构图。
3. 什么是 NoSQL 数据库？NoSQL 数据库的作用是什么？
4. HBase 数据库前身是什么？
5. HBase 数据库是哪种 NoSQL 数据库？HBase 如何标识每条数据？
6. 叙述 HBase 数据库如何进行数据存储。

项目六　数据分析与可视化

项目概述

大数据的分析和可视化是可以相互结合的，数据分析结果不只以单纯的表格呈现，而更应该以数据图表方式可视化展现。可视化让数据分析的结果更加美观、直观和易于理解。本章首先介绍了大数据的分析和可视化的基本概念和理论知识，然后利用Python机器学习库scikit-learn进行简单的数据分析，进一步，利用PySpark读取 HBase 中的房屋数据并进行数据分析，之后利用 Python 数据可视化库matplotlib和seaborn对房屋数据的分析结果进行可视化展现。

项目背景(需求)

本项目利用Python机器学习库scikit-learn进行简单的数据分析，需要首先在Linux系统在线安装NumPy、Scipy、matplotlib和scikit-learn库。然后对项目五存储在HBase数据库中的27 000条房屋信息进行数据分析和可视化展现，需要完成以下功能：

(1) 按区域统计售卖房屋单价和总价，并排序进行可视化结果展现。

(2) 统计售卖的房屋户型类别，并排序进行可视化结果展现。

(3) 绘制房屋面积-总价关系和房屋面积-单价关系模型图。

对房屋数据分析和可视化需要用到表6-1中spark-examples*.jar包、simhei.ttf文件和seaborn可视化库，其中，seaborn可视化库可以在Linux系统在线安装。表6-1中是下载好的相关软件版本。

表6-1　数据分析和可视化相关软件

软件名称	软件示例
spark-examples*.jar	spark-examples_2.11-1.6.0-typesafe-001.jar
simhei.ttf	simhei.ttf

项目演示(体验)

(1) 按区域统计房屋总价和单价并排序，如图6-1所示。

笔记

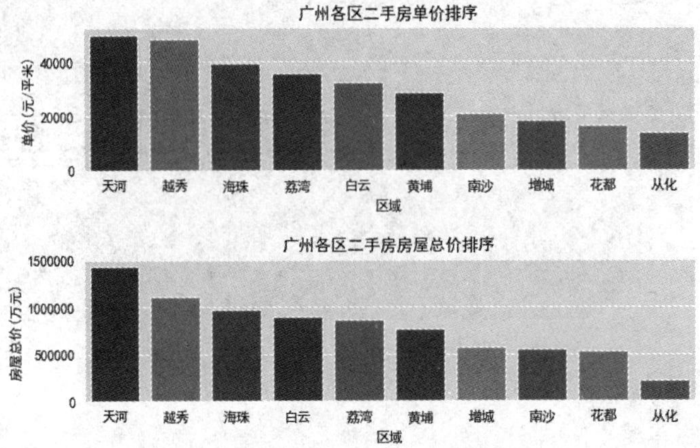

图 6-1　按区域统计房屋总价和单价

(2) 按照户型数量统计排序，如图 6-2 所示。

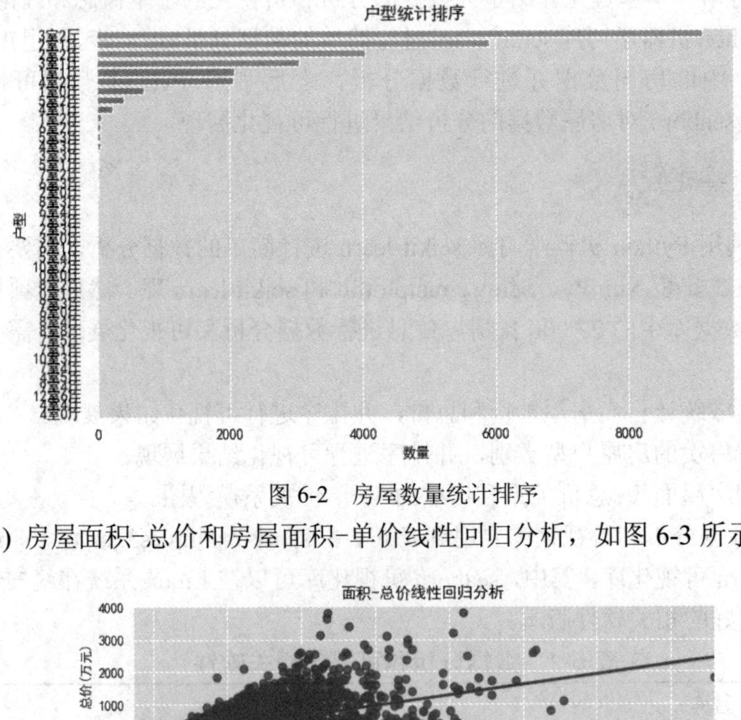

图 6-2　房屋数量统计排序

(3) 房屋面积-总价和房屋面积-单价线性回归分析，如图 6-3 所示。

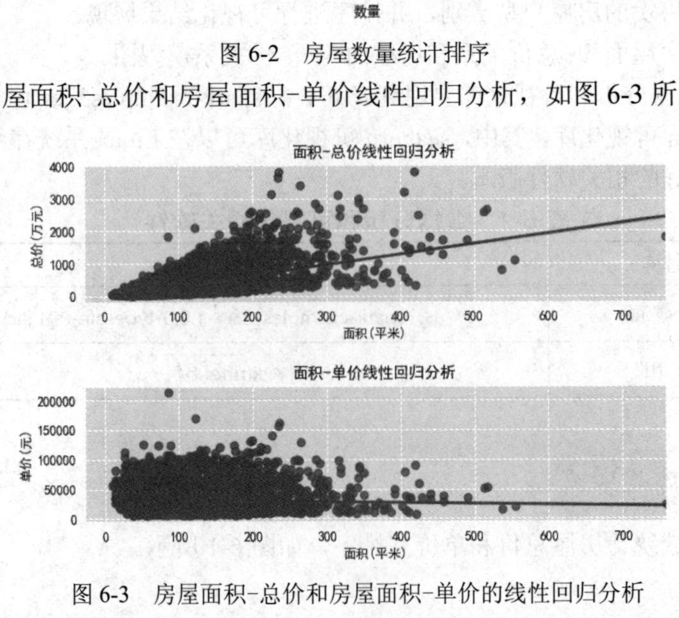

图 6-3　房屋面积-总价和房屋面积-单价的线性回归分析

笔记

思维导图

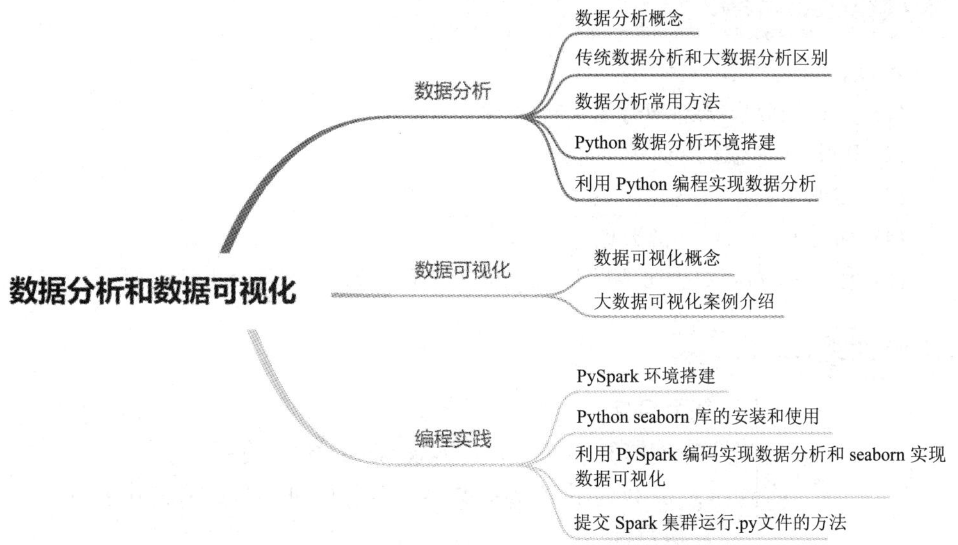

思政聚焦

如何做一名优秀的大数据分析师。

1. 良好的逻辑思维能力

大数据分析是从海量数据找出规律。需找出数据的深层规律和价值，所以数据分析难度大。数据分析师必须具备良好的逻辑思维能力，这样才能真正掌握数据的整体以及局部的特性，在深度思考后，理清数据中的逻辑关系，只有这样才能切实、客观、科学地找到规律和挖掘价值。

2. 严谨细致的态度

大数据分析数据量巨大，数据分析时常感到无从下手，但我们仍要以正确的心态对待，只有本着严谨、负责、中立的态度，以数据为事实，客观作出评价，才能确保数据分析的客观性与准确性。一个专业的数据分析师应该尊重数据，尊重自己的职业。

3. 善于沟通

数据分析工作内容多、跨度大、流程时间长、业务涉及面广。会有很多不同岗位或不同角色的人参与进来。需要跟大量人员进行沟通，在沟通的同时也听取到别人的想法和建议，这样可以获得更好的思路来帮助自己。让自己的分析理论更加完善并有说服力。

4. 创新能力强

优秀的数据分析师要具备持久的创新能力。在进行数据分析时，只有不断抛

笔记

出新的问题，对数据进行敏感而持久地研究，才能优化甚至彻底颠覆原建的模型，从而总结出之前没有找到的规律。

本项目主要内容

本项目学习内容包括：

(1) 大数据分析概念和方法；

(2) Python 大数据分析环境搭建；

(3) 常见的数据可视化工具；

(4) 利用 PySpark 分析数据；

(5) 利用 Python 数据可视化库 matplotlib 和 seaborn 实现分析结果可视化展现。

教学大纲

能力目标

◎ 能够利用 PySpark 读取 HBase 数据进行分析；

◎ 能够利用 Python 数据可视化库进行数据可视化展现。

知识目标

◎ 了解大数据分析和传统数据分析的差别；

◎ 了解常见的大数据分析方法；

◎ 了解常见的数据可视化工具。

学习重点

◎ 常见的大数据分析方法；

◎ Python 大数据分析环境的搭建；

◎ 利用 PySpark 读取 HBase 数据进行分析；

◎ 利用 Python 数据可视化库进行数据可视化展现。

学习难点

◎ 常见的大数据分析方法；

◎ Python 大数据分析环境的搭建；

◎ 利用 PySpark 读取 HBase 数据进行分析；

◎ 利用 Python 数据可视化库进行数据可视化展现。

任务 6-1　大数据分析初识

任务描述：通过实施本任务，学生能够了解大数据分析的概念、了解大数据分析和传统数据分析的区别、了解常见的大数据分析方法。

知识准备

(1) 大数据分析和传统数据分析的区别。

笔记

(2) Python 大数据分析环境的搭建。
(3) 常见的大数据分析方法。

任务实施

6.1.1　大数据分析简介

数据分析是指用统计分析方法和工具对收集来的数据进行分析，从中提取有效信息，从而形成分析结论的过程。传统的数据分析大多基于联机分析处理技术OLAP，分析的数据是结构化的关系数据，数据结构清晰一致，数据量一般不大，利用单一机器即可进行数据分析工作。在数据分析中会伴随着数据挖掘以及机器学习相关算法的使用，这些算法大多基于统计学理论的抽样分析和假设检验。在大数据时代，数据分析的数据量更大、难度更高、过程更复杂、应用场景更多。数据分析被赋予了新的含义，我们称之为大数据分析。

大数据分析是指在可承受的时间范围内无法用常规软件工具对数据集进行分析处理，必须在数据分析过程中引入大数据相关技术来帮助完成数据分析处理任务。大数据分析与传统数据分析最本质的区别在于数据规模不同，大数据分析是基于海量数据，数据量远远大于传统数据分析，利用单台机器无法完成分析任务，数据分析的应用场景也更复杂。CDA 数据分析师能力标准中从理论基础、软件工具、分析方法、业务分析、可视化五个方面对数据分析师与大数据分析师进行了定义，如表 6-2 所示。

表 6-2　CDA 传统数据分析师与大数据分析师人才标准的比较

岗位要求	传统数据分析师	大数据分析师
工作职责	负责日常的需求调研、数据分析、商业分析；根据业务需求，制订相关数据的采集策略，设计、建立、测试相关的数据模型，从而从数据中提取决策价值，撰写特定分析需求报告；研究数据挖掘模型，参与数据挖掘模型的构建、维护、部署和评估工作	参与大数据平台的设计与开发，解决海量数据面临的挑战；精通 Java 编程，能基于 Hadoop/Hive/Spark/Storm/HBase 等构建公司的大数据分析平台；管理、优化并维护 Hadoop、Spark 等集群，保证集群规模持续、稳定；负责 HDFS/Hive/HBase 的功能、性能和扩展，解决并实现业务需求
专业背景	数学、统计学、计算机、经济学	计算机、数学、统计学
基础理论	统计学、概率论和数理统计、多元统计分析、时间序列、数据挖掘	统计学、概率论和数据库、数据挖掘、Java 基础、Linux 基础
掌握工具	必要：Excel、SQL 可选：SPSS MODELER、R、Python、SAS 等	必要：SQL、Hadoop、HDFS、MapReduce、Mahout、Hive、Spark。 可选：RHadoop、HBase、ZooKeeper 等

笔记

续表

岗位要求	传统数据分析师	大数据分析师
分析方法	除掌握基本数据处理及分析方法以外，还应掌握高级数据分析及数据挖掘方法(多元线性回归法、贝叶斯、神经网络、决策树、聚类分析法、关联规则、时间序列、支持向量机、集成学习等)和可视化技术	熟练掌握 Hadoop 集群搭建；熟悉 NoSQL 数据库的原理及特征，并会运用在相关的场景中；熟练运用 Mahout、Spark 提供的进行大数据分析的数据挖掘算法，包括聚类(KMeans 算法、Canopy 算法)、分类(贝叶斯算法、随机森林算法)、主题推荐(基于物品的推荐、基于用户的推荐)等算法的原理和使用范围
业务分析	可以将业务目标转化为数据分析目标；熟悉常用算法和数据结构，熟悉企业数据库构架建设；针对不同的分析主体，可以熟练地进行维度分析，能够从海量数据中搜集并提取信息；通过相关数据分析方法，结合一个或多个数据分析软件完成对海量数据的处理和分析	熟悉 Hadoop+Hive+Spark 进行大数据分析的架构设计，并能针对不同的业务提出大数据架构的解决思路；掌握 Hadoop+Hive+Spark+Tableau 平台上 Spark MLlib、SparkSQL 的功能与应用场景；根据不同的数据业务需求选择合适的组件进行分析与处理，并对基于 Spark 框架提出的模型进行对比分析与完善
分析报告	报告体现数据挖掘的整体流程，层层阐述信息的收集、模型的构建、结果的验证和解读，对行业进行评估、优化和决策	报告能体现大数据分析的优势，能清楚地阐述数据采集、大数据处理过程及最终结果的解读，同时提出模型的优化和改进之处，以利于提升大数据分析的商业价值

从表 6-2 中我们看到，大数据分析师和传统数据分析师存在很大的不同，甚至完全是两个不同的岗位。那么，是什么造成了二者之间如此大的差别呢？

1. 大量非结构化数据和半结构化数据的产生

传统的数据分析中，大多基于结构化数据分析，原始数据经过数据清洗 ETL(抽取、转换、加载)操作，进入数据仓库或关系数据库存储，数据完整度较高、结构简单、易于理解。数据分析是基于关系数据模型之上，主题之间的关系在系统内就已经建立，数据分析难度低。而在大数据时代，产生了大量非结构化数据和半结构化数据。数据的结构并不一致，不能存储在关系数据库中，必须存在 NoSQL 数据库。数据的完整度也不高，即使经过数据清洗也并不能保证没有错误数据，由于数据结构不一致，数据理解的难度大，建立数据之间关系的难度也很大，增加了数据分析的困难。因此，需要引入新的数据分析思维和数据分析方法。

2. 在线实时数据分析的需求量剧增

传统数据分析大多为离线批处理数据分析 OLAP，实时性较差。大数据分析场景种类较多，既有离线批处理又有特定业务场景的在线实时处理，例如智能推荐、

笔记

实时气象数据分析、实时空气质量分析等。这些需要借助 Storm、Spark Streaming 等大数据实时分析工具进行数据分析，传统数据分析工具已经无法完成实时数据分析任务。

3．分布式系统架构

传统数据分析数据量较小，多基于单节点数据分析，数据并行分析扩展能力较弱，只能通过增加昂贵的硬件提升数据分析能力。而大数据分析数据量巨大，可以通过低廉的硬件组件数据分析集群，来提升数据分析能力，且集群可以动态扩展。因此需要具备相关技能，比如使用 Hadoop 等。

4．基于全量数据的数据分析

传统数据分析多基于概率统计理论的抽样分析，通过多次抽样，使得数据分析结果更加精确，但这一结论成立的条件在于样本容量足够大的情况下，所有样本的抽取必须满足独立分布，即抽样必须完全随机。但是，一般情况下抽样很难满足随机的要求，人为主观性较强，所得结果会存在一定偏差。而大数据分析直接采用全量数据来进行分析，完全依靠找寻数据自身的规律来得到分析结果，消除了人为抽样因素带入的主观性影响。

6.1.2　Python 大数据分析环境的搭建

大数据分析方法中比较基础的应用就是数据统计汇总，而比较高级的应用就涉及一些数据挖掘算法，比如分类、回归、聚类、关联分析、主成分分析等。这些分析方法可以利用 Python 机器学习库 scikit-learn 编程实现，下面先安装 scikit-learn 机器学习库和相关插件，以便后续编程。

scikit-learn 是一个基于 Python 的开源机器学习库，由于我们所装的 Ubuntu 系统里面自带 Python3.5 和 Python2.7，因此不需要再安装 Python 了。由于 Python3.x 是主流应用，所以编程时使用 Python3.5 版本。在命令行终端输入命令 python3 -V，查看 Python3.5 详细版本信息，如图 6-4 所示。

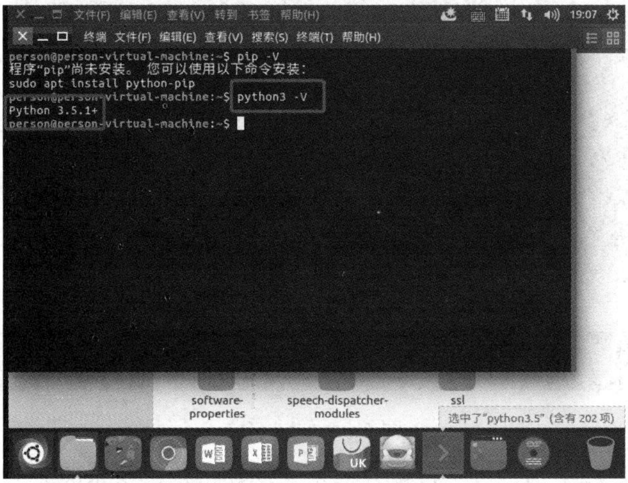
终端 文件(F) 编辑(E) 查看(V) 搜索(S) 终端(T) 帮助(H)
person@person-virtual-machine:~$ pip -V
程序"pip"尚未安装。 您可以使用以下命令安装:
sudo apt install python-pip
person@person-virtual-machine:~$ python3 -V
Python 3.5.1+
person@person-virtual-machine:~$
19:07
software-properties
speech-dispatcher-modules
ssl
选中了"python3.5" (含有 202 项)

图 6-4　查看 python3 版本信息

下面介绍 scikit-learn 的安装步骤。

(1) 安装 scikit-learn 需要先安装许多依赖包，比如 NumPy、Scipy 和 matplotlib 等，要安装这些依赖包我们需要先安装 pip3 这个工具，基于 pip3 的应用，可以很方便地安装第三方依赖库。输入命令 pip3 -V 查看是否安装了 pip3，如图 6-5 所示。

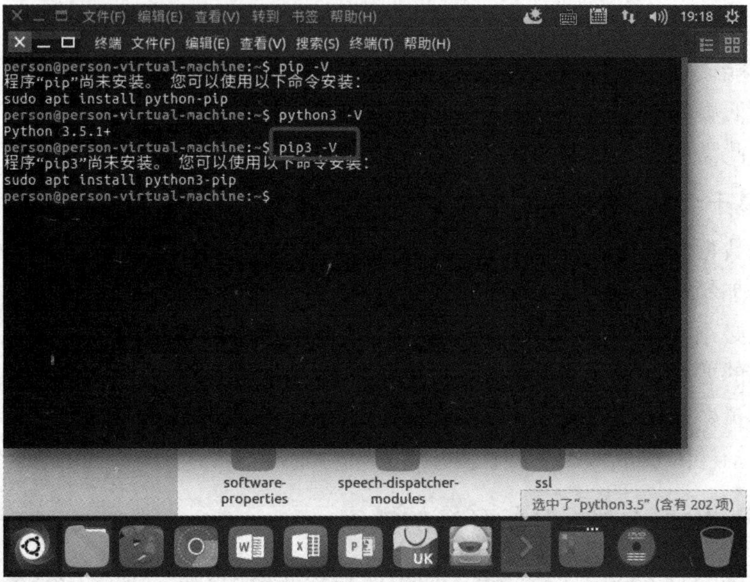

图 6-5　查看 pip3 是否安装

由于是新装的系统，命令行显示没有安装，因此需要先安装 pip3。根据提示在命令行终端输入命令 sudo apt install python3-pip。安装 pip3，如图 6-6 所示。

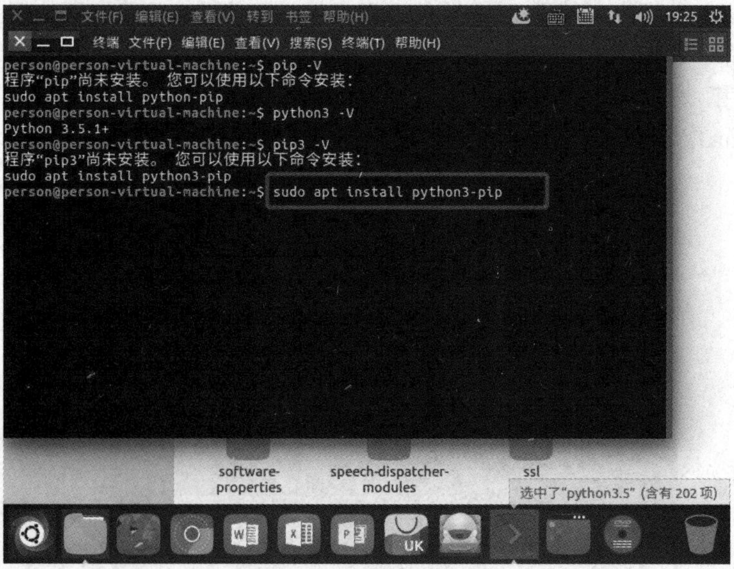

图 6-6　安装 pip3

如果安装过程中出现以下报错，提示无法获得锁，这是因为上一次的 apt-get 指令没有正确完成。解决方法：就是强制解锁，在命令行输入命令 sudo rm

/var/cache/apt/archives/lock sudo rm /var/lib/dpkg/lock，具体操作如图 6-7 所示。继续输入 sudo apt install python3-pip，具体操作如图 6-8 所示。

笔记

图 6-7　解锁后继续安装 pip3

图 6-8　pip3 安装过程

安装完毕后，在命令行输入 pip3 -V 查看 pip3 的版本。结果如图 6-9 所示。

笔记

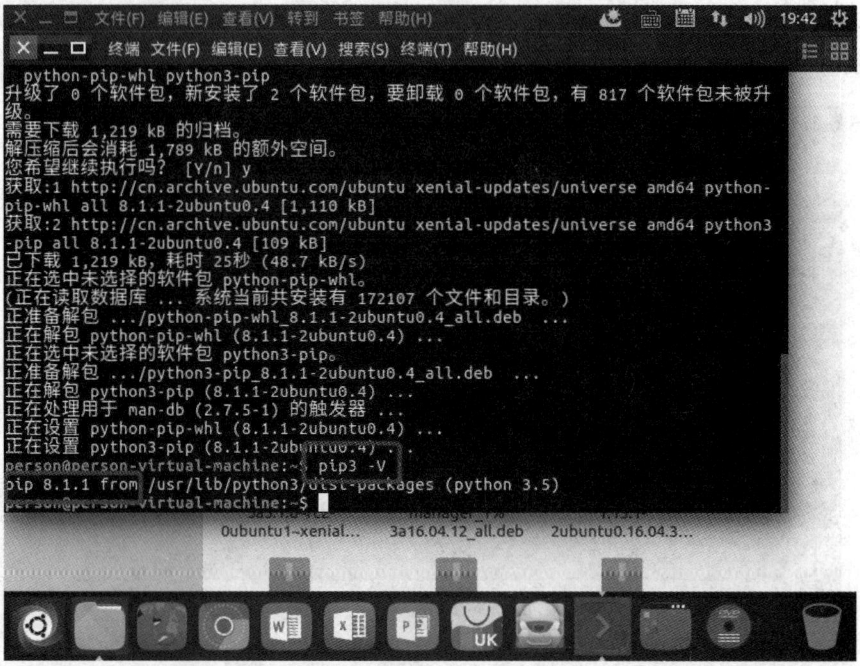

图 6-9　pip3 版本查看

(2) 安装好 pip3 命令之后，我们依次安装 NumPy、Scipy 和 matplotlib 等。输入命令 sudo pip3 install numpy，安装 Numpy，如图 6-10 所示。

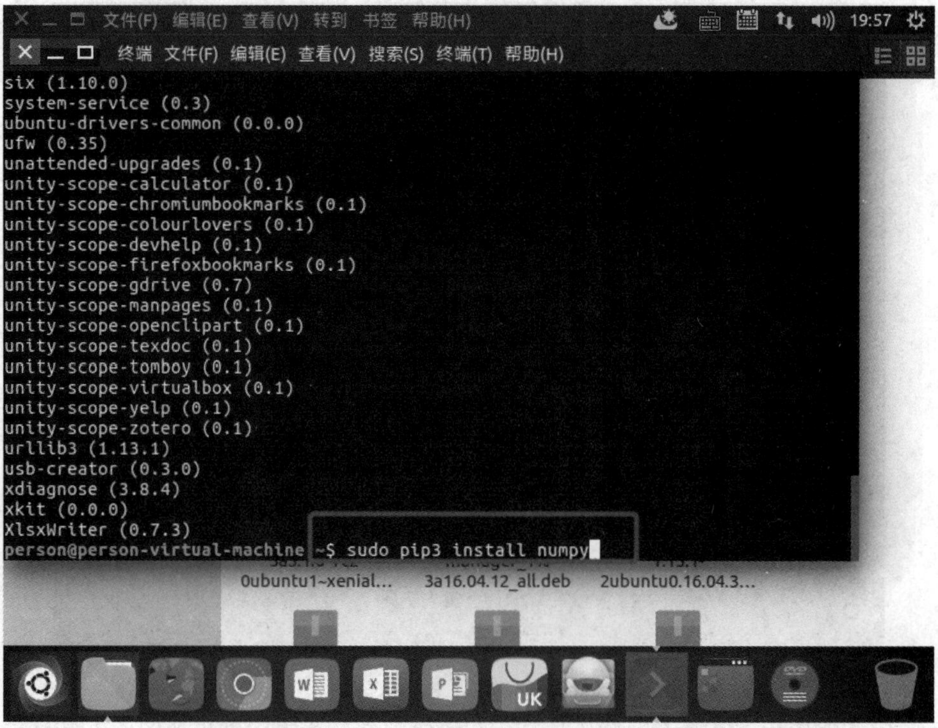

图 6-10　安装 Numpy

笔记

一旦出现如图 6-11 所示的问题，说明升级失败，这是由于 pip3 版本太低所致。需要升级 pip3 版本。

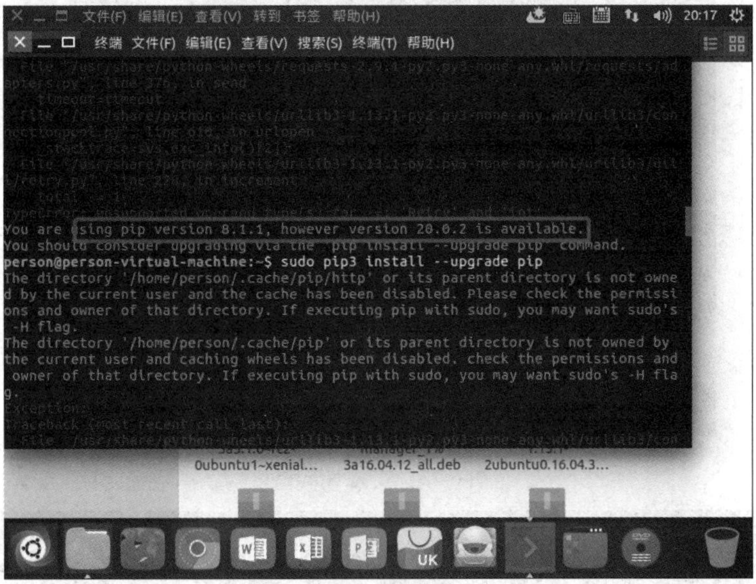

图 6-11　提示 pip3 版本太低

按照提示输入命令 sudo pip3 install --upgrade pip 升级 pip3 的版本。如果提示找不到资源，则在后面加入网址。输入命令 sudo pip3 install --upgrade pip -i https://pypi.douban.com/simple，则升级成功。具体操作如图 6-12 所示。

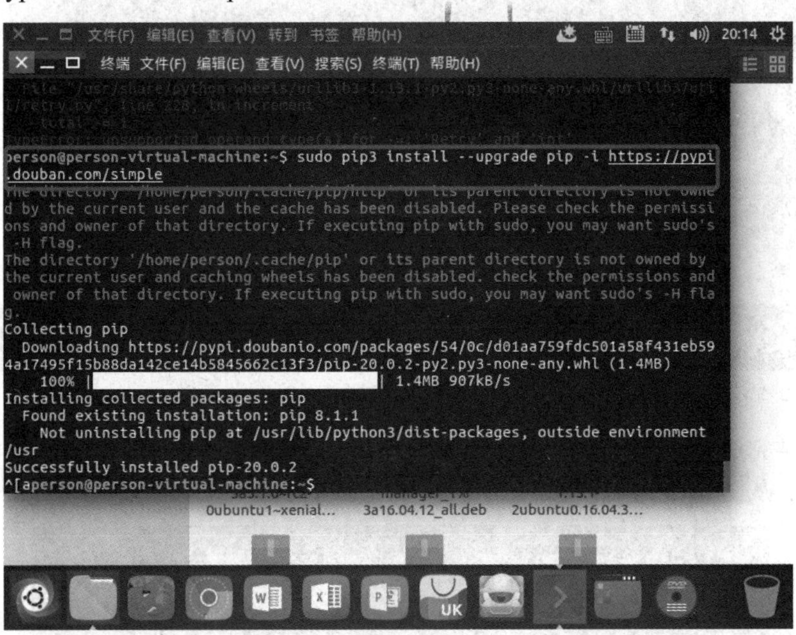

图 6-12　pip3 升级成功

继续输入命令 sudo pip3 install numpy 来安装 NumPy 包，如图 6-13 和图 6-14 所示。

笔记

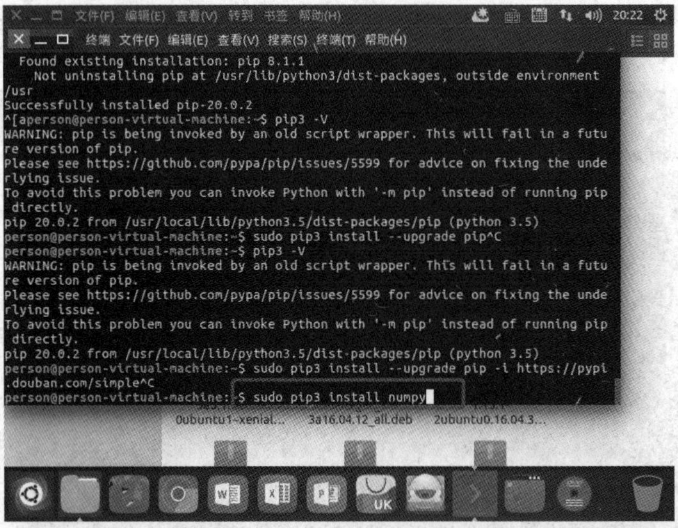

图 6-13　安装 NumPy

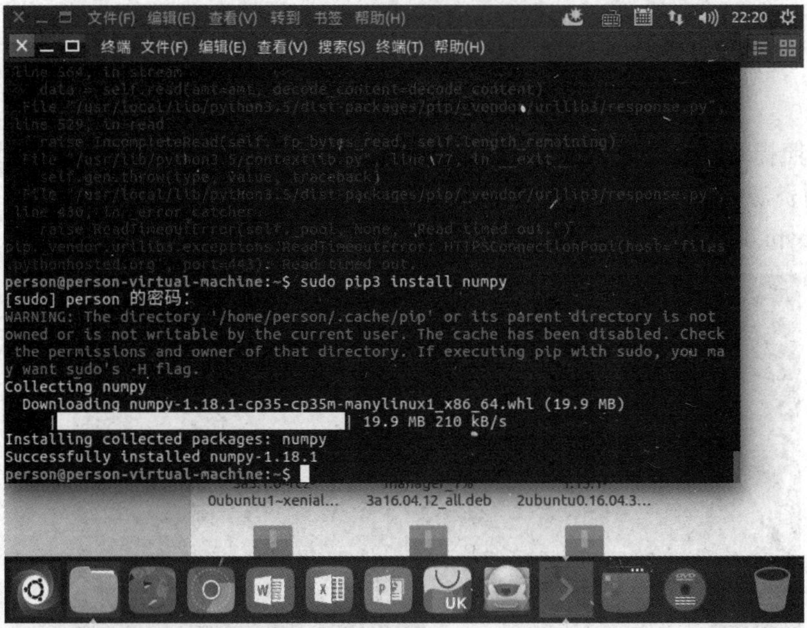

图 6-14　安装 NumPy 完成

安装完成后可以看到 NumPy 版本为 1.18.1。导入 NumPy 包，查看是否能够成功导入。从图 6-15 中可以看出，可以正常导入 NumPy 包。

图 6-15　导入 NumPy 成功

笔记

(3) 继续输入 pip 命令来安装 scipy 包，指定安装的 scipy 版本为 1.1.0，输入命令 sudo pip3 install scipy==1.1.0，如图 6-16 和图 6-17 所示。

图 6-16　安装 scipy

图 6-17　安装 scipy 完成

安装完成之后，导入 scipy 包，查看是否能够成功导入。从图 6-18 中可以看出，可以正常导入 scipy 包。

图 6-18　导入 scipy 成功

(4) 继续输入命令 sudo pip3 install matplotlib 来安装 matplotlib 包，如图 6-19 和图 6-20 所示。

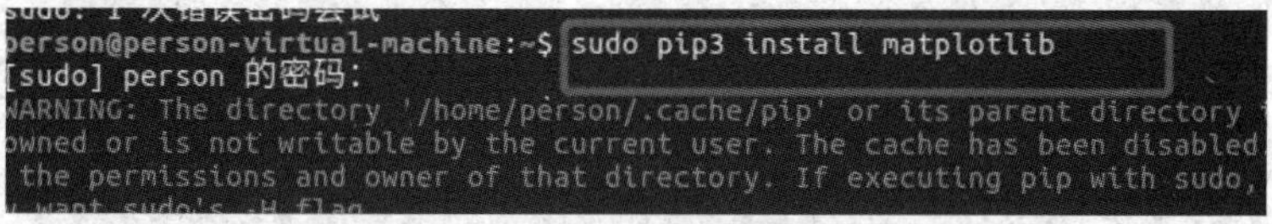

图 6-19　安装 matplotlib

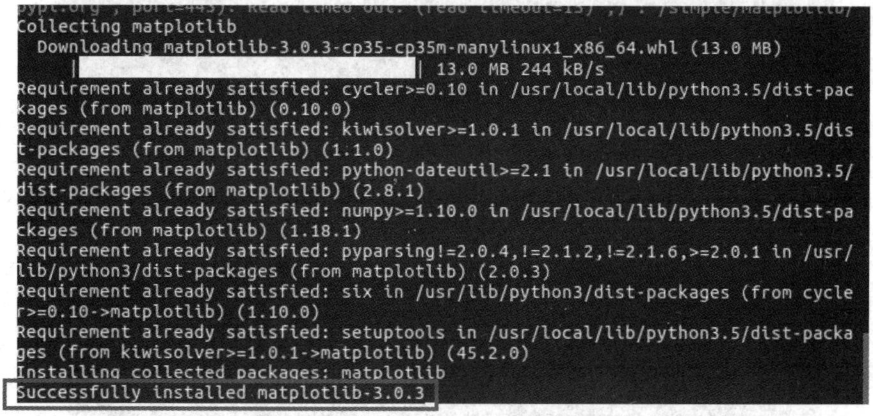

图 6-20　安装 matplotlib 完成

笔记

安装完成之后，可以看到 matplotlib 版本为 3.0.3。导入 matplotlib 包，查看是否能够成功导入。从图 6-21 中可以看出，matplotlib 包导入失败了，因为还需要导入 python3-tk 这个包。

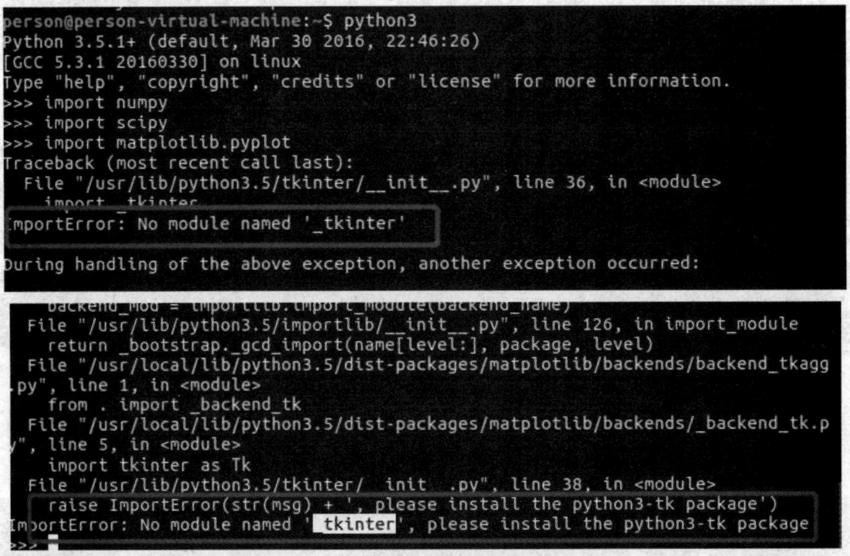

图 6-21 缺少 python3-tk 包

输入命令 sudo apt install python3-tk，安装 python3-tk 包，如果提示找不到资源，则先输入命令 sudo apt-get update。具体操作如图 6-22 所示。

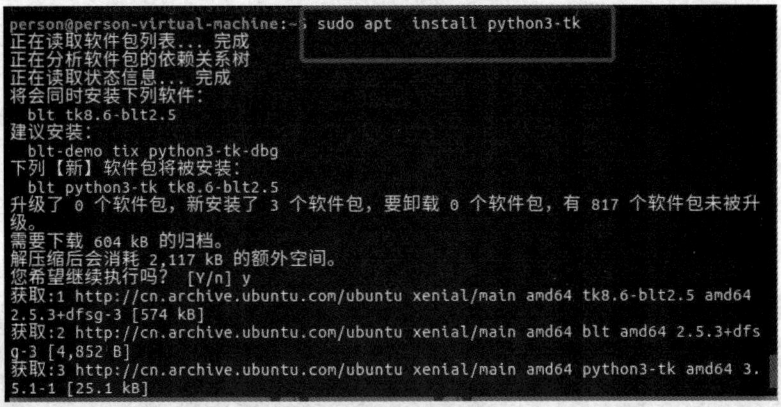

图 6-22 安装 python3-tk 包

安装完成之后，再次导入 matplotlib 包，查看是否能够成功导入。从图 6-23 中可以看出，matplotlib 导入成功了。

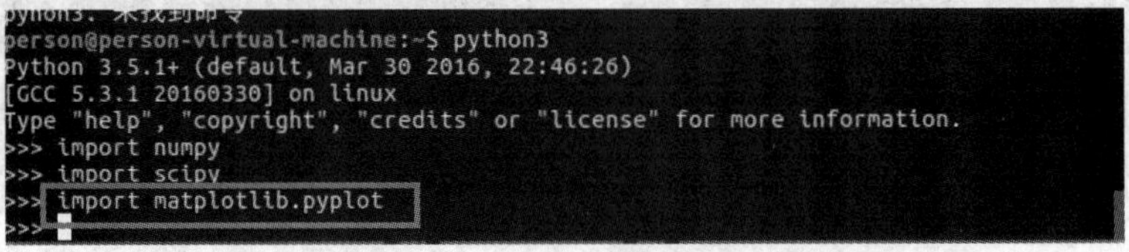

图 6-23 导入 matplotlib 成功

笔记

(5) 继续使用 pip 命令来安装 scikit-learn 模块，如图 6-24 和图 6-25 所示。

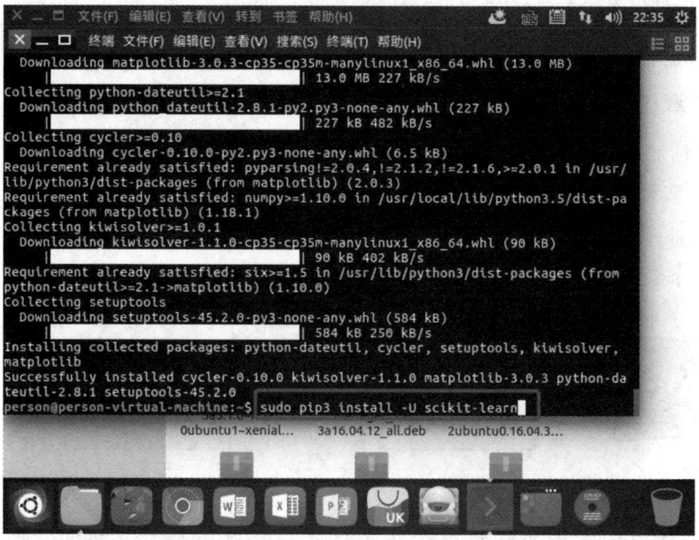

图 6-24 安装 scikit-learn

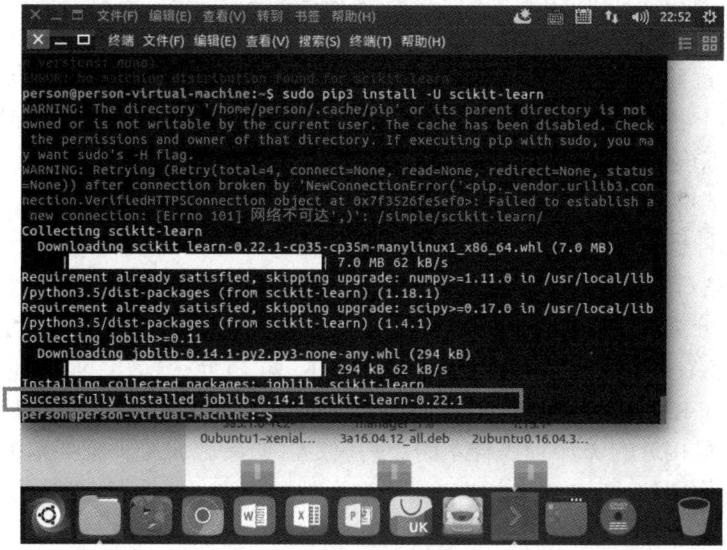

图 6-25 安装 scikit-learn 完成

从图 6-25 中可以看到 scikit-learn 的版本为 0.22.1，说明完成了安装。导入 scikit-learn 包，查看是否能够成功导入。从图 6-26 中可以看出，scikit-learn 导入成功了。

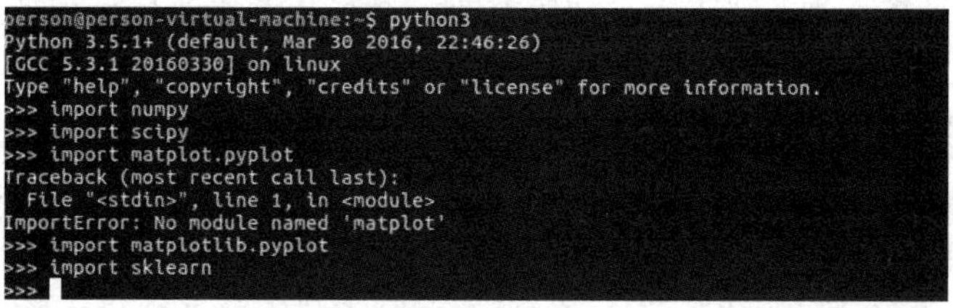

图 6-26 导入 scikit-learn 成功

笔记

6.1.3 常见的大数据分析方法

下面我们介绍几种常用的、易于学习的大数据分析方法。

1. 分类算法

分类是利用已有类别标签的样本数据，训练或者构造出一种分类器，该分类器能够对某些未知数据进行预测分类。分类预测出的是离散的结果。由于样本数据已经有类别标签，因此分类算法属于一种监督学习。分类算法主要应用场景为二分类和多分类。分类方法的流程如图 6-27 所示，下面做简单介绍。

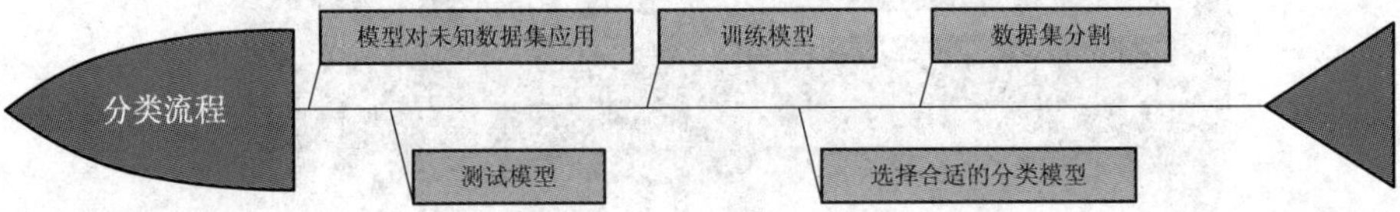

图 6-27 分类流程

(1) 数据集分割。将原始数据集分为训练集和测试集，一般训练集和测试集比例为 5∶1。训练集用来训练模型，测试集用来检验训练模型的分类准确度。

(2) 选择合适的分类模型。机器学习分类模型有很多种，比如线性分类，决策树分类，支持向量机分类，贝叶斯分类等。针对不同特征的数据集，每种分类模型的效果都不一样。我们可以根据以往的经验，选择其中的一种或几种模型。

(3) 训练模型。利用训练集数据训练模型。

(4) 测试模型。模型训练好后需要进行测试以掌握模型的分类准确度。如果同时训练了几种模型，可以互相比较，挑选出准确度最好的模型。

(5) 模型对未知数据集应用。通常把模型应用在未知数据集的分类预测上。

常见的分类算法有很多，例如支持向量机分类、决策树分类、贝叶斯分类等。这里我们介绍另一种更简单的分类方法，K 近邻分类法(K-Nearest-Neighbors Classification, KNNC)。KNNC 的核心思想就是“邻近原则”，每个测试样本的分类由距离它最接近的 k 个训练样本的类别决定，如果这 k 个训练样本中的大多数属于某一个类别，则该测试样本也属于这个类别。这个过程有点类似于“少数服从多数”。

KNNC 方法的流程如下所述。

(1) 计算测试点和所有训练样本之间的距离，并将距离递增排序，选取与测试点距离最小的前 k 个训练样本点。

(2) 根据前 k 个训练样本点的所属类别，计算出各个类别出现的频率。

(3) 把出现频率最高的那个类别作为测试点的类别。

举个例子，图 6-28 有两类不同形状的样本数据，一类是三角形，一类是正方形。图中间的圆点就是待分类的测试数据。我们在利用 KNNC 分类时，假设 $k=3$，那么离圆点最近的 3 个样本数据中有两个是三角形，一个是正方形，则我们判定圆点的分类是三角形。如果假设 $k=5$，那么离圆点最近的 5 个样本数据中有 3 个是正方形，2 个是三角形，那么我们就判定圆点的分类是正方形。

笔记

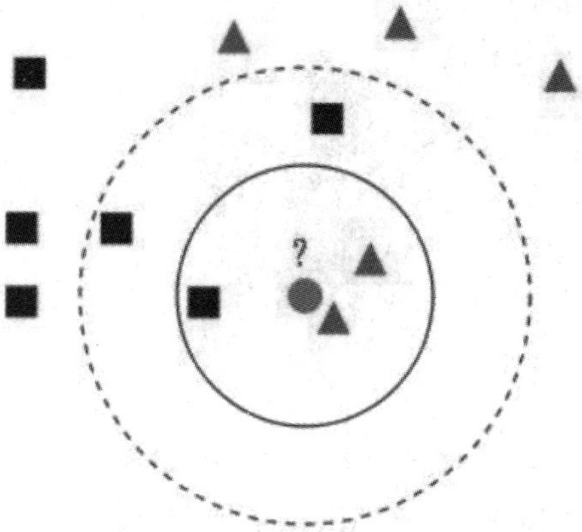

图 6-28　KNNC 分类

从例子中我们可以看出 KNNC 分类算法的分类效果和以下 3 个因素有关。

(1) k 值的选择。k 值选择 3 或 5，我们分类的结果就不一样。如果 k 值选择过小，只有与测试数据距离非常近的训练样本数据影响测试结果，容易发生过度拟合，模型泛化能力差。如果 k 值选择过大，则与测试数据距离非常远的训练样本数据也会影响测试结果，影响预测的准确度，模型学习能力差。一般通过交叉验证获取最优 k 值，即将样本数据按照一定比例(5∶1)，拆分出训练集和测试集，从选取一个较小的 k 值开始，不断增加 k 的值，然后计算验证集合的方差，最终找到一个比较合适的 k 值。

(2) 距离的计算方法。KNNC 算法通过计算测试数据和与样本之间的距离来作为样本之间相似性指标。距离的计算方法也有很多种，常用的有欧氏距离、余弦值、相关度、曼哈顿距离等。比较常用的是欧氏距离和曼哈顿距离。比如二维平面上有两个点(x_1，y_1)和(x_2，y_2)。它们的欧氏距离为 $l=\sqrt{(x_2-x_1)^2+(y_2-y_1)^2}$ 。曼哈顿距离为 $l=|x_2-x_1|+|y_2-y_1|$。

(3) 分类决策。KNNC 算法中分类决策采用“少数服从多数”原则。默认情况下每个训练点无论距离测试点多远，权重都是一样的，但是实际分类中，我们有可能会改变分类决策，设置距离测试点近的训练点权重大，距离远的训练点权重小。

Sklearn 实现了两种不同类型的 KNNC 分类器 KNeighborsClassifier 和 RadiusNeighborsClassifier。其中，KNeighborsClassifier 分类器的近邻是选取每个测试点距离最近的 k 个训练样本点，k 可以人为设置。RadiusNeighborsClassifier 的近邻是选取每个测试点的固定半径 R 内的训练样本点，样本点数量 k 不能人为设置，只有 R 可以人为指定。

下面我们实现 Sklearn 的官方案例——鸢尾花分类，分类器使用 KneighborsClassifier，数据集使用的是 Sklearn 自带的鸢尾花数据集。鸢尾花数据集主要包含了如图 6-29 所示的鸢尾花的花萼长度、花萼宽度、花瓣长度、花瓣宽度 4 个属性(特征)，以及 3 个已经打标签的鸢尾花分类(Setosa，Versicolour，笔记 Virginica)，整个数据集共 150 条数据。

图 6-29 鸢尾花

下面先介绍一下 KNeighborsClassifier 的使用步骤。

(1) 创建 KNeighborsClassifier 对象。

(2) 调用 KNeighborsClassifier 对象的 fit()函数进行模型训练。

(3) 对训练好的模型调用 predict()函数进行预测。

通过前面的介绍，已知使用 KNNC 算法，*k* 的取值至关重要。首先要选取最优 *k* 值，这里使用机器学习中常用的交叉验证法。在 Ubuntu 虚拟机中 Home 目录下空白处点击右键，在弹出菜单点击“新建文件夹”，文件夹命名为 code，如图 6-30 所示。

图 6-30 Home 目录下新建 code 文件夹

在 code 文件夹下空白处点击右键，在弹出的菜单点击“新建文档”，在新文档中输入以下代码，保存为 crossvalscore.py 文件。

```
from sklearn.datasets import load_iris
from sklearn.model_selection    import cross_val_score
import matplotlib.pyplot as plt
```

```
from sklearn.neighbors import KNeighborsClassifier

iris = load_iris() #加载鸢尾花数据集
x = iris.data     #获取鸢尾花数据集特征向量
y = iris.target #获取鸢尾花分类标签向量
k_range = range(1, 20) #k 取值为 1～20
k_error = []
#循环，取 k=1 到 k=31，查看误差效果
for k in k_range:
    #创建 KNeighborsClassifier 对象,设置 n_neighbors 参数为 k 的取值
    knn = KNeighborsClassifier(n_neighbors=k)
    #cv 参数决定数据集划分比例，这里是按照 5:1 划分训练集和测试集
    scores = cross_val_score(knn, x, y, cv=6, scoring='accuracy')
    #计算本次错误率，并加入 k_error 数组
    k_error.append(1 - scores.mean())

#调用 matplotlib.pyplot 画图，x 轴为 k 值，y 值为误差值
plt.plot(k_range, k_error)
plt.xlabel('value of k_error')
plt.ylabel('error')
plt.show()
```

在当前目录空白处点击右键，在弹出的菜单中点击“在终端打开”，进入命令行终端，在命令行终端输入命令 python3 crossvalscore.py，如图 6-31 所示，运行得到如图 6-32 所示的结果。

图 6-31　取 k 值命令

笔记

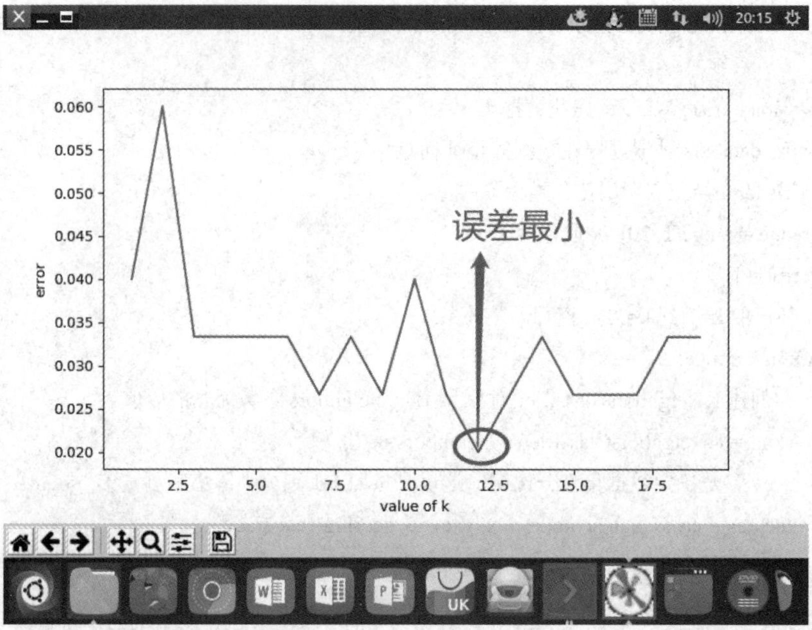

图 6-32　误差对应的 k 值分布

从图 6-32 中我们可以看出，当 *k* 在 12 附近(与 12.5 最接近)时，误差最小。所以我们将 *k* 值取 12。下面我们编写 KNNC 算法。在 code 文件夹下空白处点击右键，在弹出的菜单中点击“新建文档”，输入以下代码，保存为 KNeighborsClassifier.py 文件：

```
import matplotlib.pyplot as plt
import numpy as np
from matplotlib.colors import ListedColormap
from sklearn import neighbors, datasets
n_neighbors = 12
# 导入一些鸢尾花的数据
iris = datasets.load_iris()
x = iris.data[:, :2]   # 我们只采用前两个 feature，方便画图在二维平面显示
y = iris.target
h = .02   # 网格中的步长
# 创建彩色的图
cmap_light = ListedColormap(['#FFAAAA', '#AAFFAA', '#AAAAFF'])
cmap_bold = ListedColormap(['#FF0000', '#00FF00', '#0000FF'])
#weights 是 KNN 模型中的一个参数，weights='uniform'是设置所有近邻点的权重一样
weights='uniform'
# 创建了一个 KNN 分类器的实例，并拟合数据
clf = neighbors.KNeighborsClassifier(n_neighbors, weights)
clf.fit(x, y)
```

笔记

```
# 绘制决策边界。为此，我们将为每个类别分配一个颜色
# 来绘制网格中的点 [x_min, x_max]x[y_min, y_max].
x_min, x_max = x[:, 0].min() - 1, x[:, 0].max() + 1
y_min, y_max = x[:, 1].min() - 1, x[:, 1].max() + 1
xx, yy = np.meshgrid(np.arange(x_min, x_max, h),
                     np.arange(y_min, y_max, h))
Z = clf.predict(np.c_[xx.ravel(), yy.ravel()])

# 将结果放入一个彩色图中
Z = Z.reshape(xx.shape)
plt.figure()
plt.pcolormesh(xx, yy, Z, cmap=cmap_light)

# 绘制训练点
plt.scatter(x[:, 0], x[:, 1], c=y, cmap=cmap_bold)
plt.xlim(xx.min(), xx.max())
plt.ylim(yy.min(), yy.max())
plt.title("KNN classification (k = %i, weights = '%s')"
          % (n_neighbors, weights))

plt.show()
```

在当前目录空白处点击右键，在弹出的菜单点击“在终端打开”，进入命令行终端，在命令行终端输入命令 python3 KNeighborsClassifier.py，如图 6-33 所示，运行文件后得到如图 6-34 所示的结果。

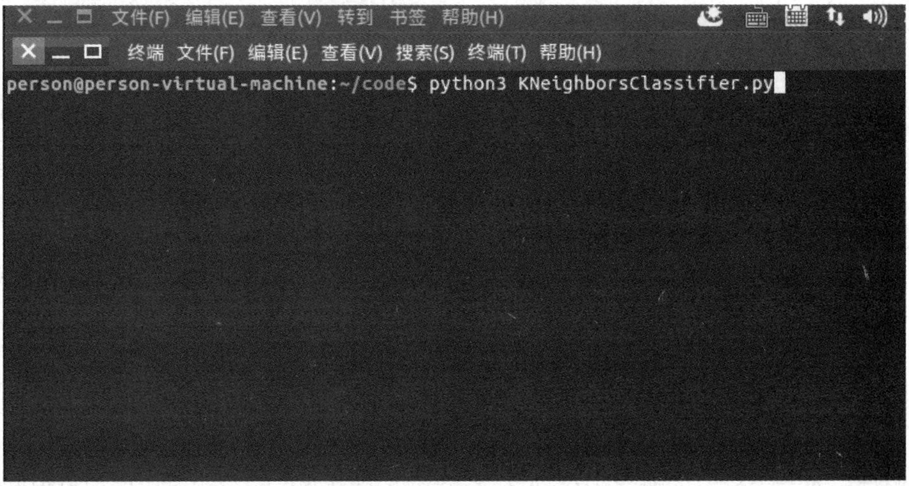

图 6-33　KNNC 运行命令

笔记

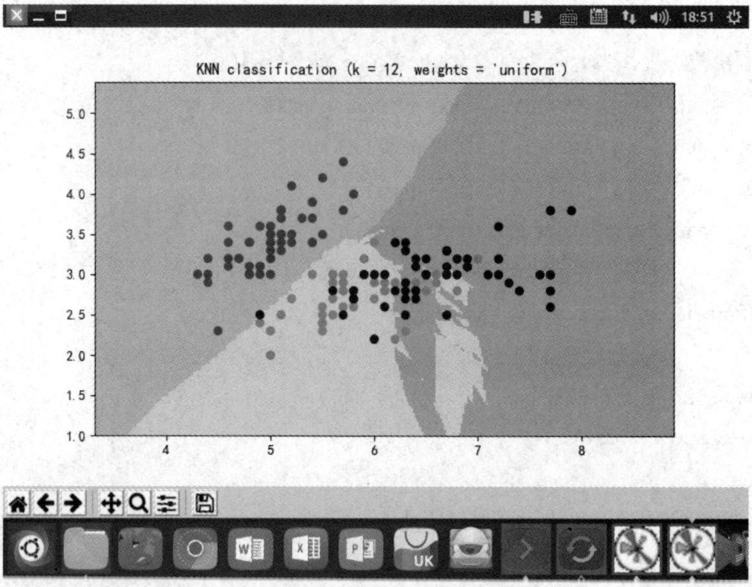

图 6-34 KNNC 运行结果

2. 回归算法

回归是在已有样本数据的基础上，训练或者构造出一种回归模型，并利用该回归模型对未知数据真实值进行逼近预测的过程。回归是分类算法的拓展应用。

回归与分类的区别是：分类算法输出的是离散的数值，而回归算法输出的是连续的数值。分类是“贴标签”，比如你判断一个人是好人还是坏人，真实的结果只有一个，模型预测输出结果要么对，要么错。回归是无限逼近真实值，输出结果没有对错之分。比如房价 500 万，模型预测输出 499 万和输出 300 万都是对 500 万的逼近，只不过逼近的程度不同。举个例子，预测明天的气温是多少度，这是一个回归问题；预测明天是阴、晴还是雨，这就是一个分类问题。回归算法训练样本是有标签的，所以也属于监督学习。回归算法的执行流程和分类算法类似，这里不再叙述。

回归算法主要应用在连续值预测，比如房价预测、经济预测、天气预测等。图 6-35 所示为国家工商总局“企业发展与宏观经济发展关系研究”课题组在 2013 年公布的企业注册资本增长与 GDP 增长的回归分析示意图。

常用的回归算法有 K 近邻(K-Nearest-Neighbors Regression,KNNR)回归算法、决策树回归算法、支持向量机回归算法、神经网络等。这里我们介绍 K 近邻回归算法。KNNR 是 KNN 算法在回归问题的运用。与 KNNC 分类算法类似，KNNR 算法是通过找出某个未知数据点的 k 个最近的邻近点，并且将这 k 个最近的邻近点预测的平均值作为该未知数据点的预测值。一般来说，在 KNNR 问题中，不同距离的近邻点对该未知样本产生的影响是不一样的，距离近的点相似性大，影响相对比较大；距离远的点相似性小，影响就相对较小。为了提高预测精度，这里我们会引入一个权值的概念来计算这 k 个最近的邻近点的平均值，比如权值和距离成反比。

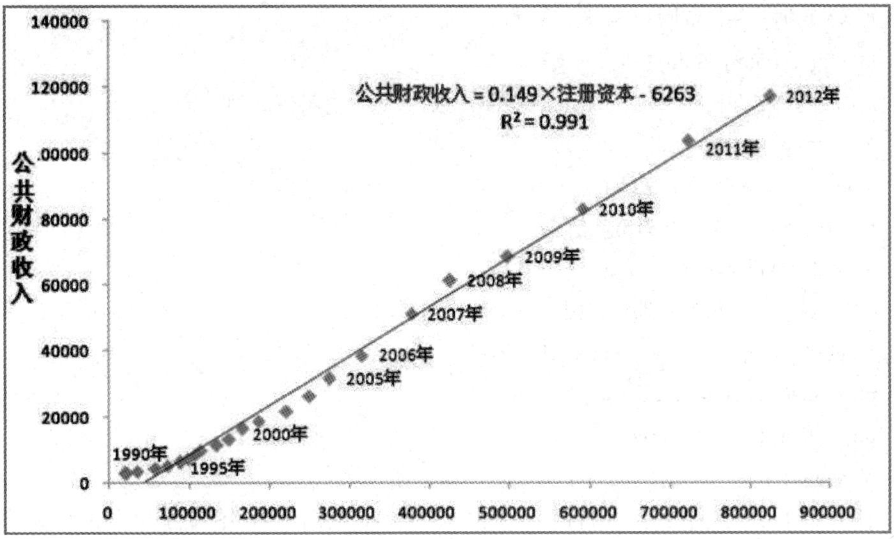

图 6-35　企业注册资本增长与 GDP 增长的回归分析示意图

Sklearn 实现了两种不同类型的 KNN 回归模型 KNeighborsRegressor 和 RadiusNeighborsRegressor。其中，KNeighborsRegressor 回归模型的近邻是选取每个测试点距离最近的 *k* 个训练样本点，*k* 可以人为设定。RadiusNeighborsRegressor 的近邻是选取每个测试点的固定半径 *R* 内的训练样本点，样本点数量 *k* 不能人为设置，只有 *R* 可以人为指定。

在下面的编程中，我们采用 KNeighborsRegressor 回归模型来拟合随机数据点，建模时增加附近点权重，这个可以通过设置 KNeighborsRegressor 回归模型的 weights 属性来实现。weights 属性默认值是 uniform(所有点权重相同)，我们配置 weights='distance'，distance 意思是增加附近点权重。

在 code 文件夹下空白处点击右键，在弹出的菜单点击“新建文档”，输入以下代码，保存为 KNNR.py 文件。

```
import matplotlib.pyplot as plt
import numpy as np
from sklearn.neighbors import KNeighborsRegressor
# 生成训练样本
n_dots = 400
#随机 40 个样本，1 列的列向量
X_train= 5 * np.random.rand(n_dots, 1)
#y=cos(X),np.ravel()是用来将多维的 array 变成一维(按行)
y_train = np.cos(X_train).ravel()
# 设置近邻点数量 k=5
k=5
#设计 KNN 回归器，采增加权重设置
knn=KNeighborsRegressor(k,weights='distance')
```

笔记

```
#导入数据，并训练回归器
knn.fit(X_train,y_train)
#生成测试点并进行预测，数值范围 0-5，数目 500，并转置成列向量
X_test=np.random.rand(n_dots, 1)
y_test=np.cos(X_test).ravel()
#X_test 做测试集，预测出 y 值
y_predict=knn.predict(X_test)
#绘制测试集和预测结果对比图
plt.plot(y_test[:100],'r',y_predict[:100],'b--')
plt.xlabel('Random Test Data')
plt.legend(['observed','predict'])
plt.show()
```

在当前目录空白处点击右键，在弹出的菜单点击“在终端打开”，进入命令行终端，在命令行终端输入命令 python3 KNNR.py，如图 6-36 所示。

图 6-36　KNNR 运行命令

运行结果如图 6-37 所示。

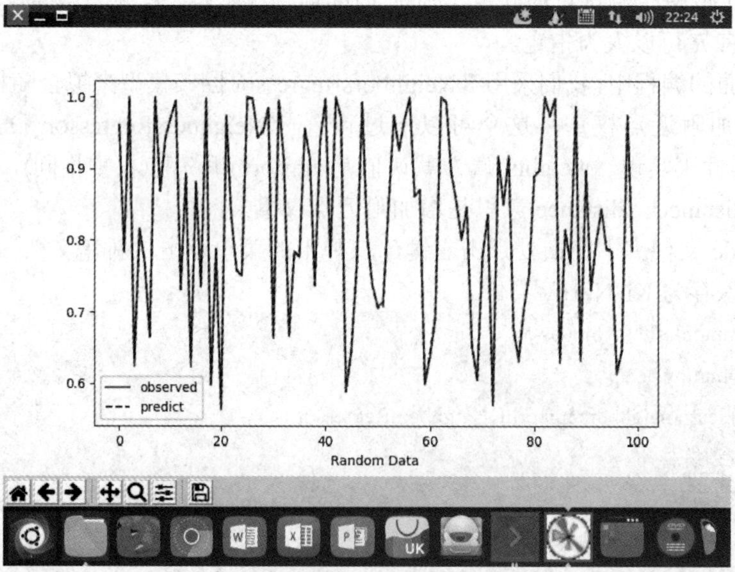

图 6-37　KNNR 运行结果

3. 聚类算法

聚类也叫群分析，聚类也是要确定一个物体的类别，但和分类问题不同的是，这里没有事先定义好的类别，聚类算法要机器自己想办法把一批样本分开，分成多个类，保证每一个类中的样本之间是相似的，同时不同类的样本之间是不同的。聚类的数据不包含类别标签，事先也不知道有几个类别，也没有训练阶段。所以

聚类也叫作无监督分类。在这里，每个类被称为“簇”(cluster)。

举个例子，如图 6-38 所示有一堆水果，需要我们自己去分类，我们可能认识这些水果，也可能不认识，分类时我们也没有被告知统一的分类标准，只能根据自己对水果的判断进行分类。

图 6-38　水果聚类

分类时，有的人按颜色分类，把颜色相似的水果归为一类；有的人按照形状分类，把形状相似的水果归在了一类；还有人按照尺寸分类，把尺寸大小相似的水果归在了一类；还有人按照季节性分类，把同一季节成熟的水果分为一类。这就是聚类的体现，每个人都可以根据自己定义的规则，将相似的样本划分在一起，不相似的样本分成不同的类。由于事先大家都不知道能分为几类，也没有统一标准，所以不存在训练阶段。

聚类的过程是“仁者见仁，智者见智”，没有统一的结果，聚类的结果由聚类算法自身确定。例如上述案例中水果至少就有 4 种分法。再比如，要将数字序列{1，2，3，4，5，6，7，8，9}分类，我们最少有两种分类方式：第一种分类是分成{1，3，5，7，9}和{2，4，6，8}，划分依据为第一个集合数字都是奇数，第二个集合数字都是偶数；第二种分类是分成{1，4，7}{2，5，8}{3，6，9}。划分依据为集合内的数除以 3 之后的余数相同。这两种类别的划分都是可以接受的。

聚类算法有很多种，比如 K 均值聚类、基于密度的聚类(DBSCAN)等。其中，最典型聚类算法就是 K 均值聚类。K 均值聚类(K-means Clustering)算法是一种迭代求解的聚类算法。它的目的是通过不断地迭代找到每个样本潜在的类别，把具有相似性的样本聚合在一起形成“簇”，它的标准就是要求每个簇内各个样本点数据距离尽可能小，同时簇间距离尽可能大。具体聚合成多少个簇，由我们人为指定 k 值决定。

K 均值聚类算法的流程如下所述。

(1) 我们确定样本数据要聚合成几个簇，对 k 赋值。随机选取 k 个初始中心点。

(2) 计算每个数据点到中心点的距离，数据点距离哪个中心点最近，就划分到哪一类中，划分完毕后得到 k 个点群。

(3) 计算每个点群的中心点位置，移动 k 个中心点到所属的点群中心位置。

(4) 重复以上步骤，直到每一类中心在每次迭代后变化不大或者不再移动

笔记 为止。

下面我们结合图 6-39 来说明 K 均值聚类算法的步骤。

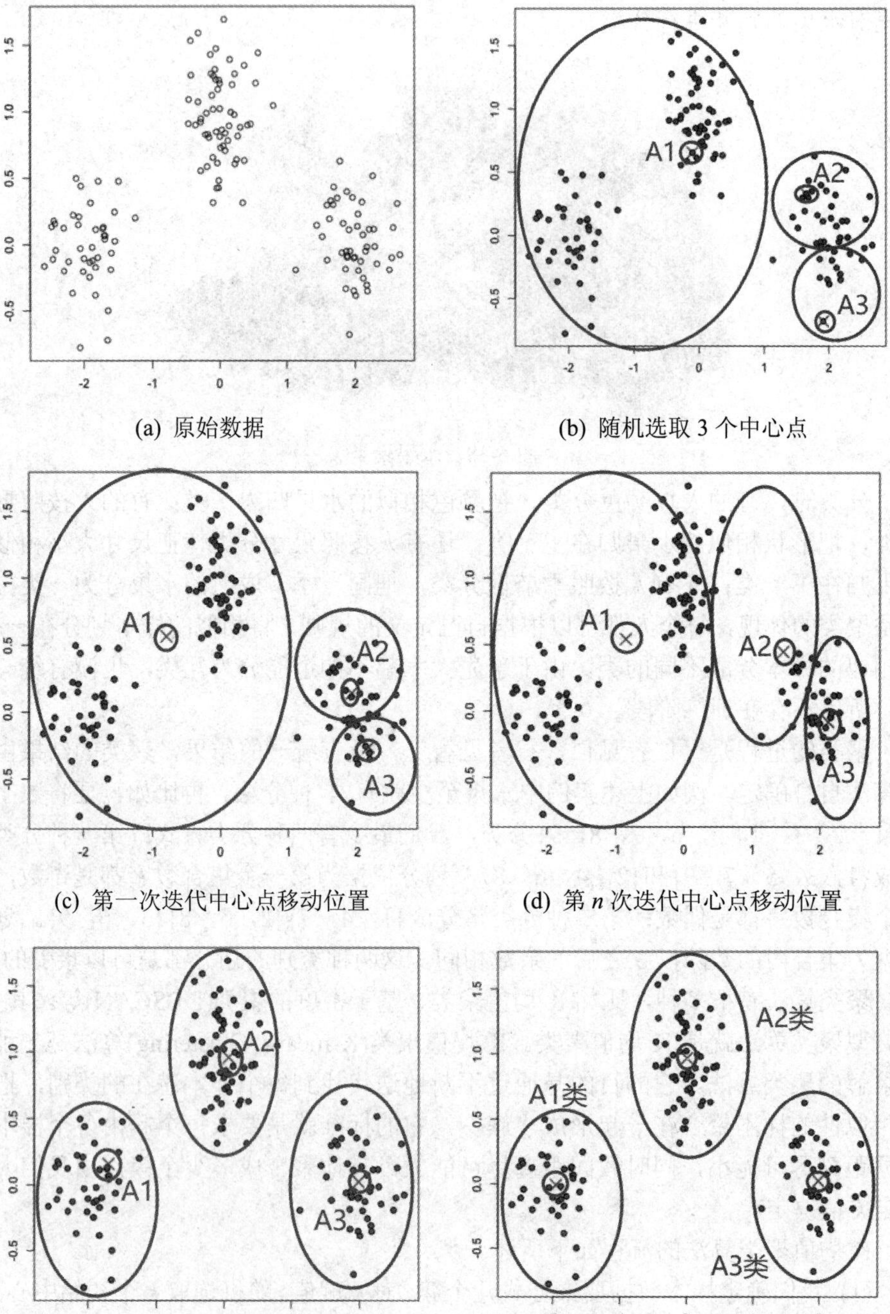

(a) 原始数据　(b) 随机选取 3 个中心点

(c) 第一次迭代中心点移动位置　(d) 第 *n* 次迭代中心点移动位置

(e) 最后一次迭代中心点移动位置　(f) 迭代完成

图 6-39　K 均值聚类算法迭代过程示意图

聚类步骤如下所述。

(1) 加载原始数据，所有数据点未聚类，如图(a)所示。

(2) 设定要聚合簇的数量 k，这里设置为 3，然后随机选取 3 个初始中心点(A1、A2、A3)。

(3) 计算所有点到这 3 个中心点的距离，每个数据点归类到最近距离的那个中心点所属类别下，并用椭圆框起来，如图(b)所示。

(4) 在第三步完成之后，重新计算每个类别的中心点位置，并将 3 个初始中心点分别移动到所属类别新的中心点位置上，完成第一次迭代，如图(c)所示。

(5) 重复(3)(4)步骤，完成后续的迭代步骤，如图(d)和图(e)所示。

(6) 直到和上一次迭代比较中心点位置不在移动或移动距离非常小，则可以结束迭代。如图(e)和图(f)所示，两个图 3 个中心点各自位置已经非常接近。

由于 K 均值算法的中心点数量和位置都是随机选取的，如何合理地确定 k 值和 k 个初始类簇中心点对于聚类效果的优劣有很大的影响。目前已有对应策略解决这个问题。

我们使用 Sklearn 中的聚类算法对鸢尾花数据集进行聚类。在 code 文件夹下空白处点击右键，在弹出的菜单点击“新建文档”，输入以下代码，保存为 KMeans.py。

```
import matplotlib.pyplot as plt
import numpy as np
from sklearn.cluster import KMeans
from sklearn import datasets

iris = datasets.load_iris()
X = iris.data[:, :4] #取鸢尾花的 4 个维度特征

#获取花卉两列数据集
two= iris.data
XSource = [x[0] for x in two]
YSource = [x[1] for x in two]
# 绘制原始数据
# 前 50 个样本
plt.scatter(XSource[:50], YSource[:50], color='red', marker='o', label='setosa')
# 中间 50 个样本
plt.scatter(XSource[50:100], YSource[50:100], color='blue', marker='x', label='versicolor')
# 后 50 个样本
plt.scatter(XSource[100:], YSource[100:],color='green', marker='+', label='Virginica')
plt.xlabel('source data sepal length')
plt.ylabel('source data sepal width')
plt.legend(loc=2)
```

笔记

```
plt.show()

estimator = KMeans(n_clusters=3) # 构造聚类器
estimator.fit(X) # 聚类
label_pred = estimator.labels_ # 获取聚类标签

# 绘制 k-means 聚类结果
x0 = X[label_pred == 0]
x1 = X[label_pred == 1]
x2 = X[label_pred == 2]
plt.scatter(x0[:, 0], x0[:, 1], color='red', marker='o', label='label1')
plt.scatter(x1[:, 0], x1[:, 1], color='blue', marker='x', label='label2')
plt.scatter(x2[:, 0], x2[:, 1], color='green', marker='+', label='label3')
plt.xlabel('sepal length')
plt.ylabel('sepal width')
plt.legend(loc=2)
plt.show()
```

在当前目录空白处点击右键，在弹出的菜单点击“在终端打开”，进入命令行终端，在命令行终端输入以下命令 python3 KMeans.py，如图 6-40 所示，运行结果如图 6-41 和图 6-42 所示。

```
person@person-virtual-machine:~/code$ python3 KMeans.py
```

图 6-40　K 均值聚类算法运行命令

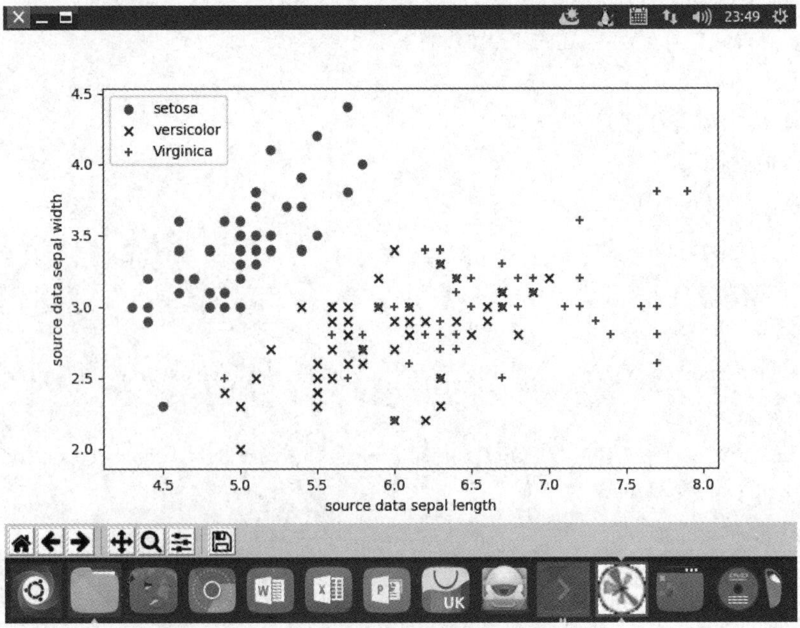

图 6-41　K 均值聚类前的原始数据分布

笔记

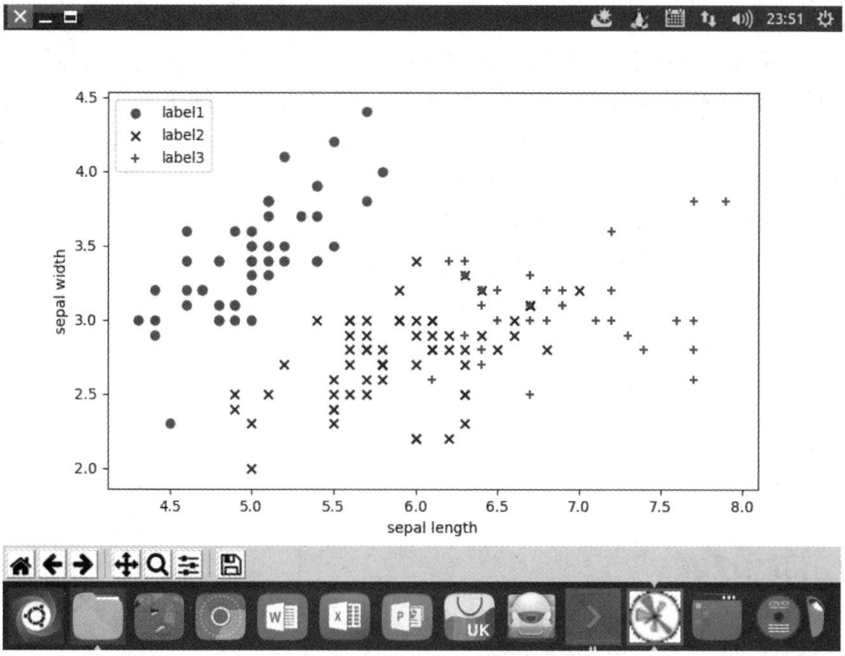

图 6-42　K 均值聚类算法预测结果

任务 6-2　大数据可视化初识

任务描述：通过实施本任务，学生能够了解大数据可视化的概念、了解常见的大数据可视化工具。

📖 知识准备

(1) 大数据可视化概念。

(2) 常见的大数据可视化工具。

📖 任务实施

6.2.1　大数据可视化的概念

数据可视化就是利用表格、图片、立体建模、动画等图形化界面展现数据的规律、性质和特点。数据可视化使得我们展示的海量数据信息更加直观、形象和易于理解。良好的可视化效果能够增加人机交互的体验，起到事半功倍的作用。数据可视化常常和数据分析相结合，但数据分析的结果如果仅仅以文字和表格的形式呈现，有时候不够直观，难以理解，这时候需要用一些数据可视化的手段去进一步展现数据分析结果，把文字转化成图片、图像，这样才能更好展现我们传递给外界的信息。传统的数据可视化方法有多种，从最简单的数字表格法，到各种图表(柱状体、折线图、饼图、圆环图、雷达图、气泡图等)，这些图表大多为静态图表。大数据的可视化是以传统数据可视化技术为基础，对于结构化数据，可以采用传统数据可视化方式展现(比如表格、图表等)；对于非结构化数据和半结构化数据的展现则根据业务需求定制一些个性化图表(地理空间图、社会网络关系图等)来展现；对于一些实时数据分析结果，则采用实时动态图表展现，数据展现形式也更加丰富多样。下面以一个典型案例介绍大数据可视化的具体内容。

项目背景：某证券公司随着用户量的不断增大，公司的业务人员无法高效地了解自己的客户，在进行金融理财产品、工具类行情产品营销活动中无法快速定位合适的客户。因为传统的营销模式是基于营销人员经验进行人群查找，准确率不高，而且又缓慢，导致营销人员花费大量的精力去给那些并无需求的客户推销产品，而真正有需要的客户并没有被及时地发现。

为了解决这个痛点，该证券公司利用大数据相关技术处理和分析方法，利用大数据可视化手段把客户特征展现出来。构建了基于客户的《用户地图》体系。主要包含以下五个模块。

1. 用户分群模块

如图 6-43 所示，在用户分群模块中，管理员根据体系中的维度对用户群进行任意地分割，例如可以根据用户年龄、性别或者资产、交易以及产品购买情况等进行用户群分割。

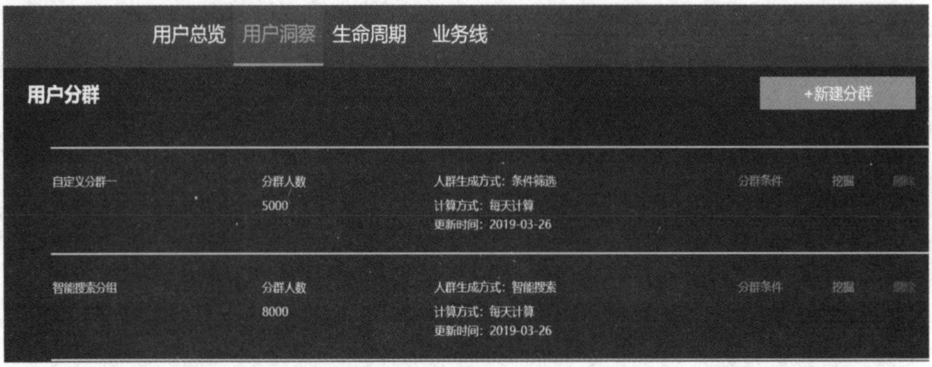

图 6-43　用户分群界面

2. 用户洞察模块

通过用户洞察的功能，查看分割好的用户群体的各维度情况。比如选择了购买固收类产品的用户群体 1000 人，那么可以查看该群体从基本属性到交易风格等各个场景的指标情况。

如图 6-44 所示，在用户洞察模块中，针对运营人员筛选好的客户群进行了大数据可视化展示。展示内容包括用户群的整体评分、贡献情况以及预测的产品销售转化率等，帮助营销人员判断自己筛选的客户群是否符合业务标准。同时提供相似客户群的信息展示，帮助运营人员找到更多目标客户。比如我们发现购买 A 产品的用户分别和购买 B 产品的用户、看 C 类资讯的用户特征相似度较高，就可以将 A 产品的介绍和购买入口添加到 B 产品的购买流程和 C 类资讯详情页中，从而提升 A 产品的访问和购买量。

笔记

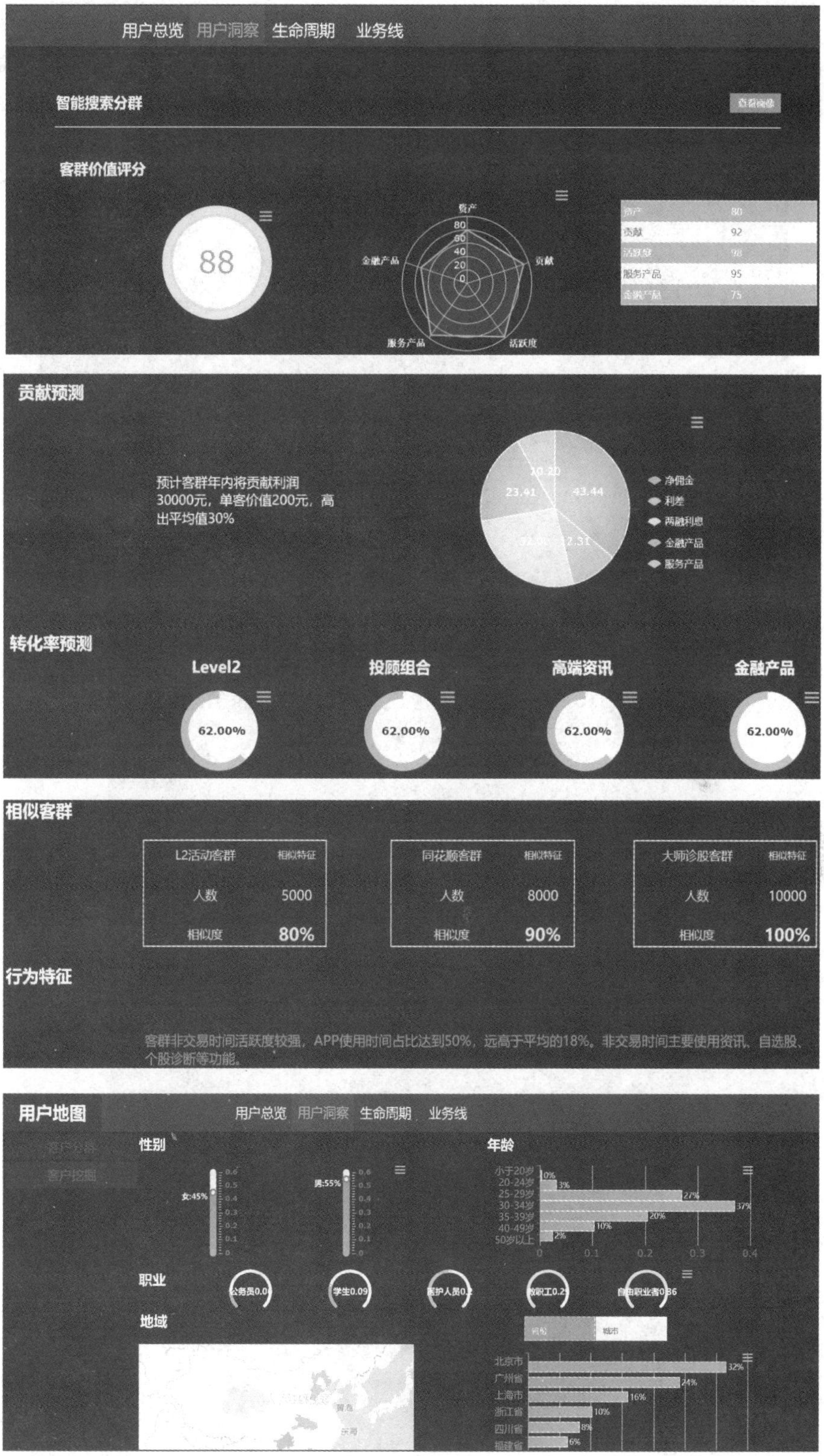

图 6-44　用户洞察界面

笔记

3. 用户画像模块

如图 6-45 所示，在用户画像模块中，对用户的各个维度进行展示，包括用户的渠道、活跃程度、资产情况以及贡献偏好等。可以让营销人员实时观察客户群的情况，及时做出相关决策调整。

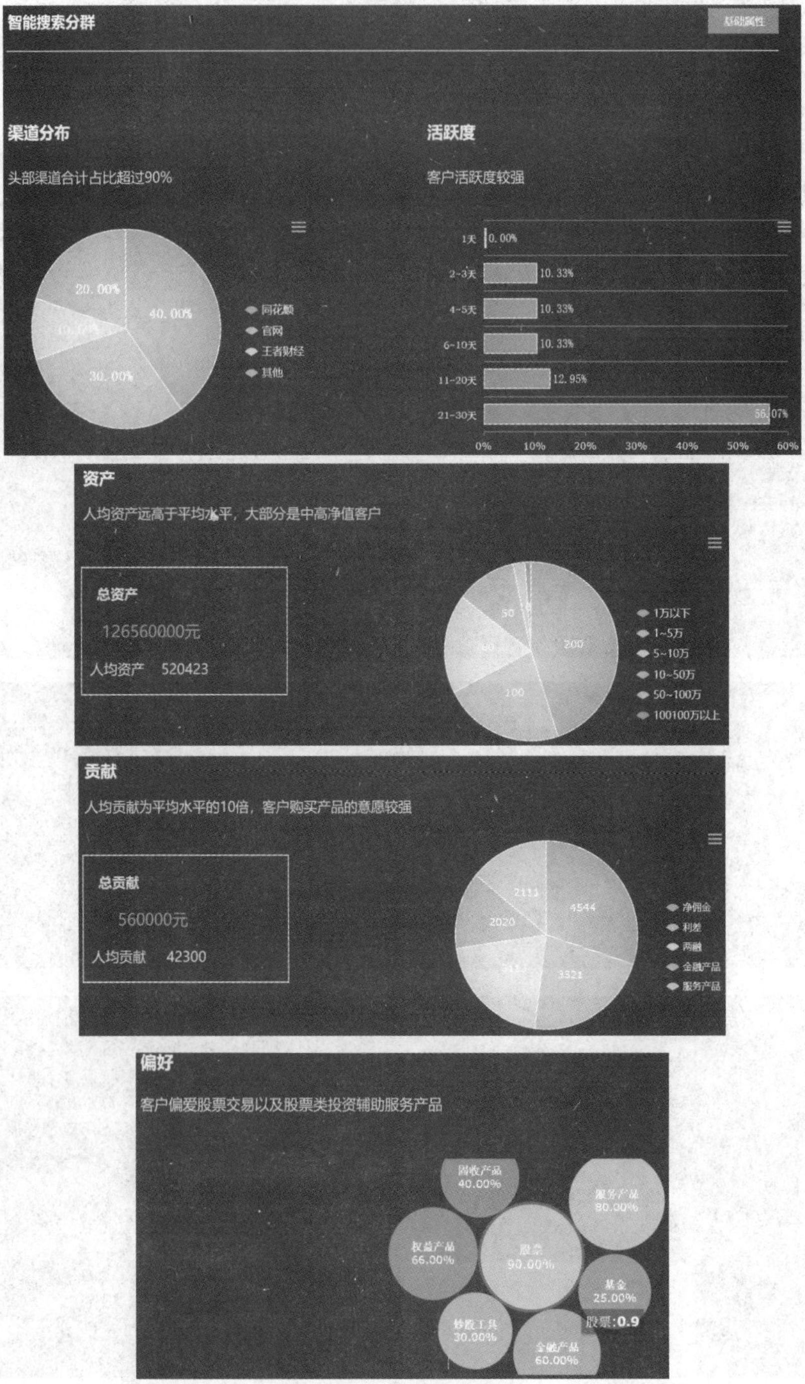

图 6-45 用户画像界面

笔记

4．业务线管理模块

如图 6-46 所示，在业务线管理模块中，根据部门业务线的划分来展示各个业务条线的情况，可以让各业务线的人员更加针对性地查看自己业务方面的实时情况，及时做出业务调整，提高业务的响应度。

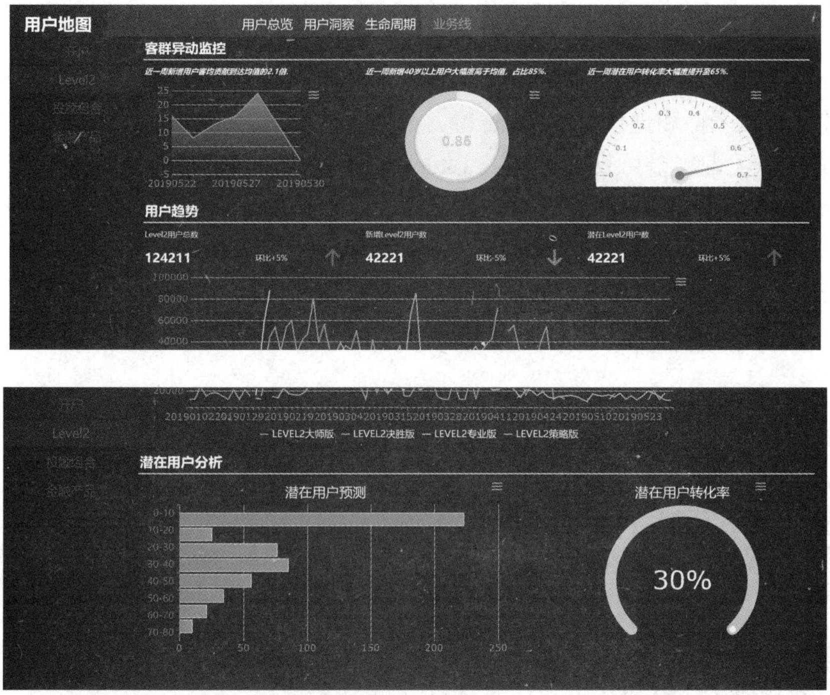

图 6-46　业务线管理界面

5．用户生命周期管理模块

如图 6-47 所示，在用户生命周期管理模块中，从生命周期的角度展示了新手期、成长期、成熟期、衰退期等客户分布情况。便于分析用户的特征情况，发掘每个阶段客户的异动情况，及时做出相应的营销策略调整。

图 6-47　用户生命周期界面

笔记

6.2.2 常用的数据可视化工具

目前，主流的大数据可视化工具非常多，有开源的，也有收费的，有需要编程的，也有完全图形化操作的，这里介绍六种主要的大数据可视化工具。

1. Tableau

Tableau 是一款企业级的大数据可视化工具。Tableau 可以在不编程的情况下轻松创建图形、表格和地图。Tableau 为大数据、机器学习领域内的多种应用场景提供便捷的交互式数据可视化方案。Tableau 还可以与 Amazon AWS、MySQL、Hadoop、Teradata 和 SAP 协作，使之成为一个能够创建详细图形和展示直观数据的多功能工具。Tableau 官网为 https://www.tableau.com/。Tableau 官网首页如图 6-48 所示。

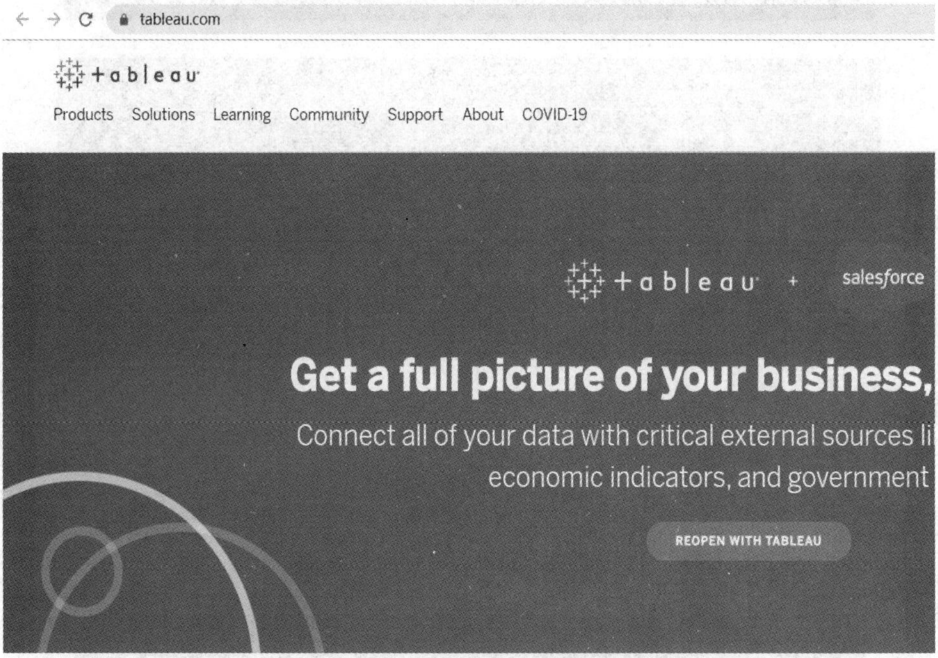

图 6-48 Tableau 官网首页

2. Echarts

浏览器是一种大数据可视化的重要方式，许多主流大数据可视化工具都是基于浏览器显示的，这就必须要用到 JavaScript 这种前端编程语言。Echarts 是百度提供的一款基于 JavaScript 实现的开源可视化工具库，目前已贡献给 Apache 基金会。Echarts 最广泛的应用就是在浏览器上，例如一些百度大数据可视化产品，包括百度迁徙、百度司南、百度大数据预测等，这些产品的数据可视化均是通过 Echarts 来实现的。Echarts 的官方网站为 https:// www.echartsjs.com/zh/index.html。Echarts 效果图如图 6-49 所示。

笔记

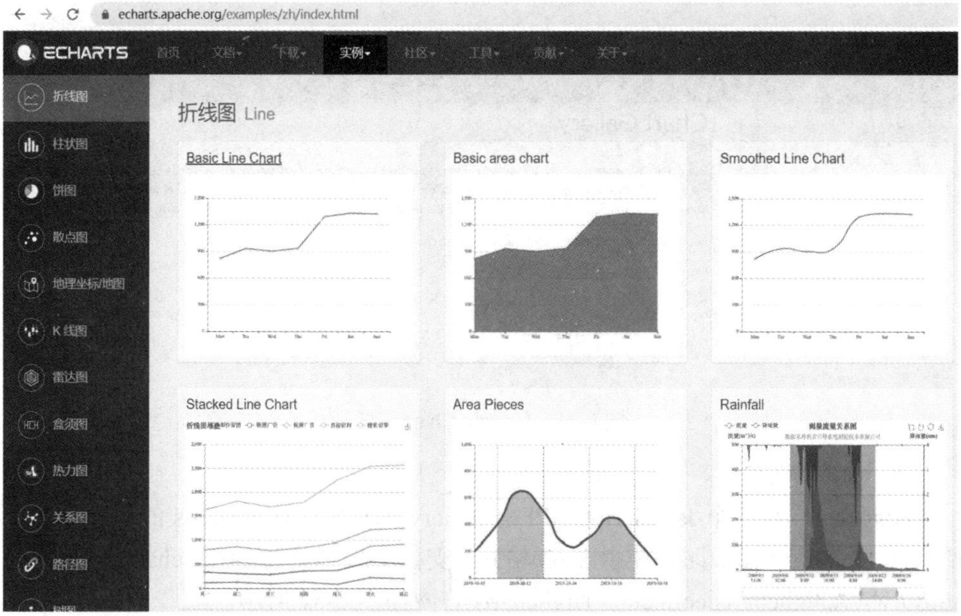

图 6-49　Echarts 效果图

3. D3.js

D3.js 是目前最好的开源数据可视化工具库。D3.js 运行在 JavaScript 上，并使用 HTML，CSS 和 SVG 将数据生动地展现出来。D3.js 使用数据驱动的方式创建网页，网页可实现实时交互功能。D3.js 的官网为 https://d3js.org/。D3 官网如图 6-50 所示。

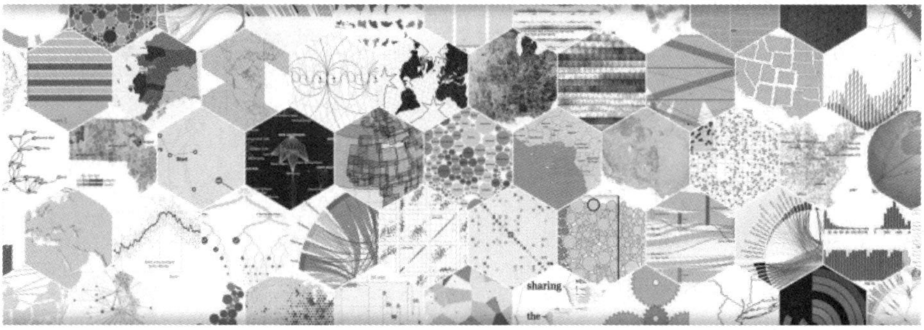

图 6-50　D3 官网

4. Google Charts

Google 公司是大数据的引领者。在大数据可视化方面自然也有自己的一套解决方案。Google Charts 以 HTML5 和 SVG 为基础，充分考虑了跨浏览器的兼容性，所创建的所有图表是交互式的。Google Charts 拥有一个非常全面的模板库，可以从中找到所需模板。Google Charts 的官网为 https://developers.google.cn/chart。

笔记 Google Charts 官网如图 6-51 所示。

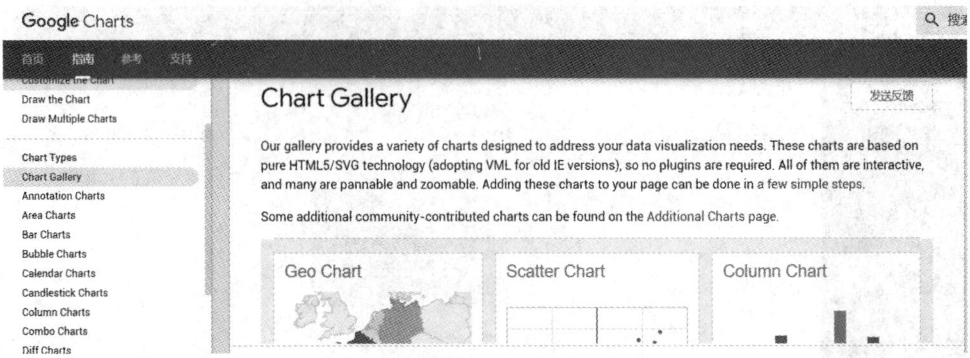

图 6-51 Google Charts 官网

5. Highcharts

Highcharts 是一个 JavaScript API 与 jQuery 的集成。Highcharts 的大部分服务都已开源。Highcharts 图表使用 SVG 格式，支持旧版浏览器。Highcharts 的官网为 https://www.highcharts.com.cn/。Highcharts 官网如图 6-52 所示。

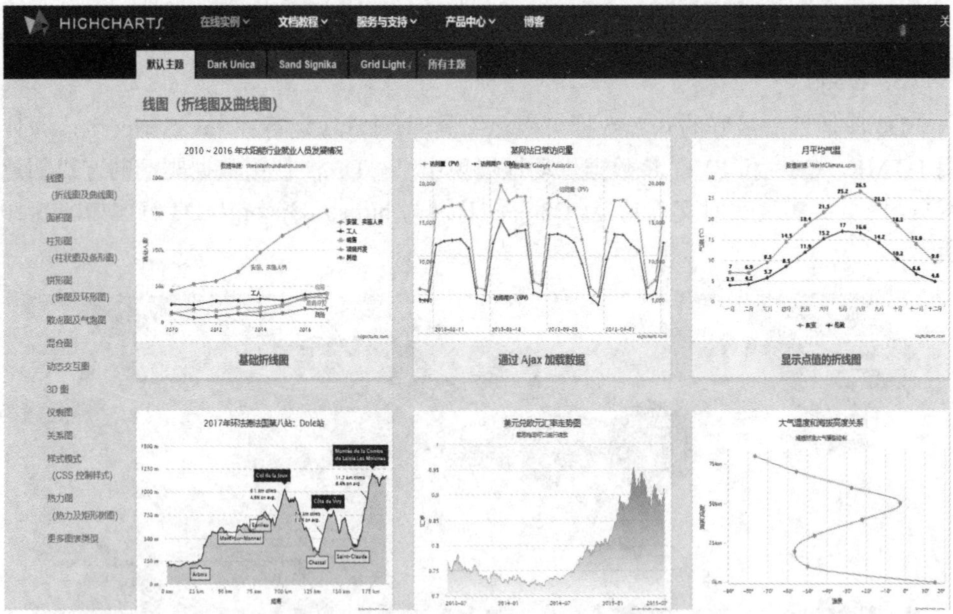

图 6-52 Highcharts 官网

6. Sigma JS

Sigma JS 是交互式可视化工具库。由于使用了 WebGL 技术，可以使用鼠标和触摸的方式自由更新和变换图表。Sigma JS 同时支持 JSON 和 GEXF 两种数据格式，这为其提供了大量的可用互动式插件。Sigma JS 专注于网页格式的网络图可视化。因此它在大数据关联分析可视化中非常有用。Sigma JS 官网为 http://sigmajs.org/。Sigma JS 官网如图 6-53 所示。

笔记

与此同时，还有一部分编程语言也提供了非常丰富的数据可视化插件库，例如 Python、R 语言等。

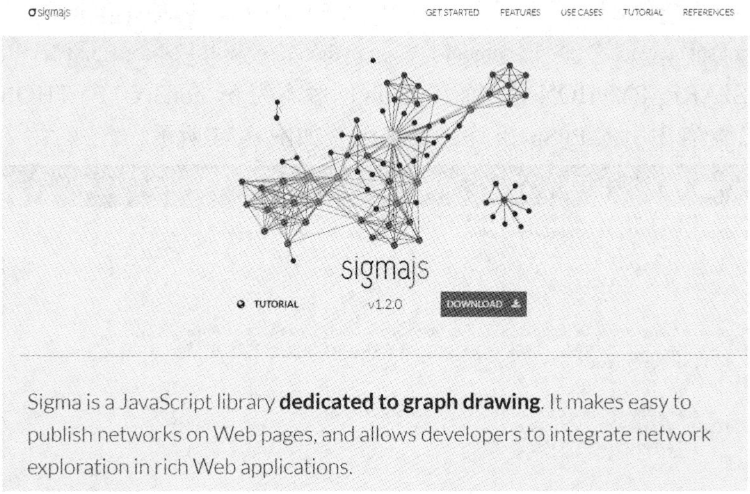

图 6-53 Sigma JS 官网

任务 6-3 房屋数据分析可视化案例编程

任务描述：由于本任务涉及数据可视化，Python 语言可以提供丰富的数据可视化库，实现起来比较方便，因此本数据可视化任务利用 Python 实现。通过实施任务，学生能够利用 Python 语言和编程 Spark 应用程序，读取 HBase 数据库的房屋数据并进行数据分析，利用 Python 数据可视化库 matplotlib 和 seaborn 进行展示。

知识准备

(1) 配置和使用 PySpark。
(2) Python matplotlib 库的基本用法。
(3) Python seaborn 库的基本用法。

任务实施

6.3.1 PySpark 的配置和使用

Spark 利用 PySpark 库支持 Python 编程语言编制实现 Spark 应用程序。使用 PySpark 需要先进行一些简单的配置。下面介绍具体的配置步骤。

(1) 新打开一个命令行终端，输入命令 gedit ~/.bashrc，进行环境变量配置，如图 6-54 所示。

图 6-54 打开环境变量配置界面

笔记

(2) 进入环境变量配置界面，输入以下内容，保存并关闭。

```
export PYSPARK_PYTHON=python3
export PYTHONPATH=/usr/local/spark/spark-2.1.0-bin-without-hadoop/python:
/usr/local/spark/spark-2.1.0-bin-without-hadoop/python/lib/py4j-0.10.4-src.zip:$PYTHONPATH
```

其中，PYSPARK_PYTHON 是配置 Python 的版本为 python3.x，PYTHONPATH 是在 Python3 配置中引入 PySpark 库。具体配置如图 6-55 所示。

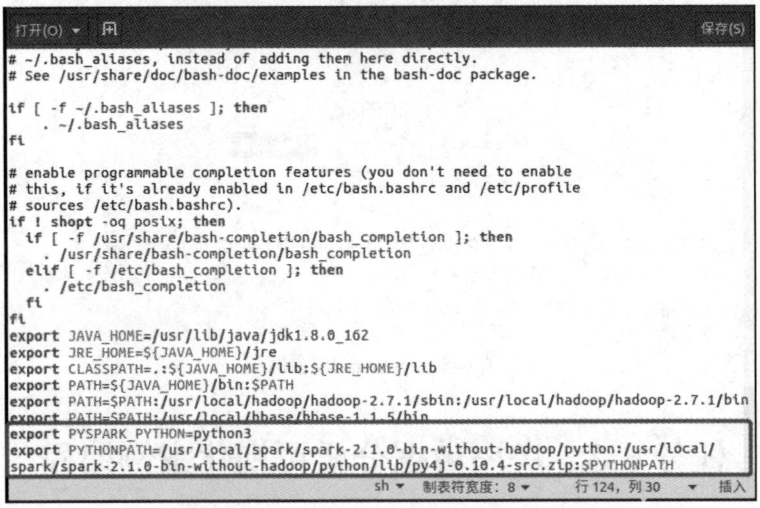
打开(O)
保存(S)
# ~/.bash_aliases, instead of adding them here directly.
# See /usr/share/doc/bash-doc/examples in the bash-doc package.
if [-f ~/.bash_aliases]; then
. ~/.bash_aliases
fi
# enable programmable completion features (you don't need to enable
# this, if it's already enabled in /etc/bash.bashrc and /etc/profile
# sources /etc/bash.bashrc).
if ! shopt -oq posix; then
if [-f /usr/share/bash-completion/bash_completion]; then
. /usr/share/bash-completion/bash_completion
elif [-f /etc/bash_completion]; then
. /etc/bash_completion
fi
fi
export JAVA_HOME=/usr/lib/java/jdk1.8.0_162
export JRE_HOME=${JAVA_HOME}/jre
export CLASSPATH=.:${JAVA_HOME}/lib:${JRE_HOME}/lib
export PATH=${JAVA_HOME}/bin:$PATH
export PATH=$PATH:/usr/local/hadoop/hadoop-2.7.1/sbin:/usr/local/hadoop/hadoop-2.7.1/bin
export PATH=$PATH:/usr/local/hbase/hbase-1.1.5/bin
export PYSPARK_PYTHON=python3
export PYTHONPATH=/usr/local/spark/spark-2.1.0-bin-without-hadoop/python:/usr/local/spark/spark-2.1.0-bin-without-hadoop/python/lib/py4j-0.10.4-src.zip:$PYTHONPATH
sh 制表符宽度：8 行 124，列 30 插入

图 6-55 编辑环境变量配置界面

(3) 输入命令 source ~/.bashrc，使配置生效，如图 6-56 所示。

person@person-virtual-machine:~$ source ~/.bashrc

图 6-56 重启环境变量

(4) 试运行，查看 PySpark 是否能正常运行，输入命令 cd /usr/local/spark/spark-2.1.0-bin-without-hadoop/，进入 Spark 安装目录，然后输入命令 bin/pyspark，进入 PySpark shell 解释器界面，如图 6-57 所示。在 PySpark 解释器界面中，直接编写 Python 代码。比如输入 1+2*5，会直接返回结果 11，退出 PySpark 解释器使用 exit()命令。操作如图 6-58 所示。

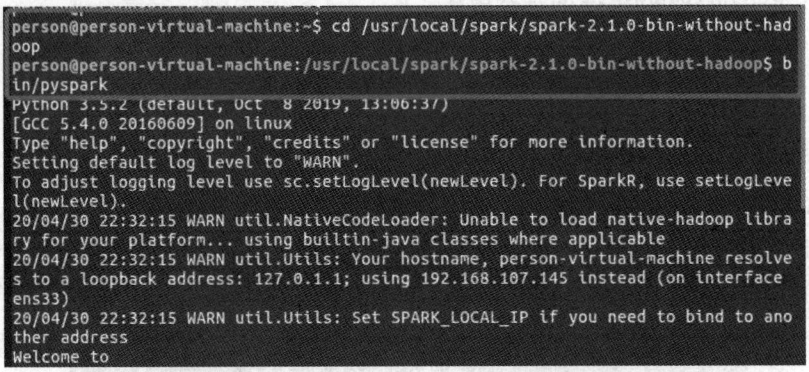
person@person-virtual-machine:~$ cd /usr/local/spark/spark-2.1.0-bin-without-hadoop
person@person-virtual-machine:/usr/local/spark/spark-2.1.0-bin-without-hadoop$ bin/pyspark
Python 3.5.2 (default, Oct 8 2019, 13:06:37)
[GCC 5.4.0 20160609] on linux
Type "help", "copyright", "credits" or "license" for more information.
Setting default log level to "WARN".
To adjust logging level use sc.setLogLevel(newLevel). For SparkR, use setLogLevel(newLevel).
20/04/30 22:32:15 WARN util.NativeCodeLoader: Unable to load native-hadoop library for your platform... using builtin-java classes where applicable
20/04/30 22:32:15 WARN util.Utils: Your hostname, person-virtual-machine resolves to a loopback address: 127.0.1.1; using 192.168.107.145 instead (on interface ens33)
20/04/30 22:32:15 WARN util.Utils: Set SPARK_LOCAL_IP if you need to bind to another address
Welcome to

图 6-57 输入命令进入 PySpark 解释器

笔记

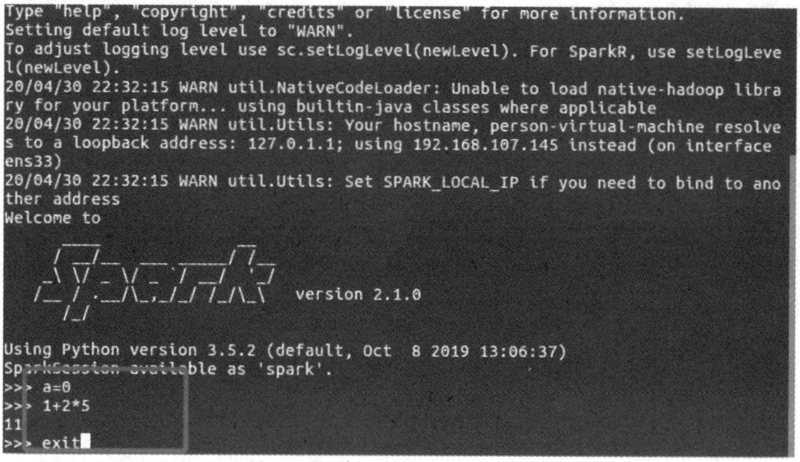
Type "help", "copyright", "credits" or "license" for more information.
Setting default log level to "WARN".
To adjust logging level use sc.setLogLevel(newLevel). For SparkR, use setLogLeve
l(newLevel).
20/04/30 22:32:15 WARN util.NativeCodeLoader: Unable to load native-hadoop libra
ry for your platform... using builtin-java classes where applicable
20/04/30 22:32:15 WARN util.Utils: Your hostname, person-virtual-machine resolve
s to a loopback address: 127.0.1.1; using 192.168.107.145 instead (on interface
ens33)
20/04/30 22:32:15 WARN util.Utils: Set SPARK_LOCAL_IP if you need to bind to ano
ther address
Welcome to
version 2.1.0
Using Python version 3.5.2 (default, Oct 8 2019 13:06:37)
SparkSession available as 'spark'.
>>> a=0
>>> 1+2*5
11
>>> exit
图 6-58 PySpark 解释器界面

6.3.2 Spark 应用程序的编写

下面演示如何利用 Python 编写 Spark 应用程序并提交集群运行。

(1) 启动 HBase，保证 HBase 数据库开启，如果已经开启 HBase 数据库，可以跳过此步骤。启动 HBase 前需要先启动 HDFS。输入命令 cd /usr/local/hadoop/hadoop-2.7.1，进入 hadoop 安装目录，再输入命令./sbin/start-dfs.sh，启动 HDFS。操作如图 6-59 所示。

person@person-virtual-machine:/usr/local/spark/spark-2.1.0-bin-without-hadoop$ c
d /usr/local/hadoop/hadoop-2.7.1
person@person-virtual-machine:/usr/local/hadoop/hadoop-2.7.1$ ./sbin/start-dfs.s
h
图 6-59 启动 HDFS

(2) 启动 HBase。输入命令 cd /usr/local/hbase/hbase-1.1.5，进入 HBase 安装目录，再输入命令 bin/start-hbase.sh。操作如图 6-60 所示。

person@person-virtual-machine:/usr/local/hadoop/hadoop-2.7.1$ cd /usr/local/hbas
e/hbase-1.1.5
person@person-virtual-machine:/usr/local/hbase/hbase-1.1.5$ bin/start-hbase.sh
图 6-60 启动 HBase

(3) 在/home/person 目录下新建文件夹命令为 code，在 code 文件夹下新建 readhbase.py 文件(可以新建一个 readhbase.txt 文件再把后缀改成.py)，如图 6-61 所示。在文件中输入如下代码并保存。

```
#-*- coding:utf-8 -*-


import seaborn as sns
import matplotlib.pyplot as plt
from pyspark.sql import SparkSession
import json
import pandas as pd
```

笔记

```
import pyspark.sql.functions
import matplotlib as mpl


def call_transfor(y1):
    y2 = [json.loads(i) for i in y1]
    fdc={}
    for i in y2:
        #获取列名
        colname = i['qualifier']
        #获取值，这里要做编码格式转换，不然中文显示乱码
        value=i['value'].encode().decode("unicode-escape").encode("raw_unicode_ escape").
decode()
        fdc[colname] = value
    return fdc


def rdd_to_df(hbase_rdd):
    #同一个 RowKey 对应的列之间是用\n 分割，进行 split，split 后每列是个 dict
    fdc_split = hbase_rdd.map(lambda x:(x[0],x[1].split('\n')))
    #获取列名和取值
    fdc_cols = fdc_split.map(lambda x:(x[0],call_transfor(x[1])))
    colnames = ['row_key'] + fdc_cols.map(lambda x:[i for i in x[1]]).take(1)[0]
    fdc_dataframe = fdc_cols.map(lambda x:[x[0]]+[x[1][i] for i in x[1]]).toDF(colnames)
    return fdc_dataframe


if __name__=="__main__":
    host = 'localhost'
    #table name
    table = 'houseinfo'
    #建立 spark 连接
    spark = SparkSession.builder.master("local").appName("readdata").getOrCreate()
    hbaseconf = {"hbase.zookeeper.quorum": host,
                 "hbase.mapreduce.inputtable": table}
    keyConv = "org.apache.spark.examples.pythonconverters.ImmutableBytesWritableTo
StringConverter"
    valueConv = "org.apache.spark.examples.pythonconverters.HbaseResultToString Converter"
```

笔记

```
tableinputformat="org.apache.hadoop.hbase.mapreduce.TableInputFormat"
byteswritable="org.apache.hadoop.hbase.io.ImmutableBytesWritable"
clientresult="org.apache.hadoop.hbase.client.Result"


#得到 rdd
houseinfordd = spark.sparkContext.newAPIHadoopRDD(tableinputformat,byteswritable, clientresult, keyConverter=keyConv, valueConverter=valueConv, conf=hbaseconf)
count = houseinfordd.count()
houseinfordd.cache()

#得到 rdd 转 pyspark dataframe
houseinfodfpy = rdd_to_df(houseinfordd)

#单价列，总价列，面积列数据类型转 int 以便后续计算
houseinfodfpy1=houseinfodfpy.withColumn("unitprice", houseinfodfpy["unitprice"]. cast("Int")).withColumn("totalprice", (houseinfodfpy["totalprice"]/10000).cast("Int")).withColumn ("mianji", (houseinfodfpy ["mianji"]).cast("Int"))

#pyspark dataframe 转 Pandas dataframe 以便后续计算
houseinfodf=houseinfodfpy1.toPandas()

# 按区域分组计算房屋单价和总价

df_house_mean = houseinfodf.groupby("area")["unitprice"].mean().astype(int).sort_ values(ascending= False).to_frame().reset_index()
df_house_total = houseinfodf.groupby("area")["totalprice"].sum().astype(int).sort_values(ascending=False).to_frame().reset_index()
#print(df_house_mean.head(10))

# 设置画图能显示中文
mpl.rcParams['font.sans-serif'] = ['simhei']
mpl.rcParams['font.serif'] = ['simhei']
sns.set_style("darkgrid",{"font.sans-serif":['simhei','Droid Sans Fallback']})

# 画区域单价和区域总价排序图
f, [ax1, ax2] = plt.subplots(2, 1, figsize=(12, 15))
sns.barplot(x='area', y='unitprice', data=df_house_mean, ax=ax1)
ax1.set_title('广州各区二手房单价排序')
ax1.set_xlabel('区域')
```

笔记

```
ax1.set_ylabel('单价(元/平米)')
sns.barplot(x='area', y='totalprice', data=df_house_total, ax=ax2)
ax2.set_title('广州各区二手房房屋总价排序')
ax2.set_xlabel('区域')
ax2.set_ylabel('房屋总价(万元)')
plt.subplots_adjust( hspace = 0.63)

# 画户型数量排序图
tem=houseinfodf['huxing'].value_counts()
f1, ax3 = plt.subplots(figsize=(15, 15))
sns.countplot( y='huxing',order=tem.index,data=houseinfodf, ax=ax3)
ax3.set_title('户型统计排序')
ax3.set_xlabel('数量')
ax3.set_ylabel('户型')

# 面积-总价和面积-单价的关系做线性回归分析
f2, [ax4,ax5] = plt.subplots(2, 1,figsize=(15, 15))
sns.regplot(x='mianji', y='totalprice', data=houseinfodf, ax=ax4)
ax4.set_title('面积-总价线性回归分析')
ax4.set_xlabel('面积(平米)')
ax4.set_ylabel('总价(万元)')
sns.regplot(x='mianji', y='unitprice', data=houseinfodf, ax=ax5)
ax5.set_title('面积-单价线性回归分析')
ax5.set_xlabel('面积(平米)')
ax5.set_ylabel('单价(元)')
plt.subplots_adjust( hspace = 0.63)
plt.show()
```

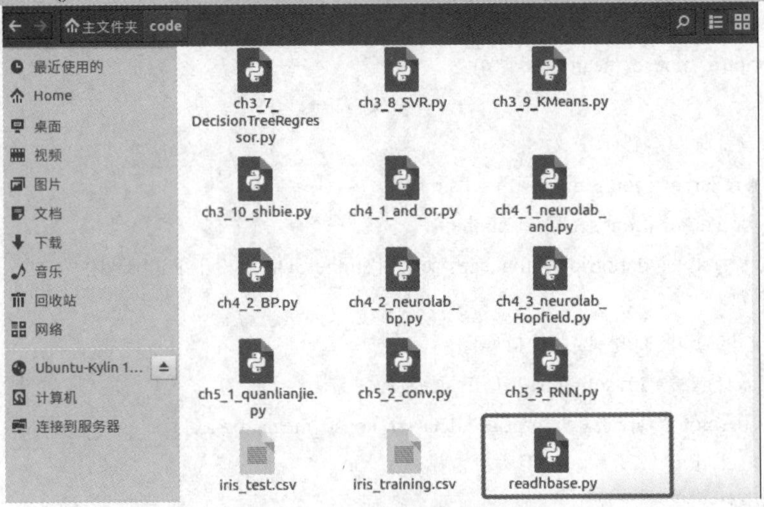

图 6-61 新建 readhbase 文件

笔记

(4) 在 code 目录下，右键点击空白处，在弹出的菜单中，点击“在终端打开”，打开一个新的命令行终端。操作如图 6-62 所示。

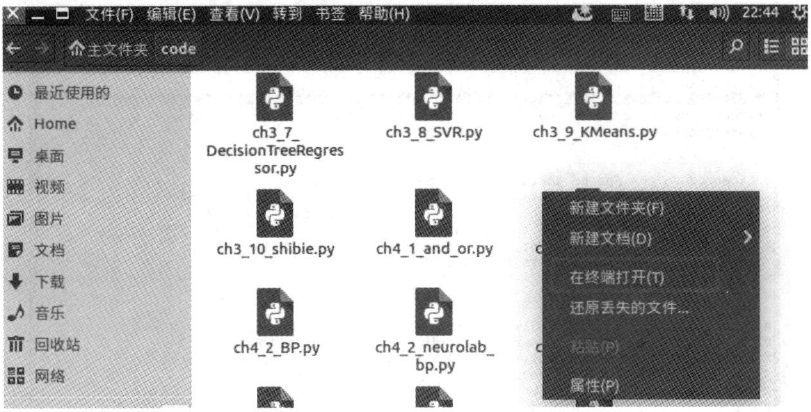

图 6-62　打开新的命令行终端

(5) 安装 Python 画图工具库 seaborn，由于之前已经安装了 matplotlib 库，这里不再安装。在新的命令行终端，输入命令 sudo pip3 install seaborn，安装 seaborn 库，如图 6-63 所示。seaborn 库成功安装如图 6-64 所示。

```
person@person-virtual-machine:~/code$ sudo pip3 install seaborn
```

图 6-63　安装 seaborn 库

```
Requirement already satisfied: pandas>=0.17.1 in /home/person/.local/lib/python3.5/site-packages (from seaborn) (0.24.2)
Requirement already satisfied: matplotlib>=1.5.3 in /usr/local/lib/python3.5/dist-packages (from seaborn) (3.0.3)
Requirement already satisfied: python-dateutil>=2.5.0 in /usr/local/lib/python3.5/dist-packages (from pandas>=0.17.1->seaborn) (2.8.1)
Requirement already satisfied: pytz>=2011k in /home/person/.local/lib/python3.5/site-packages (from pandas>=0.17.1->seaborn) (2019.3)
Requirement already satisfied: cycler>=0.10 in /usr/local/lib/python3.5/dist-packages (from matplotlib>=1.5.3->seaborn) (0.10.0)
Requirement already satisfied: kiwisolver>=1.0.1 in /usr/local/lib/python3.5/dist-packages (from matplotlib>=1.5.3->seaborn) (1.1.0)
Requirement already satisfied: pyparsing!=2.0.4,!=2.1.2,!=2.1.6,>=2.0.1 in /usr/lib/python3/dist-packages (from matplotlib>=1.5.3->seaborn) (2.0.3)
Requirement already satisfied: six>=1.5 in /usr/lib/python3/dist-packages (from python-dateutil>=2.5.0->pandas>=0.17.1->seaborn) (1.10.0)
Requirement already satisfied: setuptools in /usr/local/lib/python3.5/dist-packages (from kiwisolver>=1.0.1->matplotlib>=1.5.3->seaborn) (45.2.0)
Installing collected packages: seaborn
Successfully installed seaborn-0.9.1
person@person-virtual-machine:~/code$
```

图 6-64　seaborn 库成功安装

(6) 利用 PySpark 读取 HBase 数据库还需要进行一些相关配置，我们在项目五的基础上做进一步修改。输入命令 cd /usr/local/spark/spark-2.1.0-bin- without-hadoop/conf，进入 spark 配置目录，再输入命令 gedit spark-env.sh，进入 spark-env.sh 配置界面。

修改第一行 SPARK_DIST_CLASSPATH 内容，在原来配置基础上继续输入：

```
:$(/usr/local/hbase/hbase-1.1.5/bin/hbase classpath)
:/usr/local/spark/spark-2.1.0-bin-without-hadoop/jars/hbase/*
```

笔记

修改后 SPARK_DIST_CLASSPATH 的内容如图 6-65 所示，修改完毕，保存关闭文件。

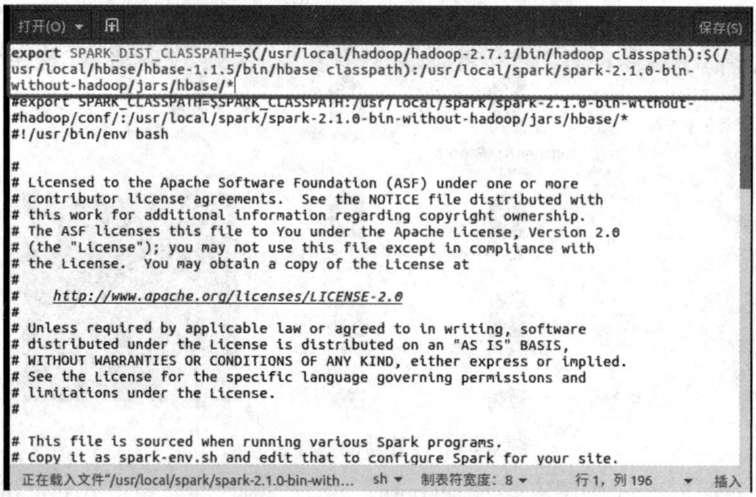

图 6-65 修改完毕的 spark-env.sh

(7) Spark 2.x 版本缺少把 HBase 的数据转换到 Python 可读取的 jar 包，因此需要额外安装 spark-example*.jar 包，我们只需要把 spark-example*.jar 包复制到 spark 安装目录的 jars/hbase 文件夹目录下即可。本书提供 spark-examples_2.11-1.6.0-typesafe-001.jar 包，无须再另外下载。操作如图 6-66 所示。

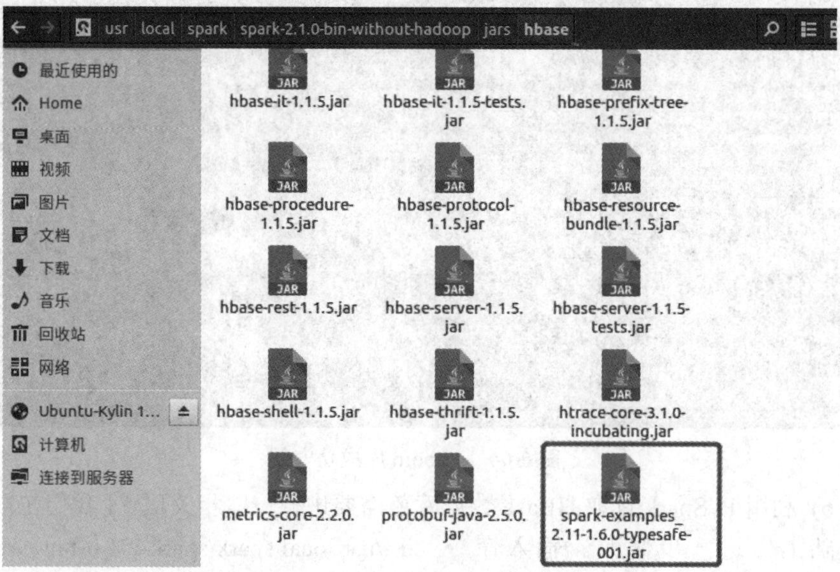

图 6-66 复制 spark-example*.jar 包

(8) 配置 matplotlib 和 seaborn 画出的图能够显示中文文字。由于本项目所画的图形中有中文文字，matplotlib 和 seaborn 画图默认显示会使中文文字乱码，这里需要进行配置，使得 matplotlib 和 seaborn 能够正常显示中文。首先把本书提供的 simhei.ttf 文件拷贝到/home/person/code 目录下，simhei.ttf 是黑体字体显示。操

笔记

作如图 6-67 所示。

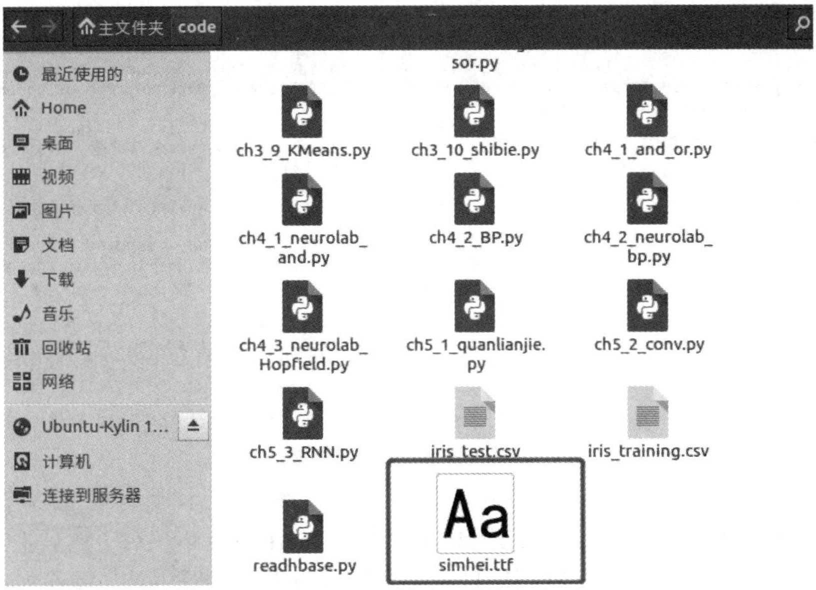

图 6-67 复制 simhei.ttf 到 code 目录下

(9) 在命令行终端输入命令 sudo cp /home/person/code/simhei.ttf /usr/local/lib/python3.5/dist-packages/matplotlib/mpl-data/fonts/ttf，复制 simhei.ttf 到 /usr/local/lib/python3.5/dist-packages/matplotlib/mpl-data/fonts/ttf 目录下，再输入命令 sudo gedit /usr/local/lib/python3.5/dist-packages/matplotlib/mpl-data/matplotlibrc，编辑 matplotlib 的 mpl-data 目录下的 matplotlibrc 文件。具体操作如图 6-68 所示。

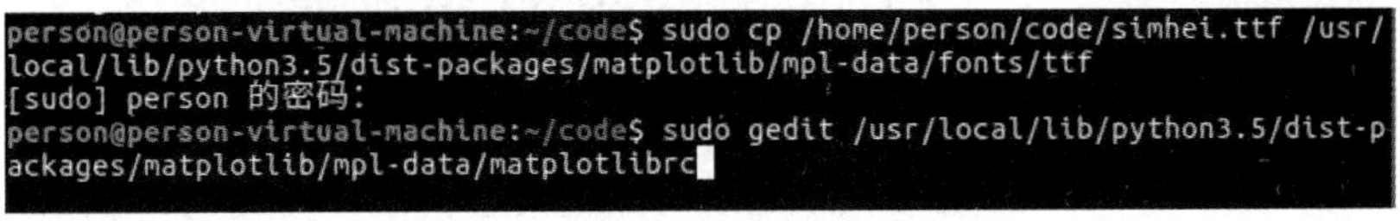

图 6-68 输入命令界面

(10) 在 matplotlibrc 文件内，找到 font.family 一行，删掉最前面的“#”，取消注释。然后找到 font.sans-serif 一行，把 simhei 加入到冒号后面。具体操作分别如图 6-69 和图 6-70 所示。

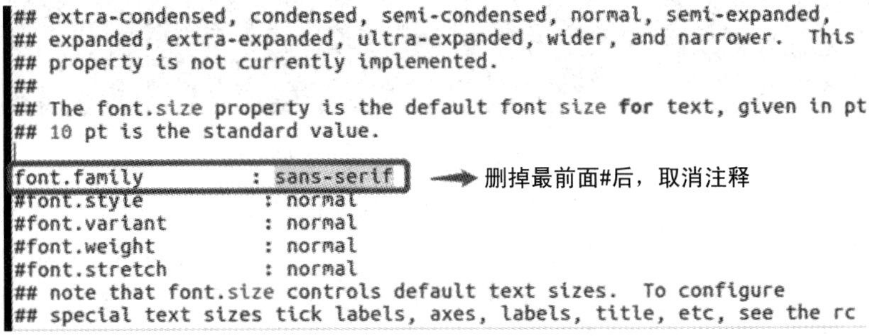

extra-condensed, condensed, semi-condensed, normal, semi-expanded,
expanded, extra-expanded, ultra-expanded, wider, and narrower. This
property is not currently implemented.
##
The font.size property is the default font size for text, given in pt
10 pt is the standard value.
font.family   : sans-serif
删掉最前面#后，取消注释
#font.style   : normal
#font.variant   : normal
#font.weight   : normal
#font.stretch   : normal
note that font.size controls default text sizes. To configure
special text sizes tick labels, axes, labels, title, etc, see the rc

图 6-69 取消 font.family 行的注释

笔记

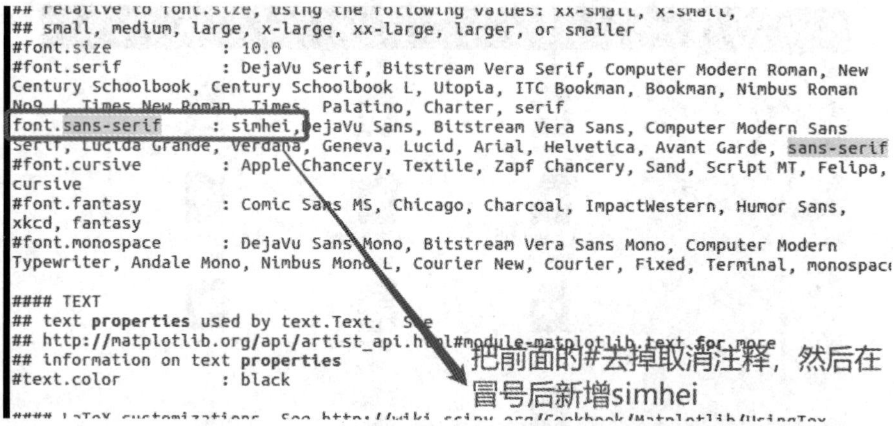
small, medium, large, x-large, xx-large, larger, or smaller
#font.size : 10.0
#font.serif : DejaVu Serif, Bitstream Vera Serif, Computer Modern Roman, New Century Schoolbook, Century Schoolbook L, Utopia, ITC Bookman, Bookman, Nimbus Roman No9 L, Times New Roman, Times, Palatino, Charter, serif
font.sans-serif : simhei, DejaVu Sans, Bitstream Vera Sans, Computer Modern Sans Serif, Lucida Grande, Verdana, Geneva, Lucid, Arial, Helvetica, Avant Garde, sans-serif
#font.cursive : Apple Chancery, Textile, Zapf Chancery, Sand, Script MT, Felipa, cursive
#font.fantasy : Comic Sans MS, Chicago, Charcoal, ImpactWestern, Humor Sans, xkcd, fantasy
#font.monospace : DejaVu Sans Mono, Bitstream Vera Sans Mono, Computer Modern Typewriter, Andale Mono, Nimbus Mono L, Courier New, Courier, Fixed, Terminal, monospace
TEXT
text properties used by text.Text. See
http://matplotlib.org/api/artist_api.html#module-matplotlib.text for more
information on text properties
#text.color : black
把前面的#去掉取消注释，然后在冒号后新增simhei

图 6-70　添加 simhei 到 font.sans-serif 行

(11) 在/home/person 目录下，按 Ctrl+H 键，显示所有隐藏文件，找到.cache/matplotlib 目录，在目录下删除原有的 fontList.json 文件，然后把上一步修改的 matplotlibrc 文件复制到该目录下。使上一步的配置生效。操作如图 6-71 所示。

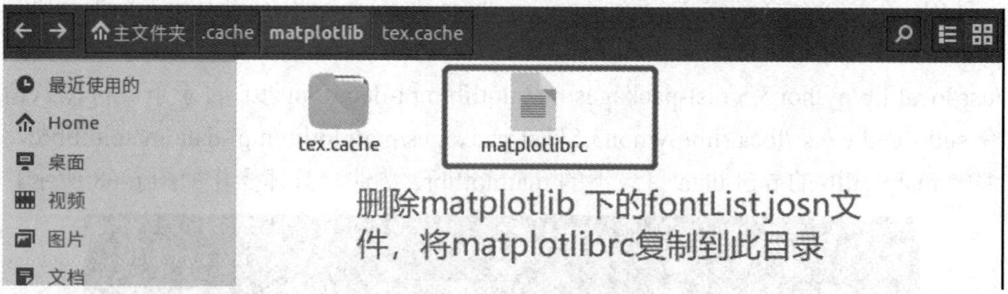

图 6-71　使上一步的配置生效

(12) 下面我们可以开始运行 readhbase.py 文件了。在命令行终端输入命令 cd /usr/local/spark/spark-2.1.0-bin-without-hadoop，切换到 Spark 安装目录下，再输入命令 bin/spark-submit /home/person/code/readhbase.py，把 readhbase.py 文件提交 Spark 集群运行。操作如图 6-72 所示。

person@person-virtual-machine:~/code$ cd /usr/local/spark/spark-2.1.0-bin-without-hadoop
person@person-virtual-machine:/usr/local/spark/spark-2.1.0-bin-without-hadoop$ bin/spark-submit /home/person/code/readhbase.py

图 6-72　readhbase.py 提交 Spark 集群运行

(13) 稍作等待，即可出现可视化结果。可视化结果包含三张图，如图 6-73、图 6-74 和图 6-75 所示。图 6-73 显示广州各区二手房单价和总价的柱状图排序。可以看到天河、越秀、海珠三个区房屋单价和总价均位于前列。图 6-74 显示所有售卖的二手房屋户型统计结果排序。可以看到 3 室 2 厅的房屋售卖数量最多，其次是 2 室 1 厅。图 6-75 显示房屋总价-面积的关系，以及房屋单价-面积的关系。

笔记

图中可以看出，房屋总价和面积的关系呈现线性递增关系。房屋单价和面积关系呈现斜率比较小的递减关系，即房屋总面积越大，单价越低。这也很好理解，在出售房屋过程中，面积较大的房屋一般挂出的单价都会略低一些。因此，数据分析结果完全符合市场规律。

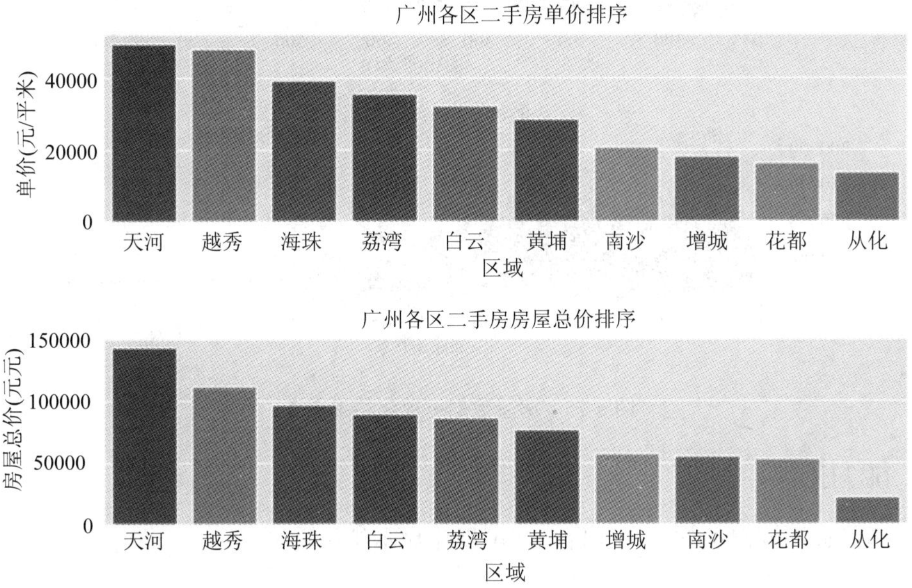

图 6-73　房屋数据可视化结果图 1

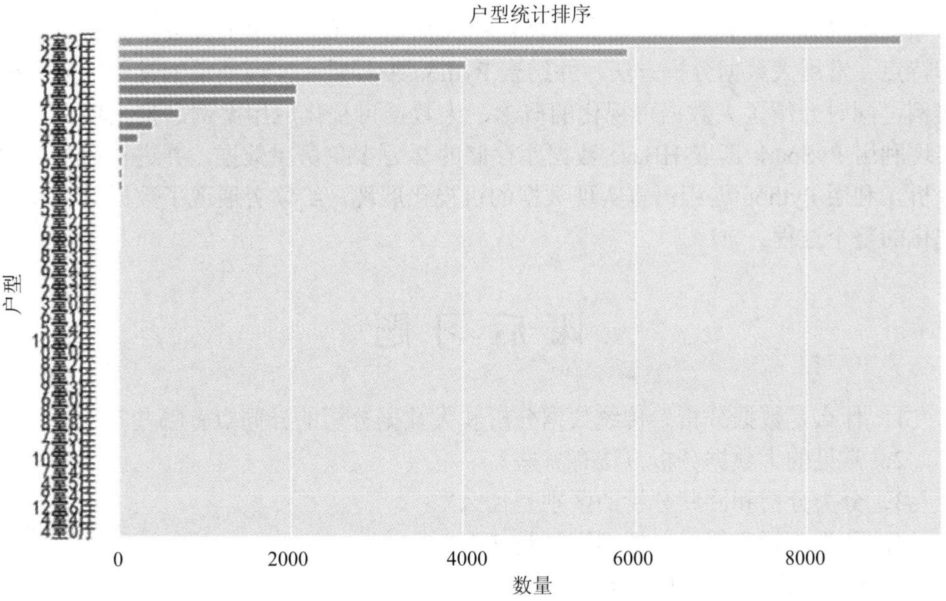

图 6-74　房屋数据可视化结果图 2

笔记

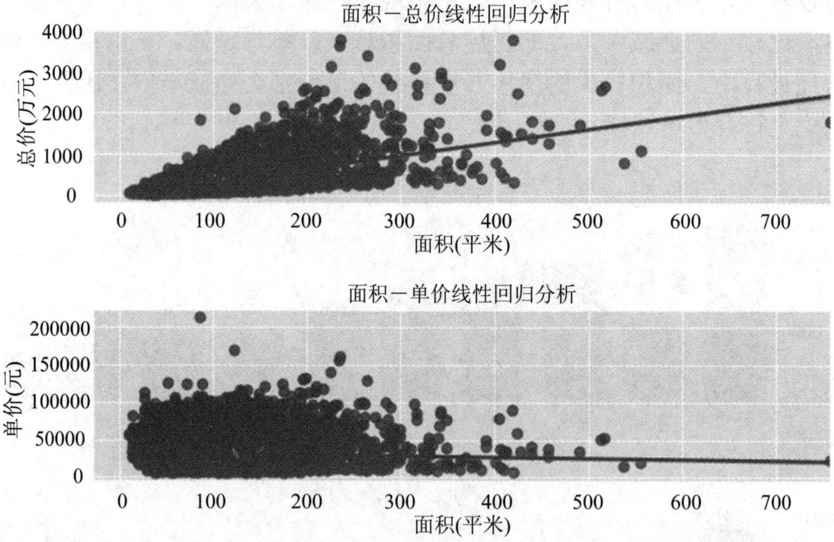

图 6-75 房屋数据可视化结果图 3

🕮 能力拓展

请统计不同户型的房屋均价，并可视化显示结果。

小 结

本项目介绍了大数据分析和可视化相关知识。详细介绍了大数据分析的概念和特点、常用大数据分析方法，并结合 Python 编程语言实现简单的常用数据分析案例，同时介绍了大数据可视化的概念，大数据可视化应用案例。整个项目最终实现利用 PySpark 读取 HBase 数据库存储的 2 万多条房屋数据，并进行简单数据分析，利用 Python 编程语言实现数据的可视化展现。给读者展现了数据分析和可视化的整个过程。

课 后 习 题

1. 什么是数据分析？传统数据分析和大数据分析的异同点有哪些？
2. 常见的大数据分析方法有哪些？
3. 分类分析和回归分析的区别是什么？
4. 分类分析和聚类分析的区别是什么？
5. K 均值聚类算法的原理是什么？
6. 为什么要进行数据可视化？
7. 常用的数据可视化工具有哪些？

笔记

参 考 文 献

[1] 迈尔・舍恩伯格, 库克耶. 大数据时代：生活、工作与思维大变革[M]. 盛杨燕，周涛，译. 杭州：浙江人民出版社，2013

[2] 伊恩・艾瑞斯. 大数据思维与决策[M]. 宫相真，译. 北京：人民邮电出版社，2014

[3] 朱洁，罗华霖. 数据架构详解：从数据获取到深度学习[M]. 北京：电子工业出版社，2016

[4] 余本国. 基于 Python 的大数据分析基础及实战[M]. 北京：水利水电出版社，2018

[5] 林子雨. 大数据技术原理与应用[M]. 2 版. 北京：人民邮电出版社，2017

[6] KARAU H，KONWINSKI A，WENDELL P，et al. Spark 快速大数据分析[M]. 王道远，译. 北京：人民邮电出版社，2015

[7] 黄颖. 一本书读懂大数据[M]. 吉林：吉林出版集团有限责任公司，2014

[8] 罗纳德・巴赫曼，吉多・肯珀，托马斯・格尔策. 大数据时代下半场：数据治理、驱动与变现[M]. 刘志则，刘源，译. 北京：北京联合出版有限公司，2017

[9] 国家工业信息安全发展研究中心. 大数据优秀产品、服务和应用解决方案案例集(2016)[M]. 北京：电子工业出版社，2017

[10] 杨正洪. 大数据技术入门[M]. 北京：清华大学出版社，2016

[11] ANSARI Z, AFZAL A, SARDAR T H. Data Categorization Using Hadoop MapReduce-Based Parallel K-Means Clustering[J]. Journal of The Institution of Engineers (India): Series B,2019,100(2):95-103

[12] GLUSHKOVA D, JOVANOVIC P, ABELLÓ A. Mapreduce performance model for Hadoop 2.x[J]. Information Systems,2019,79(JAN.):32-43

[13] AZIZ K, ZAIDOUNI D, BELLAFKIH M. Real-time data analysis using Spark and Hadoop[C]//International Conference on Optimization and Applications，2018

[14] AZIZ K, ZAIDOUNI D, BELLAFKIH M. Real-time data analysis using Spark and Hadoop[C]//International Conference on Optimization and Applications，2018

[15] THIRY L, ZHAO H, HASSENFORDER M. Categorical Models for BigData[C]//IEEE International Congress on Big Data; IEEE World Congress on Services，2018

[16] BARZDINS G. Keynote speakers: Benefits and drawbacks of the BigData era[C]//Conference on Advances in Wireless and Optical Communications，2017